建筑与市政工程施工现场专业人员职业标准培训教材

安全员通用与基础知识
（第二版）

建筑与市政工程施工现场专业人员职业标准培训教材编审委员会
中国建设教育协会　　组织编写

胡兴福　赵　研　主　编

中国建筑工业出版社

图书在版编目（CIP）数据

安全员通用与基础知识/中国建设教育协会组织编写；
胡兴福，赵研主编. —2 版. —北京：中国建筑工业出
版社，2017.7（2022.2 重印）
建筑与市政工程施工现场专业人员职业标准培训教材
ISBN 978-7-112-20907-1

Ⅰ.①安…　Ⅱ.①中…②胡…③赵…　Ⅲ.①建筑工
程-工程施工-安全技术-职业培训-教材　Ⅳ.①TU714

中国版本图书馆 CIP 数据核字（2017）第 134074 号

本书依据《建筑与市政工程施工现场专业人员职业标准》JGJ/T 250—2011 及其配套
的考核评价大纲，对通用与基础知识相关章节进行了替换和增补。

全书分为上下两篇。上篇通用知识包括：建设法规、建筑材料、建筑工程识图、建筑
施工技术、施工项目管理。下篇基础知识包括：建筑力学、建筑构造与建筑结构、建筑设
备、环境与职业健康。

本教材主要用作安全员培训和考试用书，也可供职业院校师生和有关专业技术人员
参考。

责任编辑：赵云波
责任校对：李欣慰　关　健

建筑与市政工程施工现场专业人员职业标准培训教材

安全员通用与基础知识

（第二版）

建筑与市政工程施工现场专业人员职业标准培训教材编审委员会　　　组织编写
中国建设教育协会

胡兴福　赵　研　主　编

*

中国建筑工业出版社出版、发行（北京海淀三里河路 9 号）

各地新华书店、建筑书店经销

北京科地亚盟排版公司制版

北京京华铭诚工贸有限公司印刷

*

开本：787×1092 毫米　1/16　印张：13¼　字数：319 千字
2017 年 7 月第二版　　2022 年 2 月第十六次印刷
定价：38.00 元
ISBN 978 - 7 - 112 - 20907 - 1
（30516）

建筑与市政工程施工现场专业人员职业标准培训教材
编审委员会

主　任：赵　琦　李竹成

副主任：沈元勤　张鲁风　何志方　胡兴福　危道军

　　　　尤　完　赵　研　邵　华

委　员：（按姓氏笔画为序）

出 版 说 明

建筑与市政工程施工现场专业人员队伍素质是影响工程质量和安全生产的关键因素。我国从 20 世纪 80 年代开始，在建设行业开展关键岗位培训考核和持证上岗工作。对于提高建设行业从业人员的素质起到了积极的作用。进入 21 世纪，在改革行政审批制度和转变政府职能的背景下，建设行业教育主管部门转变行业人才工作思路，积极规划和组织职业标准的研发。在住房和城乡建设部人事司的主持下，由中国建设教育协会、苏州二建建筑集团有限公司等单位主编了建设行业的第一部职业标准——《建筑与市政工程施工现场专业人员职业标准》，已由住房和城乡建设部发布，作为行业标准于 2012 年 1 月 1 日起实施。为推动该标准的贯彻落实，进一步编写了配套的 14 个考核评价大纲。

该职业标准及考核评价大纲有以下特点：（1）系统分析各类建筑施工企业现场专业人员岗位设置情况，总结归纳了 8 个岗位专业人员核心工作职责，这些职业分类和岗位职责具有普遍性、通用性。（2）突出职业能力本位原则，工作岗位职责与专业技能相互对应，通过技能训练能够提高专业人员的岗位履职能力。（3）注重专业知识的完整性、系统性，基本覆盖各岗位专业人员的知识要求，通用知识具有各岗位的一致性，基础知识、岗位知识能够体现本岗位的知识结构要求。（4）适应行业发展和行业管理的现实需要，岗位设置、专业技能和专业知识要求具有一定的前瞻性、引导性，能够满足专业人员提高综合素质和适应岗位变化的需要。

为落实职业标准，规范建设行业现场专业人员岗位培训工作，我们依据与职业标准相配套的考核评价大纲，组织编写了《建筑与市政工程施工现场专业人员职业标准培训教材》。

本套教材覆盖《建筑与市政工程施工现场专业人员职业标准》涉及的施工员、质量员、安全员、标准员、材料员、机械员、劳务员、资料员 8 个岗位 14 个考核评价大纲。每个岗位、专业，根据其职业工作的需要，注意精选教学内容、优化知识结构、突出能力要求，对知识、技能经过合理归纳，编写为《通用与基础知识》和《岗位知识与专业技能》两本，供培训配套使用。本套教材共 29 本，作者基本都参与了《建筑与市政工程施工现场专业人员职业标准》的编写，使本套教材的内容能充分体现《建筑与市政工程施工现场专业人员职业标准》，促进现场专业人员专业学习和能力提高的要求。

第二版教材在上版教材的基础上，依据《考核评价大纲》，总结使用过程中发现的不足之处，参照现行标准、规范，面向国家考核评价题库，对教材内容进行了调整、修改、补充，使之更加贴近学员需求，方便学员顺利通过考核评价。

我们的编写工作难免存在不足，因此，我们恳请使用本套教材的培训机构、教师和广大学员多提宝贵意见，以便进一步的修订，使其不断完善。

建筑与市政工程施工现场专业人员职业标准培训教材编审委员会

第二版前言

本书是为了满足建筑与市政工程专业现场专业人员全国统一考核评价安全员考前培训与复习的需要,在 2014 年 11 月第一版基础上修订而成的。本次所作的修订主要有:(1)严格按照住房和城乡建设部人事司颁布的《建筑与市政工程施工现场专业人员考核评价大纲》(建人专函〔2012〕70 号),对全书内容进行了增删和重组,使之完全符合考评大纲;(2)根据有关最新标准、法规和管理规定对全书内容进行了修改,保持了内容的先进性。

本书具有以下特点:(1)权威性。主编和部分参编参加了《建筑与市政工程施工现场专业人员职业标准》、《建筑与市政工程施工现场专业人员考核评价大纲》的编写和宣贯,同时聘请了业内权威专家作为审稿人员,使本书能够充分体现职业标准和考核评价大纲的要求。(2)先进性。本书按照有关最新标准、法规和管理规定编写,吸纳了行业最新发展成果。(3)适用性。本书内容结构与《建筑与市政工程施工现场专业人员考核评价大纲》一一对应,便于组织培训和复习。

本书分为上下篇。上篇为通用知识,包括建设法规、建筑材料、建筑工程识图、建筑施工技术、施工项目管理。下篇为基础知识,包括建筑力学、建筑构造与建筑结构、建筑设备、环境与职业健康。

本书上篇由四川建筑职业技术学院胡兴福教授主编,深圳职业技术学院张伟副教授参加编写,张伟副教授编写建筑装饰施工技术部分,其余部分由胡兴福教授编写。下篇由黑龙江建筑职业技术学院赵研教授主编,张常明博士、李梅芳教授、颜晓荣研究员级高级工程师、吕君副教授、信思源讲师、黑龙江省机场集团有限公司崔晓旭工程师参加了编写。

本书由贾宏俊教授担任主审。

限于编者水平,书中疏漏和错误难免,敬请读者批评指正。

第一版前言

2011 年 7 月，住房和城乡建设部发布了《建筑与市政工程施工现场专业人员职业标准》JGJ/T 250—2011，自 2012 年 1 月 1 日起实施。为了满足全国各省（市、自治区）培训、考评需要，由中国建设教育协会组织编写了建筑与市政工程施工现场专业人员职业标准培训教材，本书是其中的一本，用于安全员通用与基础知识的培训和考试用书。

本书依据住房和城乡建设部颁布的《建筑与市政工程施工现场专业人员考核评价大纲》编写，分为上下两篇。上篇通用知识包括：建设法规、建筑材料、建筑工程识图、建筑施工技术、施工项目管理。下篇基础知识包括：建筑力学、建筑构造与建筑结构、建筑设备、环境与职业健康。

本书上篇由四川建筑职业技术学院胡兴福教授主编，深圳职业技术学院张伟副教授参加编写。张伟副教授编写建筑施工技术部分，其余部分由胡兴福教授编写，西南石油大学 2011 级硕士研究生郝伟杰参与了资料整理工作。本书下篇由黑龙江建筑职业技术学院赵研教授主编，张常明博士、李梅芳教授、颜晓荣研究员级高级工程师、吕君副教授、信思源讲师参加了编写。

限于编者水平，书中疏漏和错误难免，敬请读者批评指正。

目　录

上篇　通用知识

下篇　基础知识

上篇 通用知识

一、建设法规

建设法规是指国家立法机关或其授权的行政机关制定的旨在调整国家及其有关机构、企事业单位、社会团体、公民之间，在建设活动中或建设行政管理活动中发生的各种社会关系的法律、法规的统称。它体现了国家对城市建设、乡村建设、市政及社会公用事业等各项建设活动进行组织、管理、协调的方针、政策和基本原则。

我国建设法规体系由以下五个层次组成。

1. 建设法律

建设法律是指由全国人民代表大会及其常务委员会制定通过，由国家主席以主席令的形式发布的属于国务院建设行政主管部门业务范围的各项法律，如《中华人民共和国建筑法》。

2. 建设行政法规

建设行政法规是指由国务院制定，经国务院常务委员会审议通过，由国务院总理以中华人民共和国国务院令的形式发布的属于建设行政主管部门主管业务范围的各项法规。建设行政法规的名称常以"条例"、"办法"、"规定"、"规章"等名称出现，如《建设工程质量管理条例》、《建设工程安全生产管理条例》等。

3. 建设部门规章

建设部门规章是指住房和城乡建设部根据国务院规定的职责范围，依法制定并颁布的各项规章或由住房和城乡建设部与国务院其他有关部门联合制定并发布的规章，如《实施工程建设强制性标准监督规定》、《工程建设项目施工招标投标办法》等。

4. 地方性建设法规

地方性建设法规是指在不与宪法、法律、行政法规相抵触的前提下，由省、自治区、直辖市人民代表大会及其常委会结合本地区实际情况制定颁布发行的或经其批准颁布发行的由下级人大或其常委会制定的，只在本行政区域有效的建设方面的法规。

5. 地方建设规章

地方建设规章是指省、自治区、直辖市人民政府以及省会（自治区首府）城市和经国务院批准的较大城市的人民政府，根据法律和法规制定颁布的，只在本行政区域有效的建设方面的规章。

在建设法规的上述五个层次中，其法律效力从高到低依次为建设法律、建设行政法规、建设部门规章、地方性建设法规、地方建设规章。法律效力高的称为上位法，法律效力低的称为下位法。下位法不得与上位法相抵触，否则其相应规定将被视为无效。

（一）《建筑法》

《中华人民共和国建筑法》（以下简称《建筑法》）于 1997 年 11 月 1 日由中华人民共和国第八届全国人民代表大会常务委员会第二十八次会议通过，于 1997 年 11 月 1 日发布，自 1998 年 3 月 1 日起施行。2011 年 4 月 22 日，中华人民共和国第十一届全国人民代表大会常务委员会第二十次会议通过了《全国人民代表大会常务委员会关于修改〈中华人民共和国建筑法〉的决定》，修改后的《中华人民共和国建筑法》自 2011 年 7 月 1 日起施行。

《建筑法》的立法目的在于加强对建筑活动的监督管理，维护建筑市场秩序，保证建筑工程的质量和安全，促进建筑业健康发展。《建筑法》共 8 章 85 条，分别从建筑许可、建筑工程发包与承包、建筑工程监理、建筑安全生产管理、建筑工程质量管理等方面作出了规定。

1. 从业资格的有关规定

（1）法规相关条文

《建筑法》关于从业资格的条文是第 12~14 条。

（2）建筑业企业的资质

从事土木工程、建筑工程、线路管道设备安装工程、装修工程的新建、扩建、改建等活动的企业称为建筑业企业。建筑业企业资质，是指建筑业企业的建设业绩、人员素质、管理水平、资金数量、技术装备等的总称。建筑业企业资质等级，是指国务院行政主管部门按资质条件把企业划分成的不同等级。

1）建筑业企业资质序列及类别

建筑业企业资质分为施工总承包、专业承包和施工劳务三个序列。取得施工总承包资质的企业称为施工总承包企业。取得专业承包资质的企业称为专业承包企业。取得劳务分包资质的企业称为施工劳务企业。

施工总承包资质、专业承包资质、施工劳务资质序列可按照工程性质和技术特点分别划分为若干资质类别，见表 1-1。

建筑业企业资质序列及类别 表 1-1

序号	资质序列	资质类别
1	施工总承包资质	分为 12 个类别，分别是：建筑工程、公路工程、铁路工程、港口与航道工程、水利水电工程、电力工程、矿山工程、冶金工程、石油化工工程、市政公用工程、通信工程、机电工程
2	专业承包资质	分为 36 个类别，包括地基基础工程、建筑装修装饰工程、建筑幕墙工程、钢结构工程、防水防腐保温工程、预拌混凝土、设备安装工程、电子与智能化工程、桥梁工程等
3	施工劳务资质	施工劳务序列不分类别

取得施工总承包资质的企业，可以对所承接的施工总承包工程内的各专业工程全部自行施工，也可以将专业工程依法进行分包。取得专业承包资质的企业应对所承接的专业工程全部自行组织施工，劳务作业可以分包给具有施工劳务分包资质的企业。取得施工劳务资质的企业可以承接具有施工总承包资质或专业承包资质的企业分包的劳务作业。

2）建筑业企业资质等级

施工总承包、专业承包各资质类别按照规定的条件划分为若干资质等级，施工劳务资质不分等级。建筑企业各资质等级标准和各类别等级资质企业承担工程的具体范围，由国务院建设主管部门会同国务院有关部门制定。

建筑工程、市政公用工程施工总承包企业资质等级均分为特级、一级、二级、三级。专业承包企业资质等级分类见表1-2。

部分专业承包企业资质等级　　　　　　　　　　　　　　　　表1-2

企业类别	等级分类	企业类别	等级分类
地基基础工程	一、二、三级	建筑幕墙工程	一、二级
建筑装修装饰工程	一、二级	钢结构工程	一、二、三级
预拌混凝土	不分等级	模板脚手架	不分等级
古建筑工程	一、二、三级	电子与智能化工程	一、二、三级
消防设施工程	一、二级	城市及道路照明工程	一、二、三级
防水防腐保温工程	一、二级	特种工程	不分等级

3）承揽业务的范围

① 施工总承包企业

施工总承包企业可以承接施工总承包工程。施工总承包企业可以对所承接的施工总承包工程内各专业工程全部自行施工，也可以将专业工程或劳务作业依法分包给具有相应资质的专业承包企业或施工劳务企业。

建筑工程、市政公用工程施工总承包企业可以承揽的业务范围见表1-3、表1-4。

房屋建筑工程施工总承包企业承包工程范围　　　　　　　　　表1-3

序号	企业资质	承包工程范围
1	特级	可承担各类建筑工程的施工
2	一级	可承担单项合同额3000万元及以上的下列建筑工程的施工： （1）高度200m及以下的工业、民用建筑工程； （2）高度240m及以下的构筑物工程
3	二级	可承担下列建筑工程的施工： （1）高度200m及以下的工业、民用建筑工程； （2）高度120m及以下的构筑物工程； （3）建筑面积4万m²及以下的单体工业、民用建筑工程； （4）单跨跨度39m及以下的建筑工程
4	三级	可承担下列建筑工程的施工： （1）高度50m以内的工业、民用建筑工程； （2）高度70m及以下的构筑物工程； （3）建筑面积1.2万m²及以下的单体工业、民用建筑工程； （4）单跨跨度27m及以下的建筑工程

市政公用工程施工总承包企业承包工程范围　　　　　　　　　表 1-4

序号	企业资质	承包工程范围
1	一级	可承担各种类市政公用工程的施工
2	二级	可承担下列市政公用工程的施工: (1) 各类城市道路;单跨 45m 及以下的城市桥梁; (2) 15 万 t/d 及以下的供水工程;10 万 t/d 及以下的污水处理工程;2 万 t/d 及以下的给水泵站、15 万 t/d 及以下的污水泵站、雨水泵站;各类给水排水及中水管道工程; (3) 中压以下燃气管道、调压站;供热面积 150 万 m² 及以下热力工程和各类热力管工程; (4) 各类城市生活垃圾处理工程; (5) 断面 25m² 及以下隧道工程和地下交通工程; (6) 各类城市广场、地面停车场硬质铺装; (7) 单项合同额 4000 万元及以下的市政综合工程
3	三级	可承担下列市政公用工程的施工: (1) 城市道路工程(不含快速路);单跨 25m 及以下的城市桥梁工程; (2) 8 万 t/d 及以下的给水厂;6 万 t/d 及以下的污水处理工程;10 万 t/d 及以下的给水泵站、10 万 t/d 及以下的污水泵站、雨水泵站,直径 1m 及以下供水管道;直径 1.5m 及以下污水及中水管道; (3) 2kg/cm² 及以下中压、低压燃气管道、调压站;供热面积 50 万 m² 及以下热力工程,直径 0.2m 及以下热力管道; (4) 单项合同额 2500 万元及以下的城市生活垃圾处理工程; (5) 单项合同额 2000 万元及以下地下交通工程(不包括轨道交通工程); (6) 5000m² 及以下城市广场、地面停车场硬质铺装; (7) 单项合同额 2500 万元及以下的市政综合工程

② 专业承包企业

专业承包企业可以承接施工总承包企业分包的专业工程和建设单位依法发包的专业工程。专业承包企业可以对所承接的专业工程全部自行施工,也可以将劳务作业依法分包给具有相应资质的施工劳务企业。

部分专业承包企业可以承揽的业务范围见表 1-5。

部分专业承包企业可以承揽的业务范围　　　　　　　　　表 1-5

序号	企业类型	资质等级	承包范围
1	地基基础工程	一级	可承担各类地基基础工程的施工
		二级	可承担下列工程的施工: (1) 高度 100m 及以下工业、民用建筑工程和高度 120m 及以下构筑物的地基基础工程; (2) 深度不超过 24m 的刚性桩复合地基处理和深度不超过 10m 的其他地基处理工程; (3) 单桩承受设计荷载 5000kN 及以下的桩基础工程; (4) 开挖深度不超过 15m 的基坑围护工程
		三级	可承担下列工程的施工: (1) 高度 50m 及以下工业、民用建筑工程和高度 70m 及以下构筑物的地基基础工程; (2) 深度不超过 18m 的刚性桩复合地基处理或深度不超过 8m 的其他地基处理工程; (3) 单桩承受设计荷载 3000kN 及以下的桩基础工程; (4) 开挖深度不超过 12m 的基坑围护工程

序号	企业类型	资质等级	承包范围
2	建筑装修装饰工程	一级	可承担各类建筑装修装饰工程，以及与装修工程直接配套的其他工程的施工
		二级	可承担单项合同额 2000 万元及以下的建筑装修装饰工程以及与装修工程直接配套的其他工程的施工
3	建筑幕墙工程	一级	可承担各类型建筑幕墙工程的施工
		二级	可承担单体建筑工程面积 8000m² 及以下建筑幕墙工程的施工
4	钢结构工程	一级	可承担下列钢结构工程的施工： (1) 钢结构高度 60m 及以上； (2) 钢结构单跨跨度 30m 及以上； (3) 网壳、网架结构短边边跨跨度 50m 及以上； (4) 单体钢结构工程钢结构总重量 4000t 及以上； (5) 单体建筑面积 30000m² 及以上
		二级	可承担下列钢结构工程的施工： (1) 钢结构高度 100m 及以下； (2) 钢结构单跨跨度 36m 及以下； (3) 网壳、网架结构短边边跨跨度 75m 及以下； (4) 单体钢结构工程钢结构总重量 6000t 及以下； (5) 单体建筑面积 35000m² 及以下
		三级	可承担下列钢结构工程的施工： (1) 钢结构高度 60m 及以下； (2) 钢结构单跨跨度 30m 及以下； (3) 网壳、网架结构短边边跨跨度 35m 及以下； (4) 单体钢结构工程钢结构总重量 3000t 及以下； (5) 单体建筑面积 15000m² 及以下
5	电子与建筑智能化工程	一级	可承担各类型电子工程、建筑智能化工程的施工
		二级	可承担单项合同额 2500 万元及以下的电子工业制造设备安装工程和电子工业环境工程、单项合同额 1500 万元及以下的电子系统工程和建筑智能化工程的施工

③ 施工劳务企业

施工劳务企业可以承担各类劳务作业。

2. 建筑安全生产管理的有关规定

（1）法规相关条文

《建筑法》关于建筑安全生产管理的条文是第 36～51 条，其中有关建筑施工企业的条文是第 36 条、第 38 条、第 39 条、第 41 条、第 44～48 条、第 51 条。

（2）建筑安全生产管理方针

建筑安全生产管理是指建设行政主管部门、建筑安全监督管理机构、建筑施工企业及有关单位对建筑生产过程中的安全工作，进行计划、组织、指挥、控制、监督等一系列的管理活动。

《建筑法》第36条规定，建筑工程安全生产管理必须坚持安全第一、预防为主的方针。❶

安全生产关系到人民群众生命和财产安全，关系到社会稳定和经济健康发展，建设工程安全生产管理必须坚持安全第一、预防为主的方针。"安全第一"是安全生产方针的基础；"预防为主"是安全生产方针的核心和具体体现，是实现安全生产的根本途径，生产必须安全，安全促进生产。

安全第一，是从保护和发展生产力的角度，表明在生产范围内安全与生产的关系，肯定安全在建筑生产活动中的首要位置和重要性。预防为主，是指在建设工程生产活动中，针对建设工程生产的特点，对生产要素采取管理措施，有效地控制不安全因素的发展与扩大，把可能发生的事故消灭在萌芽状态，以保证生产活动中人的安全、健康及财物安全。

"安全第一"还反映了当安全与生产发生矛盾的时候，应该服从安全，消灭隐患，保证建设工程在安全的条件下生产。"预防为主"则体现在事先策划、事中控制、事后总结，通过信息收集，归类分析，制定预案，控制防范。安全第一、预防为主的方针，体现了国家在建设工程安全生产过程中"以人为本"的思想，也体现了国家对保护劳动者权利、保护社会生产力的高度重视。

（3）建设工程安全生产基本制度

1）安全生产责任制度

安全生产责任制度是将企业各级负责人、各职能机构及其工作人员和各岗位作业人员在安全生产方面应做的工作及应负的责任加以明确规定的一种制度。

《建筑法》第36条规定，建筑工程安全生产管理必须建立健全安全生产的责任制度。第44条又规定，建筑施工企业必须依法加强对建筑安全生产的管理，执行安全生产责任制度，采取有效措施，防止伤亡和其他安全生产事故的发生。

安全生产责任制度是建筑生产中最基本的安全管理制度，是所有安全规章制度的核心，是安全第一、预防为主方针的具体体现。通过制定安全生产责任制，建立一种分工明确、运行有效、责任落实、能够充分发挥作用的、长效的安全生产机制，把安全生产工作落到实处。认真落实安全生产责任制，不仅是为了保证在发生生产安全事故时，可以追究责任，更重要的是通过日常或定期检查、考核，奖优罚劣，提高全体从业人员执行安全生产责任制的自觉性，使安全生产责任制真正落实到安全生产工作中去。

建筑施工单位的安全生产责任制主要包括企业各级领导人员的安全职责、企业各有关职能部门的安全生产职责以及施工现场管理人员及作业人员的安全职责三个方面。

2）群防群治制度

群防群治制度是职工群众进行预防和治理安全的一种制度。

《建筑法》第36条规定，建筑工程安全生产管理必须建立健全群防群治制度。

群防群治制度也是"安全第一、预防为主"的具体体现，同时也是群众路线在安全工作中的具体体现，是企业进行民主管理的重要内容。这一制度要求建筑企业职工在施工中

---

❶《安全生产法》对安全生产管理方针的表述为：安全生产应当以人为本，坚持安全第一、预防为主、综合治理的方针，建立政府领导、部门监督、单位负责、群众参与、社会监督的工作机制。

应当遵守有关生产的法律、法规和建筑行业安全规章、规程，不得违章作业；对于危及生命安全和身体健康的行为有权提出批评、检举和控告。

3）安全生产教育培训制度

安全生产教育培训制度是对广大建筑干部职工进行安全教育培训，提高安全意识，增加安全知识和技能的制度。

《建筑法》第46条规定，建筑施工企业应当建立健全劳动安全生产教育培训制度，加强对职工安全生产的教育培训；未经安全生产教育培训的人员，不得上岗作业。

安全生产，人人有责。只有通过对广大职工进行安全教育、培训，才能使广大职工真正认识到安全生产的重要性、必要性，才能使广大职工掌握更多更有效的安全生产的科学技术知识，牢固树立安全第一的思想，自觉遵守各项安全生产规章制度。

4）伤亡事故处理报告制度

伤亡事故处理报告制度是指施工中发生事故时，建筑企业应当采取紧急措施减少人员伤亡和事故损失，并按照国家有关规定及时向有关部门报告的制度。

《建筑法》第51条规定，施工中发生事故时，建筑施工企业应当采取紧急措施减少人员伤亡和事故损失，并按照国家有关规定及时向有关部门报告。

事故处理必须遵循一定的程序，做到"四不放过"，即事故原因不清不放过、事故责任者和群众没有受到教育不放过、事故隐患不整改不放过、事故的责任者没有受到处理不放过。通过对事故的严格处理，可以总结出教训，为制定规程、规章提供第一手素材，做到亡羊补牢。

5）安全生产检查制度

安全生产检查制度是上级管理部门或企业自身对安全生产状况进行定期或不定期检查的制度。

通过检查可以发现问题，查出隐患，从而采取有效措施，堵塞漏洞，把事故消灭在发生之前，做到防患于未然，是"预防为主"的具体体现。通过检查，还可总结出好的经验加以推广，为进一步搞好安全工作打下基础。安全检查制度是安全生产的保障。

6）安全责任追究制度

建设单位、设计单位、施工单位、监理单位，由于没有履行职责造成人员伤亡和事故损失的，视情节给予相应处理；情节严重的，责令停业整顿，降低资质等级或吊销资质证书；构成犯罪的，依法追究刑事责任。

（4）建筑施工企业的安全生产责任

《建筑法》第38条、第39条、第41条、第44～48条、第51条规定了建筑施工企业的安全生产责任。根据这些规定，《建设工程质量管理条例》等法规作了进一步细化和补充，具体见《建设工程质量管理条例》部分相关内容。

3. 《建筑法》关于质量管理的规定

（1）法规相关条文

《建筑法》关于质量管理的条文是第52～63条，其中有关建筑施工企业的条文是第52条、第54条、第55条、第58～62条。

（2）建设工程竣工验收制度

《建筑法》第61条规定：交付竣工验收的建筑工程，必须符合规定的建筑工程质量标准，有完整的工程技术经济资料和经签署的工程保修书，并具备国家规定的其他竣工条件。建筑工程竣工经验收合格后，方可交付使用；未经验收或者验收不合格的，不得交付使用。

建设工程项目的竣工验收，指在建筑工程已按照设计要求完成全部施工任务，准备交付给建设单位投入使用时，由建设单位或有关主管部门依照国家关于建筑工程竣工验收制度的规定，对该项工程是否符合设计要求和工程质量标准所进行的检查、考核工作。工程项目的竣工验收是施工全过程的最后一道工序，也是工程项目管理的最后一项工作。它是建设投资成果转入生产或使用的标志，也是全面考核投资效益、检验设计和施工质量的重要环节。认真做好工程项目的竣工验收工作，对保证工程项目的质量具有重要意义。

（3）建设工程质量保修制度

建设工程质量保修制度，是指建设工程竣工经验收后，在规定的保修期限内，因勘察、设计、施工、材料等原因造成的质量缺陷，应当由施工承包单位负责维修、返工或更换，由责任单位负责赔偿损失的法律制度。建设工程质量保修制度对于促进建设各方加强质量管理，保护用户及消费者的合法权益可起到重要的保障作用。

《建筑法》第62条规定：建筑工程实行质量保修制度。同时，还对质量保修的范围和期限作了规定：建筑工程的保修范围应当包括地基基础工程、主体结构工程、屋面防水工程和其他土建工程，以及电气管线、上下水管线的安装工程，供热、供冷系统工程等项目；保修的期限应当按照保证建筑物合理寿命年限内正常使用、维护使用者合法权益的原则确定。具体的保修范围和最低保修期限由国务院规定。据此，国务院在《建设工程质量管理条例》中作了明确规定，详见《建设工程质量管理条例》相关内容。

（4）建筑施工企业的质量责任与义务

《建筑法》第54条、第55条、第58～62条规定了建筑施工企业的质量责任与义务。据此，《建设工程质量管理条例》作了进一步细化，见《建设工程质量管理条例》部分相关内容。

（二）《安全生产法》

《中华人民共和国安全生产法》（以下简称《安全生产法》）由第九届全国人民代表大会常务委员会第二十八次会议于2002年6月29日通过，自2002年11月1日起施行。根据2014年8月31日第十二届全国人民代表大会常务委员会第十次会议《全国人民代表大会常务委员会关于修改〈中华人民共和国安全生产法〉的决定》修正，修正后的《安全生产法》自2014年12月1日起施行。

《安全生产法》的立法目的是加强安全生产监督管理，防止和减少生产安全事故，保障人民群众生命和财产安全，促进经济发展。《安全生产法》包括总则、生产经营单位的安全生产保障、从业人员的安全生产权利义务、安全生产的监督管理、生产安全事故的应急救援与调查处理、法律责任、附则 7 章，共 114 条。对生产经营单位的安全生产保障、从业人员的安全生产权利和义务、安全生产的监督管理、生产安全事故的应急救援与调查处理四个主要方面做出了规定。

1. 生产经营单位的安全生产保障的有关规定

（1）法规相关条文

《安全生产法》关于生产经营单位的安全生产保障的条文是第 17～48 条。

（2）组织保障措施

1）建立安全生产管理机构

《安全生产法》第 21 条规定：矿山、金属冶炼、建筑施工、道路运输单位和危险物品的生产、经营、储存单位，应当设置安全生产管理机构或者配备专职安全生产管理人员。

2）明确岗位责任

① 生产经营单位的主要负责人的职责

生产经营单位是指从事生产或者经营活动的企业、事业单位、个体经济组织及其他组织和个人。主要负责人是指生产经营单位内对生产经营活动负有决策权并能承担法律责任的人，包括法定代表人、实际控制人、总经理、经理、厂长等。

《安全生产法》第 18 条规定：生产经营单位的主要负责人对本单位安全生产工作负有下列职责：

A. 建立健全本单位安全生产责任制；

B. 组织制定本单位安全生产规章制度和操作规程；

C. 组织制定并实施本单位安全生产教育和培训计划；

D. 保证本单位安全生产投入的有效实施；

E. 督促、检查本单位的安全生产工作，及时消除生产安全事故隐患；

F. 组织制定并实施本单位的生产安全事故应急救援预案；

G. 及时、如实报告生产安全事故。

同时，《安全生产法》第 47 条规定：生产经营单位发生安全生产事故时，单位的主要负责人应当立即组织抢救，并不得在事故调查处理期间擅离职守。

② 生产经营单位的安全生产管理人员的职责

《安全生产法》第 43 条规定：生产经营单位的安全生产管理人员应当根据本单位的生产经营特点，对安全生产状况进行经常性检查；对检查中发现的安全问题，应当立即处理；不能处理的，应当及时报告本单位有关负责人，有关负责人应当及时处理。检查及处理情况应当如实记录在案。

③ 对安全设施、设备的质量负责的岗位

A. 对安全设施的设计质量负责的岗位

《安全生产法》第 30 条规定：建设项目安全设施的设计人、设计单位应当对安全设施设计负责。

矿山、金属冶炼建设项目和用于生产、储存、装卸危险物品的建设项目的安全设施设计应当按照国家有关规定报经有关部门审查，审查部门及其负责审查的人员对审查结果负责。

B. 对安全设施的施工负责的岗位

《安全生产法》第31条规定：矿山、金属冶炼建设项目和用于生产、储存、装卸危险物品的建设项目的施工单位必须按照批准的安全设施设计施工，并对安全设施的工程质量负责。

C. 对安全设施的竣工验收负责的岗位

《安全生产法》第31条规定：矿山、金属冶炼建设项目和用于生产、储存危险物品的建设项目竣工投入生产或者使用前，应当由建设单位负责组织对安全设施进行验收；验收合格后，方可投入生产和使用。安全生产监督管理部门应当加强对建设单位验收活动和验收结果的监督核查。

D. 对安全设备质量负责的岗位

《安全生产法》第34条：生产经营单位使用的危险物品的容器、运输工具，以及涉及人身安全、危险性较大的海洋石油开采特种设备和矿山井下特种设备，必须按照国家有关规定，由专业生产单位生产，并经具有专业资质的检测、检验机构检测、检验合格，取得安全使用证或者安全标志，方可投入使用。检测、检验机构对检测、检验结果负责。

（3）管理保障措施

1）人力资源管理

① 对主要负责人和安全生产管理人员的管理

《安全生产法》第24条规定：生产经营单位的主要负责人和安全生产管理人员必须具备与本单位所从事的生产经营活动相应的安全生产知识和管理能力。

危险物品的生产、经营、储存单位以及矿山、金属冶炼、建筑施工、道路运输单位的主要负责人和安全生产管理人员，应当由主管的负有安全生产监督管理职责的部门对其安全生产知识和管理能力考核合格。考核不得收费。

② 对一般从业人员的管理

《安全生产法》第25条规定：生产经营单位应当对从业人员进行安全生产教育和培训，保证从业人员具备必要的安全生产知识，熟悉有关的安全生产规章制度和安全操作规程，掌握本岗位的安全操作技能，了解事故应急处理措施，知悉自身在安全生产方面的权利和义务。未经安全生产教育和培训合格的从业人员，不得上岗作业。

生产经营单位使用被派遣劳动者的，应当将被派遣劳动者纳入本单位从业人员统一管理，对被派遣劳动者进行岗位安全操作规程和安全操作技能的教育和培训。

劳务派遣单位应当对被派遣劳动者进行必要的安全生产教育和培训。

③ 对特种作业人员的管理

《安全生产法》第27条规定：生产经营单位的特种作业人员必须按照国家有关规定经专门的安全作业培训，取得相应资格，方可上岗作业。

2）物力资源管理

① 设备的日常管理

《安全生产法》第32条规定：生产经营单位应当在有较大危险因素的生产经营场所和有关设施、设备上，设置明显的安全警示标志。

《安全生产法》第33条规定：安全设备的设计、制造、安装、使用、检测、维修、改造和报废，应当符合国家标准或者行业标准。

生产经营单位必须对安全设备进行经常性维护、保养，并定期检测，保证正常运转。维护、保养、检测应当作好记录，并由有关人员签字。

② 设备的淘汰制度

《安全生产法》第35条规定：国家对严重危及生产安全的工艺、设备实行淘汰制度，具体目录由国务院安全生产监督管理部门会同国务院有关部门制定并公布。省、自治区、直辖市人民政府可以根据本地区实际情况制定并公布具体目录。生产经营单位不得使用应当淘汰的危及生产安全的工艺、设备。

③ 生产经营项目、场所、设备的转让管理

《安全生产法》第46条规定：生产经营单位不得将生产经营项目、场所、设备发包或者出租给不具备安全生产条件或者相应资质的单位或者个人。

④ 生产经营项目、场所的协调管理

《安全生产法》第46条规定：生产经营项目、场所发包或者出租给其他单位的，生产经营单位应当与承包单位、承租单位签订专门的安全生产管理协议，或者在承包合同、租赁合同中约定各自的安全生产管理职责；生产经营单位对承包单位、承租单位的安全生产工作统一协调、管理，定期进行安全检查，发现安全问题的，应当及时督促整改。

（4）经济保障措施

1）保证安全生产所必需的资金

《安全生产法》第20条规定：生产经营单位应当具备的安全生产条件所必需的资金投入，由生产经营单位的决策机构、主要负责人或者个人经营的投资人予以保证，并对由于安全生产所必需的资金投入不足导致的后果承担责任。

2）保证安全设施所需要的资金

《安全生产法》第28条规定：生产经营单位新建、改建、扩建工程项目的安全设施，必须与主体工程同时设计、同时施工、同时投入生产和使用。安全设施投资应当纳入建设项目概算。

3）保证劳动防护用品、安全生产培训所需要的资金

《安全生产法》第42条规定：生产经营单位必须为从业人员提供符合国家标准或者行业标准的劳动防护用品，并监督、教育从业人员按照使用规则佩戴、使用。

《安全生产法》第44条规定：生产经营单位应当安排用于配备劳动防护用品、进行安全生产培训的经费。

4）保证工伤社会保险所需要的资金

《安全生产法》第48条规定：生产经营单位必须依法参加工伤社会保险，为从业人员缴纳保险费。

（5）技术保障措施

1）对新工艺、新技术、新材料或者使用新设备的管理

《安全生产法》第26条规定：生产经营单位采用新工艺、新技术、新材料或者使用新设备，必须了解、掌握其安全技术特性，采取有效的安全防护措施，并对从业人员进行专

门的安全生产教育和培训。

2）对安全条件论证和安全评价的管理

《安全生产法》第 29 条规定：矿山、金属冶炼建设项目和用于生产、储存、装卸危险物品的建设项目，应当按照国家有关规定进行安全评价。

3）对废弃危险物品的管理

危险物品是指易燃易爆物品、危险化学品、放射性物品等能够危及人身安全和财产安全的物品。

《安全生产法》第 36 条规定：生产、经营、运输、储存、使用危险物品或者处置废弃危险物品的，由有关主管部门依照有关法律、法规的规定和国家标准或者行业标准审批并实施监督管理。

生产经营单位生产、经营、运输、储存、使用危险物品或者处置废弃危险物品，必须执行有关法律、法规和国家标准或者行业标准，建立专门的安全管理制度，采取可靠的安全措施，接受有关主管部门依法实施的监督管理。

4）对重大危险源的管理

重大危险源是指长期地或者临时地生产、搬运、使用或者储存危险物品，且危险物品的数量等于或者超过临界量的单元（包括场所和设施）。

《安全生产法》第 37 条规定：生产经营单位对重大危险源应当登记建档，进行定期检测、评估、监控，并制定应急预案，告知从业人员和相关人员在紧急情况下应当采取的应急措施。

生产经营单位应当按照国家有关规定将本单位重大危险源及有关安全措施、应急措施报有关地方人民政府安全生产监督管理部门和有关部门备案。

5）对员工宿舍的管理

《安全生产法》第 39 条规定：生产、经营、储存、使用危险物品的车间、商店、仓库不得与员工宿舍在同一座建筑物内，并应当与员工宿舍保持安全距离。

生产经营场所和员工宿舍应当设有符合紧急疏散要求、标志明显、保持畅通的出口。禁止锁闭、封堵生产经营场所或者员工宿舍的出口。

6）对危险作业的管理

《安全生产法》第 40 条规定：生产经营单位进行爆破、吊装以及国务院安全生产监督管理部门会同国务院有关部门规定的其他危险作业，应当安排专门人员进行现场安全管理，确保操作规程的遵守和安全措施的落实。

7）对安全生产操作规程的管理

《安全生产法》第 41 条规定：生产经营单位应当教育和督促从业人员严格执行本单位的安全生产规章制度和安全操作规程；并向从业人员如实告知作业场所和工作岗位存在的危险因素、防范措施以及事故应急措施。

8）对施工现场的管理

《安全生产法》第 45 条规定：两个以上生产经营单位在同一作业区域内进行生产经营活动，可能危及对方生产安全的，应当签订安全生产管理协议，明确各自的安全生产管理职责和应当采取的安全措施，并指定专职安全生产管理人员进行安全检查与协调。

2. 从业人员的安全生产权利义务的有关规定

（1）法规相关条文

《安全生产法》关于从业人员的安全生产权利义务的条文是第 25 条、第 42 条、第 49~58 条。

（2）安全生产中从业人员的权利

生产经营单位的从业人员，是指该单位从事生产经营活动各项工作的所有人员，包括管理人员、技术人员和各岗位的工人，也包括生产经营单位临时聘用的人员。

生产经营单位的从业人员依法享有以下权利：

1）知情权。

《安全生产法》第 50 条规定：生产经营单位的从业人员有权了解其作业场所和工作岗位存在的危险因素、防范措施及事故应急措施，有权对本单位的安全生产工作提出建议。

2）批评权和检举、控告权。

《安全生产法》第 51 条规定：从业人员有权对本单位安全生产工作中存在的问题提出批评、检举、控告。

3）拒绝权。

《安全生产法》第 51 条规定：从业人员有权拒绝违章指挥和强令冒险作业。生产经营单位不得因从业人员对本单位安全生产工作提出批评、检举、控告或者拒绝违章指挥、强令冒险作业而降低其工资、福利等待遇或者解除与其订立的劳动合同。

4）紧急避险权。

《安全生产法》第 52 条规定：从业人员发现直接危及人身安全的紧急情况时，有权停止作业或者在采取可能的应急措施后撤离作业场所。生产经营单位不得因从业人员在前款紧急情况下停止作业或者采取紧急撤离措施而降低其工资、福利等待遇或者解除与其订立的劳动合同。

5）请求赔偿权。

《安全生产法》第 53 条规定：因生产安全事故受到损害的从业人员，除依法享有工伤保险外，依照有关民事法律尚有获得赔偿的权利的，有权向本单位提出赔偿要求。

《安全生产法》第 49 条规定：生产经营单位与从业人员订立的劳动合同，应当载明有关保障从业人员劳动安全、防止职业危害的事项，以及依法为从业人员办理工伤保险的事项。生产经营单位不得以任何形式与从业人员订立协议，免除或者减轻其对从业人员因生产安全事故伤亡依法应承担的责任。

6）获得劳动防护用品的权利。

《安全生产法》第 42 条规定：生产经营单位必须为从业人员提供符合国家标准或者行业标准的劳动防护用品，并监督、教育从业人员按照使用规则佩戴、使用。

7）获得安全生产教育和培训的权利。

《安全生产法》第 25 条规定：生产经营单位应当对从业人员进行安全生产教育和培训，保证从业人员具备必要的安全生产知识，熟悉有关的安全生产规章制度和安全操作规程，掌握本岗位的安全操作技能，了解事故应急处理措施，知悉自身在安全生产方面的权利和义务。

（3）安全生产中从业人员的义务

1）自律遵规的义务。

《安全生产法》第54条规定：从业人员在作业过程中，应当严格遵守本单位的安全生产规章制度和操作规程，服从管理，正确佩戴和使用劳动防护用品。

2）自觉学习安全生产知识的义务。

《安全生产法》第55条规定：从业人员应当接受安全生产教育和培训，掌握本职工作所需的安全生产知识，提高安全生产技能，增强事故预防和应急处理能力。

3）危险报告义务。

《安全生产法》第56条规定：从业人员发现事故隐患或者其他不安全因素，应当立即向现场安全生产管理人员或者本单位负责人报告；接到报告的人员应当及时予以处理。

3. 安全生产监督管理的有关规定

（1）法规相关条文

《安全生产法》关于安全生产监督管理的条文是第59~75条。

（2）安全生产监督管理部门

根据《安全生产法》第9条和《建设工程安全生产管理条例》有关规定，国务院负责安全生产监督管理的部门对全国安全生产工作实施综合监督管理。国务院建设行政主管部门对全国建设工程安全生产实施监督管理。国务院铁路、交通、水利等有关部门按照国务院的职责分工，负责有关专业建设工程安全生产的监督管理。

（3）安全生产监督管理措施

《安全生产法》第60条规定：负有安全生产监督管理职责的部门依照有关法律、法规的规定，对涉及安全生产的事项需要审查批准（包括批准、核准、许可、注册、认证、颁发证照等，下同）或者验收的，必须严格依照有关法律、法规和国家标准或者行业标准规定的安全生产条件和程序进行审查；不符合有关法律、法规和国家标准或者行业标准规定的安全生产条件的，不得批准或者验收通过。对未依法取得批准或者验收合格的单位擅自从事有关活动的，负责行政审批的部门发现或者接到举报后应当立即予以取缔，并依法予以处理。对已经依法取得批准的单位，负责行政审批的部门发现其不再具备安全生产条件的，应当撤销原批准。

（4）安全生产监督管理部门的职权

《安全生产法》第62条规定：安全生产监督管理部门和其他负有安全生产监督管理职责的部门依法开展安全生产行政执法工作，对生产经营单位执行有关安全生产的法律、法规和国家标准或者行业标准的情况进行监督检查，行使以下职权：

1）进入生产经营单位进行检查，调阅有关资料，向有关单位和人员了解情况。

2）对检查中发现的安全生产违法行为，当场予以纠正或者要求限期改正；对依法应当给予行政处罚的行为，依照本法和其他有关法律、行政法规的规定作出行政处罚决定。

3）对检查中发现的事故隐患，应当责令立即排除；重大事故隐患排除前或者排除过程中无法保证安全的，应当责令从危险区域内撤出作业人员，责令暂时停产停业或者停止使用相关设施、设备；重大事故隐患排除后，经审查同意，方可恢复生产经营和使用。

4）对有根据认为不符合保障安全生产的国家标准或者行业标准的设施、设备、器材以及违法生产、储存、使用、经营、运输的危险物品予以查封或者扣押，对违法生产、储存、使用、经营危险物品的作业场所予以查封，并依法作出处理决定。

监督检查不得影响被检查单位的正常生产经营活动。

（5）安全生产监督检查人员的义务

《安全生产法》第64条规定了安全生产监督检查人员的义务：

1）应当忠于职守，坚持原则，秉公执法；

2）执行监督检查任务时，必须出示有效的监督执法证件；

3）对涉及被检查单位的技术秘密和业务秘密，应当为其保密。

4. 安全事故应急救援与调查处理的规定

（1）法规相关条文

《安全生产法》关于生产安全事故的应急救援与调查处理的条文是第77~86条。

（2）生产安全事故的等级划分标准

生产安全事故是指在生产经营活动中造成人身伤亡（包括急性工业中毒）或者直接经济损失的事故。国务院《生产安全事故报告和调查处理条例》规定，根据生产安全事故（以下简称事故）造成的人员伤亡或者直接经济损失，事故一般分为以下等级：

1）特别重大事故，是指造成30人及以上死亡，或者100人及以上重伤（包括急性工业中毒，下同），或者1亿元及以上直接经济损失的事故；

2）重大事故，是指造成10人及以上30人以下死亡，或者50人及以上100人以下重伤，或者5000万元及以上1亿元以下直接经济损失的事故；

3）较大事故，是指造成3人及以上10人以下死亡，或者10人及以上50人以下重伤，或者1000万元及以上5000万元以下直接经济损失的事故；

4）一般事故，是指造成3人以下死亡，或者10人以下重伤，或者1000万元以下直接经济损失的事故。

（3）生产安全事故报告

《安全生产法》第80条规定，生产经营单位发生生产安全事故后，事故现场有关人员应当立即报告本单位负责人。单位负责人接到事故报告后，应当按照国家有关规定立即如实报告当地负有安全生产监督管理职责的部门，不得隐瞒不报、谎报或者迟报，不得故意破坏事故现场、毁灭有关证据。第81条规定：负有安全生产监督管理职责的部门接到事故报告后，应当立即按照国家有关规定上报事故情况。负有安全生产监督管理职责的部门和有关地方人民政府对事故情况不得隐瞒不报、谎报或者迟报。

《建设工程安全生产管理条例》进一步规定，施工单位发生生产安全事故，应当按照国家有关伤亡事故报告和调查处理的规定，及时、如实地向负责安全生产监督管理的部门、建设行政主管部门或者其他有关部门报告；特种设备发生事故的，还应当同时向特种设备安全监督管理部门报告。实行施工总承包的建设工程，由总承包单位负责上报事故。

（4）应急抢救工作

《安全生产法》第80条规定，单位负责人接到事故报告后，应当迅速采取有效措施，组织抢救，防止事故扩大，减少人员伤亡和财产损失。第82条规定，有关地方人民政府和负有安全生产监督管理职责的部门的负责人接到生产安全事故报告后，应当按照生产安全事故应急救援预案的要求立即赶到事故现场，组织事故抢救。

（5）事故的调查

《安全生产法》第 83 条规定：事故调查处理应当按照科学严谨、依法依规、实事求是、注重实效的原则，及时、准确地查清事故原因，查明事故性质和责任，总结事故教训，提出整改措施，并对事故责任者提出处理意见。

《生产安全事故报告和调查处理条例》规定了事故调查的管辖：特别重大事故由国务院或者国务院授权有关部门组织事故调查组进行调查；重大事故、较大事故、一般事故分别由事故发生地省级人民政府、设区的市级人民政府、县级人民政府负责调查。省级人民政府、设区的市级人民政府、县级人民政府可以直接组织事故调查组进行调查，也可以授权或者委托有关部门组织事故调查组进行调查。未造成人员伤亡的一般事故，县级人民政府也可以委托事故发生单位组织事故调查组进行调查。上级人民政府认为必要时，可以调查由下级人民政府负责调查的事故。特别重大事故以下等级事故，事故发生地与事故发生单位不在同一个县级以上行政区域的，由事故发生地人民政府负责调查，事故发生单位所在地人民政府应当派人参加。

（三）《建设工程安全生产管理条例》、《建设工程质量管理条例》

《建设工程安全生产管理条例》（以下简称《安全生产管理条例》）于 2003 年 11 月 12 日国务院第 28 次常务会议通过，自 2004 年 2 月 1 日起施行。《安全生产管理条例》包括总则，建设单位的安全责任，勘察、设计、工程监理及其他有关单位的安全责任，施工单位的安全责任，监督管理，生产安全事故的应急救援和调查处理，法律责任，附则 8 章，共 71 条。

《安全生产管理条例》的立法目的是加强建设工程安全生产监督管理，保障人民群众生命和财产安全。

《建设工程质量管理条例》（以下简称《质量管理条例》）于 2000 年 1 月 10 日国务院第 25 次常务会议通过，自 2000 年 1 月 30 日起施行。《质量管理条例》包括总则，建设单位的质量责任和义务，勘察、设计单位的质量责任和义务，施工单位的质量责任和义务，工程监理单位的质量责任和义务，建设工程质量保修，监督管理，罚则，附则 9 章，共 82 条。

《质量管理条例》的立法目的是加强对建设工程质量的管理，保证建设工程质量，保护人民生命和财产安全。

1. 《安全生产管理条例》关于施工单位的安全责任的有关规定

（1）法规相关条文

《安全生产管理条例》关于施工单位的安全责任的条文是第 20～38 条。

（2）施工单位的安全责任

1）有关人员的安全责任

① 施工单位主要负责人

施工单位主要负责人不仅仅指法定代表人，而且是指对施工单位全面负责、有生产经营决策权的人。

《安全生产管理条例》第 21 条规定："施工单位主要负责人依法对本单位的安全生产工作全面负责。"具体包括：

A. 建立健全安全生产责任制度和安全生产教育培训制度；

B. 制定安全生产规章制度和操作规程；

C. 保证本单位安全生产条件所需资金的投入；

D. 对所承建的建设工程进行定期和专项安全检查，并做好安全检查记录。

② 施工单位的项目负责人

项目负责人主要指项目经理，在工程项目中处于中心地位。《安全生产管理条例》第 21 条规定：施工单位的项目负责人对建设工程项目的安全全面负责。鉴于项目负责人对安全生产的重要作用，该条同时规定施工单位的项目负责人应当由取得相应执业资格的人员担任。这里，"相应执业资格"目前指建造师执业资格。

根据《安全生产管理条例》第 21 条，项目负责人的安全责任主要包括：

A. 落实安全生产责任制度、安全生产规章制度和操作规程；

B. 确保安全生产费用的有效使用；

C. 根据工程的特点组织制定安全施工措施，消除安全事故隐患；

D. 及时、如实报告生产安全事故。

③ 专职安全生产管理人员

《安全生产管理条例》第 23 条规定："施工单位应当设立安全生产管理机构，配备专职安全生产管理人员。"专职安全生产管理人员是指经建设主管部门或者其他有关部门安全生产考核合格，并取得安全生产考核合格证书，在企业从事安全生产管理工作的专职人员，包括施工单位安全生产管理机构的负责人及其工作人员和施工现场专职安全生产管理人员。

专职安全生产管理人员的安全责任主要包括：对安全生产进行现场监督检查，发现安全事故隐患，应当及时向项目负责人和安全生产管理机构报告；对于违章指挥、违章操作的，应当立即制止。

2）总承包单位和分包单位的安全责任

《安全生产管理条例》第 24 条规定："建设工程实行施工总承包的，由总承包单位对施工现场的安全生产负总责。"为了防止违法分包和转包等违法行为的发生，真正落实施工总承包单位的安全责任，该条进一步规定："总承包单位应当自行完成建设工程主体结构的施工。"该条同时规定："总承包单位依法将建设工程分包给其他单位的，分包合同中应当明确各自的安全生产方面的权利、义务。总承包单位和分包单位对分包工程的安全生产承担连带责任。"

但是，总承包单位与分包单位在安全生产方面的责任也不是固定不变的，需要视具体情况确定。《安全生产管理条例》第 24 条规定："分包单位应当服从总承包单位的安全生产管理，分包单位不服从管理导致生产安全事故的，由分包单位承担主要责任。"

3）安全生产教育培训

① 管理人员的考核

《安全生产管理条例》第 36 条规定：施工单位的主要负责人、项目负责人、专职安全生产管理人员应当经建设行政主管部门或者其他有关部门考核合格后方可任职。

② 作业人员的安全生产教育培训

A. 日常培训

《安全生产管理条例》第 36 条规定：施工单位应当对管理人员和作业人员每年至少进行一次安全生产教育培训，其教育培训情况记录到个人工作档案。安全生产教育培训考核不合格的人员，不得上岗。

B. 新岗位培训

《安全生产管理条例》第 37 条对新岗位培训作了两方面规定。一是作业人员进入新的岗位或者新的施工现场前，应当接受安全生产教育培训。未经教育培训或者教育培训考核不合格的人员，不得上岗作业；二是施工单位在采用新技术、新工艺、新设备、新材料时，应当对作业人员进行相应的安全生产教育培训。

③ 特种作业人员的专门培训

《安全生产管理条例》第 25 条规定：垂直运输机械作业人员、安装拆卸工、爆破作业人员、起重信号工、登高架设作业人员等特种作业人员，必须按照国家有关规定经过专门的安全作业培训，并取得特种作业操作资格证书后，方可上岗作业。

4）施工单位应采取的安全措施

① 编制安全技术措施、施工现场临时用电方案和专项施工方案

《安全生产管理条例》第 26 条规定："施工单位应当在施工组织设计中编制安全技术措施和施工现场临时用电方案。"同时规定，对下列达到一定规模的危险性较大的分部分项工程编制专项施工方案，并附具安全验算结果，经施工单位技术负责人、总监理工程师签字后实施，由专职安全生产管理人员进行现场监督：

A. 基坑支护与降水工程；

B. 土方开挖工程；

C. 模板工程；

D. 起重吊装工程；

E. 脚手架工程；

F. 拆除、爆破工程；

G. 国务院建设行政主管部门或者其他有关部门规定的其他危险性较大的工程。

② 安全施工技术交底

施工前的安全施工技术交底的目的就是让所有的安全生产从业人员都对安全生产有所了解，最大限度避免安全事故的发生。因此，《安全生产管理条例》第 27 条规定：建设工程施工前，施工单位负责项目管理的技术人员应当对有关安全施工的技术要求向施工作业班组、作业人员作出详细说明，并由双方签字确认。

③ 施工现场安全警示标志的设置

《安全生产管理条例》第 28 条规定：施工单位应当在施工现场入口处、施工起重机械、临时用电设施、脚手架、出入通道口、楼梯口、电梯井口、孔洞口、桥梁口、隧道口、基坑边沿、爆破物及有害危险气体和液体存放处等危险部位，设置明显的安全警示标志。安全警示标志必须符合国家标准。

④ 施工现场的安全防护

《安全生产管理条例》第 28 条规定：施工单位应当根据不同施工阶段和周围环境及季节、气候的变化，在施工现场采取相应的安全施工措施。施工现场暂时停止施工的，施工单位应当做好现场防护，所需费用由责任方承担，或者按照合同约定执行。

⑤ 施工现场的布置应当符合安全和文明施工要求

《安全生产管理条例》第 29 条规定：施工单位应当将施工现场的办公、生活区与作业区分开设置，并保持安全距离；办公、生活区的选址应当符合安全性要求。职工的膳食、饮水、休息场所等应当符合卫生标准。施工单位不得在尚未竣工的建筑物内设置员工集体宿舍。

施工现场临时搭建的建筑物应当符合安全使用要求。施工现场使用的装配式活动房屋应当具有产品合格证。临时建筑物一般包括施工现场的办公用房、宿舍、食堂、仓库、卫生间等。

⑥ 对周边环境采取防护措施

《安全生产管理条例》第 30 条规定：施工单位对因建设工程施工可能造成损害的毗邻建筑物、构筑物和地下管线等，应当采取专项防护措施。施工单位应当遵守有关环境保护法律、法规的规定，在施工现场采取措施，防止或者减少粉尘、废气、废水、固体废物、噪声、振动和施工照明对人和环境的危害和污染。在城市市区内的建设工程，施工单位应当对施工现场实行封闭围挡。

⑦ 施工现场的消防安全措施

《安全生产管理条例》第 31 条规定：施工单位应当在施工现场建立消防安全责任制度，确定消防安全责任人，制定用火、用电、使用易燃易爆材料等各项消防安全管理制度和操作规程，设置消防通道、消防水源，配备消防设施和灭火器材，并在施工现场入口处设置明显标志。

⑧ 安全防护设备管理

《安全生产管理条例》第 33 条规定：作业人员应当遵守安全施工的强制性标准、规章制度和操作规程，正确使用安全防护用具、机械设备等。

《安全生产管理条例》第 34 条规定：施工单位采购、租赁的安全防护用具、机械设备、施工机具及配件，应当具有生产（制造）许可证、产品合格证，并在进入施工现场前进行查验；施工现场的安全防护用具、机械设备、施工机具及配件必须由专人管理，定期进行检查、维修和保养，建立相应的资料档案，并按照国家有关规定及时报废。

⑨ 起重机械设备管理

《安全生产管理条例》第 35 条对起重机械设备管理作了如下规定：

A. 施工单位在使用施工起重机械和整体提升脚手架、模板等自升式架设设施前，应当组织有关单位进行验收，也可以委托具有相应资质的检验检测机构进行验收；使用承租的机械设备和施工机具及配件的，由施工总承包单位、分包单位、出租单位和安装单位共同进行验收。验收合格的方可使用。

B. 《特种设备安全监察条例》规定的施工起重机械，在验收前应当经有相应资质的检验检测机构监督检验合格。这里"作为特种设备的施工起重机械"是指涉及生命安全、危险性较大的起重机械。

C. 施工单位应当自施工起重机械和整体提升脚手架、模板等自升式架设设施验收合格之日起 30 日内，向建设行政主管部门或者其他有关部门登记。登记标志应当置于或者附着于该设备的显著位置。

⑩ 办理意外伤害保险

《安全生产管理条例》第 38 条规定："施工单位应当为施工现场从事危险作业的人员办理意外伤害保险。"同时还规定："意外伤害保险费由施工单位支付。实行施工总承包的，由总承包单位支付意外伤害保险费。意外伤害保险期限自建设工程开工之日起至竣工验收合格止。"

2. 《质量管理条例》关于施工单位的质量责任和义务的有关规定

（1）法规相关条文

《质量管理条例》关于施工单位的质量责任和义务的条文是第 25～33 条。

（2）施工单位的质量责任和义务

1）依法承揽工程

《质量管理条例》第 25 条规定：施工单位应当依法取得相应等级的资质证书，并在其资质等级许可的范围内承揽工程。

禁止施工单位超越本单位资质等级许可的业务范围或者以其他施工单位的名义承揽工程。禁止施工单位允许其他单位或者个人以本单位的名义承揽工程。施工单位不得转包或者违法分包工程。

2）建立质量保证体系

《质量管理条例》第 26 条规定：施工单位对建设工程的施工质量负责。施工单位应当建立质量责任制，确定工程项目的项目经理、技术负责人和施工管理负责人。

建设工程实行总承包的，总承包单位应当对全部建设工程质量负责；建设工程勘察、设计、施工、设备采购的一项或者多项实行总承包的，总承包单位应当对其承包的建设工程或者采购的设备的质量负责。

《质量管理条例》第 27 条规定：总承包单位依法将建设工程分包给其他单位的，分包单位应当按照分包合同的约定对其分包工程的质量向总承包单位负责，总承包单位与分包单位对分包工程的质量承担连带责任。

3）按图施工

《质量管理条例》第 28 条规定："施工单位必须按照工程设计图纸和施工技术标准施工，不得擅自修改工程设计，不得偷工减料。"但是，"施工单位在施工过程中发现设计文件和图纸有差错的，应当及时提出意见和建议"。

4）对建筑材料、构配件和设备进行检验的责任

《质量管理条例》第 29 条规定："施工单位必须按照工程设计要求、施工技术标准和合同约定，对建筑材料、建筑构配件、设备和商品混凝土进行检验，检验应当有书面记录和专人签字；未经检验或者检验不合格的，不得使用。"

5）对施工质量进行检验的责任

《质量管理条例》第 30 条规定：施工单位必须建立健全施工质量的检验制度，严格工序管理，做好隐蔽工程的质量检查和记录。隐蔽工程在隐蔽前，施工单位应当通知建设单

位和建设工程质量监督机构。

6）见证取样

在工程施工过程中，为了控制工程施工质量，需要依据有关技术标准和规定的方法，对用于工程的材料和构件抽取一定数量的样品进行检测，并根据检测结果判断其所代表部位的质量。《质量管理条例》第31条规定：施工人员对涉及结构安全的试块、试件以及有关材料，应当在建设单位或者工程监理单位监督下现场取样，并送具有相应资质等级的质量检测单位进行检测。

7）保修

《质量管理条例》第32条规定：施工单位对施工中出现质量问题的建设工程或者竣工验收不合格的建设工程，应当负责返修。

在建设工程竣工验收合格前，施工单位应对质量问题履行返修义务；建设工程竣工验收合格后，施工单位应对保修期内出现的质量问题履行保修义务。《合同法》第281条对施工单位的返修义务也有相应规定："因施工人原因致使建设工程质量不符合约定的，发包人有权要求施工人在合理期限内无偿修理或者返工、改建。经过修理或者返工、改建后，造成逾期交付的，施工人应当承担违约责任。"返修包括修理和返工。

（四）《劳动法》、《劳动合同法》

《中华人民共和国劳动法》（以下简称《劳动法》）于1994年7月5日第八届全国人民代表大会常务委员会第八次会议通过，自1995年1月1日起施行。

《劳动法》分为总则、促进就业、劳动合同和集体合同、工作时间和休息休假、工资、劳动安全卫生、女职工和未成年工特殊保护、职业培训、社会保险和福利、劳动争议、监督检查、法律责任、附则13章，共107条。

《劳动法》的立法目的是保护劳动者的合法权益，调整劳动关系，建立和维护适应社会主义市场经济的劳动制度，促进经济发展和社会进步。

《中华人民共和国劳动合同法》（以下简称《劳动合同法》）于2007年6月29日第十届全国人民代表大会常务委员会第二十八次会议通过，自2008年1月1日起施行。2012年12月28日第十一届全国人民代表大会第十三次会议通过了《全国人民代表大会关于修改〈中华人民共和国劳动法〉的决定》，修改后的《劳动法》自2013年7月1日起实施。《劳动合同法》包括总则、劳动合同的订立、劳动合同的履行和变更、劳动合同的解除和终止、特别规定、监督检查、法律责任、附则8章，共98条。

《劳动合同法》的立法目的是完善劳动合同制度，明确劳动合同双方当事人的权利和义务，保护劳动者的合法权益，构建和发展和谐稳定的劳动关系。

《劳动合同法》在《劳动法》的基础上，对劳动合同的订立、履行、终止等内容作出了更为详尽的规定。

1. 《劳动法》、《劳动合同法》关于劳动合同和集体合同的有关规定

（1）法规相关条文

《劳动法》关于劳动合同的条文是第16～32条，关于集体合同的条文是第33～35条。

《劳动合同法》关于劳动合同的条文是第 7～50 条，关于集体合同的条文是第 51～56 条。

（2）劳动合同、集体合同的概念

劳动合同是劳动者与用人单位确立劳动关系、明确双方权利和义务的协议。这里的劳动关系，是指劳动者与用人单位（包括各类企业、个体工商户、事业单位等）在实现劳动过程中建立的社会经济关系。

劳动合同分为固定期限劳动合同、无固定期限劳动合同和以完成一定工作任务为期限的劳动合同。固定期限劳动合同是指用人单位与劳动者约定合同终止时间的劳动合同。无固定期限劳动合同是指用人单位与劳动者约定无确定终止时间的劳动合同。以完成一定工作任务为期限的劳动合同是指用人单位与劳动者约定以某项工作的完成为合同期限的劳动合同。

集体合同又称集体协议、团体协议等，是指企业职工一方与企业（用人单位）就劳动报酬、工作时间、休息休假、劳动安全卫生、保险编制等事项，依据有关法律法规，通过平等协商达成的书面协议。集体合同实际上是一种特殊的劳动合同。

（3）劳动合同的订立

1）劳动合同当事人

《劳动法》第 16 条规定：劳动合同的当事人为用人单位和劳动者。

《中华人民共和国劳动合同法实施条例》进一步规定：劳动合同法规定的用人单位设立的分支机构，依法取得营业执照或者登记证书的，可以作为用人单位与劳动者订立劳动合同；未依法取得营业执照或者登记证书的，受用人单位委托可以与劳动者订立劳动合同。

2）劳动合同的类型

劳动合同分为以下三种类型：一是固定期限劳动合同，即用人单位与劳动者约定合同终止时间的劳动合同；二是以完成一定工作任务为期限的劳动合同，即用人单位与劳动者约定以某项工作的完成为合同期限的劳动合同；三是无固定期限劳动合同，即用人单位与劳动者约定无明确终止时间的劳动合同。

有下列情形之一，劳动者提出或者同意续订、订立劳动合同的，除劳动者提出订立固定期限劳动合同外，应当订立无固定期限劳动合同：

① 劳动者在该用人单位连续工作满 10 年的；

② 用人单位初次实行劳动合同制度或者国有企业改制重新订立劳动合同时，劳动者在该用人单位连续工作满 10 年且距法定退休年龄不足 10 年的；

③ 连续订立两次固定期限劳动合同，且劳动者没有《劳动合同法》第 39 条（即用人单位可以解除劳动合同的条件）和第 40 条第 1 款、第 2 款规定（即劳动者患病或者非因工负伤，在规定的医疗期满后不能从事原工作，也不能从事由用人单位另行安排的工作的；劳动者不能胜任工作，经过培训或者调整工作岗位，仍不能胜任工作的）的情形，续订劳动合同的。

若劳动者依据此处的规定提出订立无固定期限劳动合同的，用人单位应当与其订立无固定期限劳动合同。对劳动合同的内容，双方应当按照合法、公平、平等自愿、协商一致、诚实信用的原则协商确定。

劳动者非因本人原因从原用人单位被安排到新用人单位工作的，劳动者在原用人单位的工作年限合并计算为新用人单位的工作年限。原用人单位已经向劳动者支付经济补偿的，新用人单位在依法解除、终止劳动合同计算支付经济补偿的工作年限时，不再计算劳动者在原用人单位的工作年限。

3）订立劳动合同的时间限制

《劳动合同法》第19条规定：建立劳动关系，应当订立书面劳动合同。已建立劳动关系，未同时订立书面劳动合同的，应当自用工之日起一个月内订立书面劳动合同。

因劳动者的原因未能订立劳动合同的，自用工之日起一个月内，经用人单位书面通知后，劳动者不与用人单位订立书面劳动合同的，用人单位应当书面通知劳动者终止劳动关系，无需向劳动者支付经济补偿，但是应当依法向劳动者支付其实际工作时间的劳动报酬。

因用人单位的原因未能订立劳动合同的，用人单位自用工之日起超过一个月不满一年未与劳动者订立书面劳动合同的，应当依照《劳动合同法》第82条的规定向劳动者每月支付两倍的工资，并与劳动者补订书面劳动合同；劳动者不与用人单位订立书面劳动合同的，用人单位应当书面通知劳动者终止劳动关系，并依照《劳动合同法》第47条的规定支付经济补偿。

4）劳动合同的生效

劳动合同由用人单位与劳动者协商一致，并经用人单位与劳动者在劳动合同文本上签字或者盖章生效。

劳动合同文本由用人单位和劳动者各执一份。

（4）劳动合同的条款

《劳动法》第19条规定：劳动合同应当具备以下条款：

1）用人单位的名称、住所和法定代表人或者主要负责人；

2）劳动者的姓名、住址和居民身份证或者其他有效身份证件号码；

3）劳动合同期限；

4）工作内容和工作地点；

5）工作时间和休息休假；

6）劳动报酬；

7）社会保险；

8）劳动保护、劳动条件和职业危害防护；

9）法律、法规规定应当纳入劳动合同的其他事项。

劳动合同除前款规定的必备条款外，用人单位与劳动者可以约定试用期、培训、保守秘密、补充保险和福利待遇等其他事项。

《劳动合同法》第19条规定：劳动合同对劳动报酬和劳动条件等标准约定不明确，引发争议的，用人单位与劳动者可以重新协商；协商不成的，适用集体合同规定；没有集体合同或者集体合同未规定劳动报酬的，实行同工同酬；没有集体合同或者集体合同未规定劳动条件等标准的，适用国家有关规定。

（5）试用期

1）试用期的最长时间

《劳动法》第 21 条规定：试用期最长不得超过 6 个月。

《劳动合同法》第 19 条进一步明确：劳动合同期限 3 个月以上未满 1 年的，试用期不得超过 1 个月；劳动合同期限 1 年以上不满 3 年的，试用期不得超过 2 个月；3 年以上固定期限和无固定期限的劳动合同，试用期不得超过 6 个月。

2）试用期的次数限制

《劳动合同法》第 19 条规定：同一用人单位与同一劳动者只能约定一次试用期。

以完成一定工作任务为期限的劳动合同或者劳动合同期限不满 3 个月的，不得约定试用期。

试用期包含在劳动合同期限内。劳动合同仅约定试用期的，试用期不成立，该期限为劳动合同期限。

3）试用期内的最低工资

《劳动合同法》第 20 条规定：劳动者在试用期的工资不得低于本单位相同岗位最低档工资或者劳动合同约定工资的 80%，并不得低于用人单位所在地的最低工资标准。

《中华人民共和国劳动合同法实施条例》对此作进一步明确：劳动者在试用期的工资不得低于本单位相同岗位最低档工资的 80% 或者不得低于劳动合同约定工资的 80%，并不得低于用人单位所在地的最低工资标准。

4）试用期内合同解除条件的限制

在试用期中，除劳动者有《劳动合同法》第 39 条（即用人单位可以解除劳动合同的条件）和第 40 条第 1 款、第 2 款（即劳动者患病或者非因工负伤，在规定的医疗期满后不能从事原工作，也不能从事由用人单位另行安排的工作的；劳动者不能胜任工作，经过培训或者调整工作岗位，仍不能胜任工作的）规定的情形外，用人单位不得解除劳动合同。用人单位在试用期解除劳动合同的，应当向劳动者说明理由。

（6）劳动合同的无效

《劳动合同法》第 26 条规定：下列劳动合同无效或者部分无效：

1）以欺诈、胁迫的手段或者乘人之危，使对方在违背真实意思的情况下订立或者变更劳动合同的；

2）用人单位免除自己的法定责任、排除劳动者权利的；

3）违反法律、行政法规强制性规定的。

对劳动合同的无效或者部分无效有争议的，由劳动争议仲裁机构或者人民法院确认。

劳动合同部分无效，不影响其他部分效力的，其他部分仍然有效。

劳动合同被确认无效，劳动者已付出劳动的，用人单位应当向劳动者支付劳动报酬。劳动报酬的数额，参照本单位相同或者相近岗位劳动者的劳动报酬确定。

（7）劳动合同的变更

用人单位变更名称、法定代表人、主要负责人或者投资人等事项，不影响劳动合同的履行。

用人单位发生合并或者分立等情况，原劳动合同继续有效，劳动合同由承继其权利和义务的用人单位继续履行。

用人单位与劳动者协商一致，可以变更劳动合同约定的内容。变更劳动合同，应当采用书面形式。

变更后的劳动合同文本由用人单位和劳动者各执一份。

（8）劳动合同的解除

用人单位与劳动者协商一致，可以解除劳动合同。用人单位向劳动者提出解除劳动合同并与劳动者协商一致解除劳动合同的，用人单位应当向劳动者给予经济补偿。

劳动者提前 30 日以书面形式通知用人单位，可以解除劳动合同。劳动者在试用期内提前 3 日通知用人单位，可以解除劳动合同。

1）劳动者解除劳动合同的情形

《劳动合同法》第 38 条规定：用人单位有下列情形之一的，劳动者可以解除劳动合同，用人单位应当向劳动者支付经济补偿：

① 未按照劳动合同约定提供劳动保护或者劳动条件的；

② 未及时足额支付劳动报酬的；

③ 未依法为劳动者缴纳社会保险费的；

④ 用人单位的规章制度违反法律、法规的规定，损害劳动者权益的；

⑤ 因《劳动合同法》第 26 条第 1 款（即以欺诈、胁迫的手段或者乘人之危，使对方在违背真实意思的情况下订立或者变更劳动合同的）规定的情形致使劳动合同无效的；

⑥ 法律、行政法规规定劳动者可以解除劳动合同的其他情形。

用人单位以暴力、威胁或者非法限制人身自由的手段强迫劳动者劳动的，或者用人单位违章指挥、强令冒险作业危及劳动者人身安全的，劳动者可以立即解除劳动合同，不需事先告知用人单位。

2）用人单位可以解除劳动合同的情形

除用人单位与劳动者协商一致，用人单位可以与劳动者解除合同外，如遇下列情形，用人单位也可以与劳动者解除合同。

① 随时解除

《劳动合同法》第 39 条规定：劳动者有下列情形之一的，用人单位可以解除劳动合同：

A. 在试用期间被证明不符合录用条件的；

B. 严重违反用人单位的规章制度的；

C. 严重失职，营私舞弊，给用人单位造成重大损害的；

D. 劳动者同时与其他用人单位建立劳动关系，对完成本单位的工作任务造成严重影响，或者经用人单位提出，拒不改正的；

E. 因《劳动合同法》第 26 条第 1 款第 1 项（即：以欺诈、胁迫的手段或者乘人之危，使对方在违背真实意思的情况下订立或者变更劳动合同的）规定的情形致使劳动合同无效的；

F. 被依法追究刑事责任的。

② 预告解除

《劳动合同法》第 40 条规定：有下列情形之一的，用人单位提前 30 日以书面形式通知劳动者本人或者额外支付劳动者 1 个月工资后，可以解除劳动合同，用人单位应当向劳动者支付经济补偿：

A. 劳动者患病或者非因工负伤，在规定的医疗期满后不能从事原工作，也不能从事由用人单位另行安排的工作的；

B. 劳动者不能胜任工作，经过培训或者调整工作岗位，仍不能胜任工作的；

C. 劳动合同订立时所依据的客观情况发生重大变化，致使劳动合同无法履行，经用人单位与劳动者协商，未能就变更劳动合同内容达成协议的。

用人单位依照此规定，选择额外支付劳动者 1 个月工资解除劳动合同的，其额外支付的工资应当按照该劳动者上 1 个月的工资标准确定。

③ 经济性裁员

《劳动合同法》第 41 条规定：有下列情形之一，需要裁减人员 20 人以上或者裁减不足 20 人但占企业职工总数 10% 以上的，用人单位提前 30 日向工会或者全体职工说明情况，听取工会或者职工的意见后，裁减人员方案经向劳动行政部门报告，可以裁减人员，用人单位应当向劳动者支付经济补偿：

A. 依照企业破产法规定进行重整的；

B. 生产经营发生严重困难的；

C. 企业转产、重大技术革新或者经营方式调整，经变更劳动合同后，仍需裁减人员的；

D. 其他因劳动合同订立时所依据的客观经济情况发生重大变化，致使劳动合同无法履行的。

④ 用人单位不得解除劳动合同的情形

《劳动合同法》第 42 条规定：劳动者有下列情形之一的，用人单位不得依照本法第 40 条、第 41 条的规定解除劳动合同：

A. 从事接触职业病危害作业的劳动者未进行离岗前职业健康检查，或者疑似职业病病人在诊断或者医学观察期间的；

B. 在本单位患职业病或者因工负伤并被确认丧失或者部分丧失劳动能力的；

C. 患病或者非因工负伤，在规定的医疗期内的；

D. 女职工在孕期、产期、哺乳期的；

E. 在本单位连续工作满 15 年，且距法定退休年龄不足 5 年的；

F. 法律、行政法规规定的其他情形。

(9) 劳动合同终止

《劳动合同法》规定：有下列情形之一的，劳动合同终止。用人单位与劳动者不得在劳动合同法规定的劳动合同终止情形之外约定其他的劳动合同终止条件：

1) 劳动者达到法定退休年龄的，劳动合同终止；

2) 劳动合同期满的。除用人单位维持或者提高劳动合同约定条件续订劳动合同，劳动者不同意续订的情形外，依照本项规定终止固定期限劳动合同的，用人单位应当向劳动者支付经济补偿；

3) 劳动者开始依法享受基本养老保险待遇的；

4) 劳动者死亡，或者被人民法院宣告死亡或者宣告失踪的；

5）用人单位被依法宣告破产的。依照本项规定终止劳动合同的，用人单位应当向劳动者支付经济补偿；

6）用人单位被吊销营业执照、责令关闭、撤销或者用人单位决定提前解散的。依照本项规定终止劳动合同的，用人单位应当向劳动者支付经济补偿；

7）法律、行政法规规定的其他情形。

（10）集体合同的内容与订立

集体合同的主要内容包括劳动报酬、工作时间、休息休假、劳动安全卫生、保险福利等事项，也可以就劳动安全卫生、女职工权益保护、工资调整机制等事项订立专项集体合同。

集体合同由工会代表职工与企业（用人单位）签订；没有建立工会的企业（用人单位），由职工推举的代表与企业（用人单位）签订。

（11）集体合同的效力

依法签订的集体合同对企业和企业全体职工具有约束力。

职工个人与企业订立的劳动合同中劳动条件和劳动报酬等标准不得低于集体合同的规定。

（12）集体合同争议的处理

用人单位违反集体合同，侵犯职工劳动权益的，工会可以依法要求用人单位承担责任。因履行集体合同发生争议，经协商解决不成的，工会或职工协商代表可以自劳动争议发生之日起 1 年内向劳动争议仲裁委员会申请劳动仲裁；对劳动仲裁结果不服的，可以自收到仲裁裁决书之日起 15 日内向人民法院提起诉讼。

2. 《劳动法》关于劳动安全卫生的有关规定

（1）法规相关条文

《劳动法》关于劳动安全卫生的条文是第 52～57 条。

（2）劳动安全卫生

劳动安全卫生又称劳动保护，是指直接保护劳动者在劳动中的安全和健康的法律保护。

根据《劳动法》的有关规定，用人单位和劳动者应当遵守如下有关劳动安全卫生的法律规定：

1）用人单位必须建立健全劳动安全卫生制度，严格执行国家劳动安全卫生规程和标准，对劳动者进行劳动安全卫生教育，防止劳动过程中的事故，减少职业危害。

2）劳动安全卫生设施必须符合国家规定的标准。

新建、改建、扩建工程的劳动安全卫生设施必须与主体工程同时设计、同时施工、同时投入生产和使用。

3）用人单位必须为劳动者提供符合国家规定的劳动安全卫生条件和必要的劳动防护用品，对从事有职业危害作业的劳动者应当定期进行健康检查。

4）从事特种作业的劳动者必须经过专门培训并取得特种作业资格。

5）劳动者在劳动过程中必须严格遵守安全操作规程。劳动者对用人单位管理人员违章指挥、强令冒险作业，有权拒绝执行；对危害生命安全和身体健康的行为，有权提出批评、检举和控告。

二、建筑材料

构成建筑物或构筑物本身的材料称为建筑材料。建筑材料有多种分类方法，按化学成分的分类见表 2-1。

建筑材料按化学成分分类   表 2-1

分　类			举　例
无机材料	非金属材料	天然石材	砂子、石子、各种岩石加工的石材等
		烧土制品	黏土砖、瓦、空心砖、锦砖、瓷器等
		胶凝材料	石灰、石膏、水玻璃、水泥等
		玻璃及熔融制品	玻璃、玻璃棉、岩棉、铸石等
		混凝土及硅酸盐制品	普通混凝土、砂浆及硅酸盐制品等
	金属材料	黑色金属	钢、铁、不锈钢等
		有色金属	铝、铜等及其合金
有机材料	植物材料		木材、竹材、植物纤维及其制品
	沥青材料		石油沥青、煤沥青、沥青制品
	合成高分子材料		塑料、涂料、胶粘剂、合成橡胶等
复合材料	金属材料与非金属材料复合		钢筋混凝土、预应力混凝土、钢纤维混凝土等
	非金属材料与有机材料复合		玻璃纤维增强塑料、聚合物混凝土、沥青混合料、水泥刨花板等
	金属材料与有机材料复合		轻质金属夹心板

（一）无机胶凝材料

1. 无机胶凝材料的分类及特性

胶凝材料也称为胶结材料，是用来把块状、颗粒状或纤维状材料粘结为整体的材料。无机胶凝材料也称矿物胶凝材料，是胶凝材料的一大类别，其主要成分是无机化合物，如水泥、石膏、石灰等均属无机胶凝材料。

按照硬化条件的不同，无机胶凝材料分为气硬性胶凝材料和水硬性胶凝材料两类。前者如石灰、石膏、水玻璃等，后者如水泥。

气硬性胶凝材料只能在空气中凝结、硬化、保持和发展强度，一般只适用于干燥环境，不宜用于潮湿环境与水中。

水硬性胶凝材料既能在空气中硬化，也能在水中凝结、硬化、保持和发展强度，既适用于干燥环境，又适用于潮湿环境与水中工程。

2. 通用水泥的特性及应用

水泥是一种加水拌合成塑性浆体，能胶结砂、石等固体材料，并能在空气和水中硬化的粉状水硬性胶凝材料。

水泥的品种很多。按其矿物组成可分为硅酸盐水泥、铝酸盐水泥、硫铝酸盐水泥、氟铝酸盐水泥、铁铝酸盐水泥以及少熟料或无熟料水泥等。按其用途和性能可分为通用水泥、专用水泥以及特性水泥三大类。用于一般土木建筑工程的水泥为通用水泥。适应专门用途的水泥称为专用水泥，如砌筑水泥、道路水泥、油井水泥等。某种性能比较突出的水泥称为特性水泥，如白色硅酸盐水泥、快硬硅酸盐水泥、抗硫酸盐硅酸盐水泥、膨胀水泥等。

通用水泥即通用硅酸盐水泥的简称，是以硅酸盐水泥熟料和适量的石膏，以及规定的混合材料制成的水硬性胶凝材料。通用水泥的品种、特性及应用范围见表 2-2。

通用水泥的特性及适用范围　　　　　　　　　　表 2-2

名称	硅酸盐水泥	普通硅酸盐水泥	矿渣硅酸盐水泥	火山灰质硅酸盐水泥	粉煤灰硅酸盐水泥	复合硅酸盐水泥
主要特性	1. 早期强度高； 2. 水化热高； 3. 抗冻性好； 4. 耐热性差； 5. 耐腐蚀性差； 6. 干缩小； 7. 抗碳化性好	1. 早期强度较高； 2. 水化热较高； 3. 抗冻性较好； 4. 耐热性较差； 5. 耐腐蚀性较差； 6. 干缩性较小； 7. 抗碳化性较好	1. 早期强度低，后期强度高； 2. 水化热较低； 3. 抗冻性较差； 4. 耐热性较好； 5. 耐腐蚀性好； 6. 干缩性较大； 7. 抗碳化性较差； 8. 抗渗性差	1. 早期强度低，后期强度高； 2. 水化热较低； 3. 抗冻性较差； 4. 耐热性较差； 5. 耐腐蚀性好； 6. 干缩性大； 7. 抗碳化性较差； 8. 抗渗性好	1. 早期强度低，后期强度高； 2. 水化热较低； 3. 抗冻性较差； 4. 耐热性较差； 5. 耐腐蚀性好； 6. 干缩性小； 7. 抗碳化性较差； 8. 抗渗性好	1. 早期强度稍低； 2. 其他性能同矿渣硅酸盐水泥
适用范围	1. 高强混凝土及预应力混凝土工程； 2. 早期强度要求高的工程及冬期施工的工程； 3. 严寒地区遭受反复冻融作用的混凝土工程	与硅酸盐水泥基本相同	1. 大体积混凝土工程； 2. 高温车间和有耐热要求的混凝土结构； 3. 蒸汽养护的构件； 4. 耐腐蚀要求高的混凝土工程	1. 地下、水中大体积混凝土结构； 2. 有抗渗要求的工程； 3. 蒸汽养护的构件； 4. 耐腐蚀要求高的混凝土工程	1. 地上、地下及水中大体积混凝土结构； 2. 蒸汽养护的构件； 3. 抗裂性要求较高的构件； 4. 耐腐蚀要求高的混凝土工程	可参照矿渣硅酸盐水泥、火山灰质硅酸盐水泥、粉煤灰硅酸盐水泥，但其性能受所用混合材料性能的影响，所以使用时应针对工程的性质加以选用
不适用范围	1. 大体积混凝土工程； 2. 受化学及海水侵蚀的工程； 3. 耐热混凝土工程	与硅酸盐水泥基本相同	1. 早期强度要求较高的混凝土工程； 2. 有抗冻要求的混凝土工程	1. 早期强度要求较高的混凝土工程； 2. 有抗冻要求的混凝土工程； 3. 干燥环境中的混凝土工程； 4. 耐磨性要求高的混凝土工程	1. 早期强度要求较高的混凝土工程； 2. 有抗冻要求的混凝土工程； 3. 干燥环境中的混凝土工程； 4. 耐磨性要求高的混凝土工程	可参见照矿渣硅酸盐水泥、火山灰质硅酸盐水泥，但其性能受所用混合材料性能的影响，所以使用时应针对工程的性质加以选用

（二）混　凝　土

1. 普通混凝土的分类及主要技术性质

（1）普通混凝土的分类

混凝土是以胶凝材料、粗细骨料及其他外掺材料按适当比例拌制、成型、养护、硬化而成的人工石材。通常将水泥、矿物掺合材料、粗细骨料、水和外加剂按一定的比例配制而成的、干表观密度为 $2000\sim2800kg/m^3$ 的混凝土称为普通混凝土。

普通混凝土可以从不同角度进行分类。

1）按用途分　结构混凝土、抗渗混凝土、抗冻混凝土、大体积混凝土、水工混凝土、耐热混凝土、耐酸混凝土、装饰混凝土等。

2）按强度等级分　普通强度混凝土（$<$C60）、高强混凝土（$\geqslant$C60）、超高强混凝土（$\geqslant$C100）。

3）按施工工艺分　喷射混凝土、泵送混凝土、碾压混凝土、压力灌浆混凝土、离心混凝土、真空脱水混凝土。

普通混凝土广泛用于建筑、桥梁、道路、水利、码头、海洋等工程。

（2）普通混凝土的主要技术性质

混凝土的技术性质包括混凝土拌合物的技术性质和硬化混凝土的技术性质。混凝土拌合物的主要技术性质为和易性，硬化混凝土的主要技术性质包括强度、变形和耐久性等。

1）混凝土拌合物的和易性

混凝土中的各种组成材料按比例配合经搅拌形成的混合物称为混凝土拌合物，又称新拌混凝土。

混凝土拌合物易于各工序施工操作（搅拌、运输、浇筑、振捣、成型等），并能获得质量稳定、整体均匀、成型密实的混凝土性能，称为混凝土拌合物的和易性。和易性是满足施工工艺要求的综合性质，包括流动性、黏聚性和保水性。

流动性是指混凝土拌合物在自重或机械振动时能够产生流动的性质。流动性的大小反映了混凝土拌合物的稀稠程度，流动性良好的拌合物，易于浇筑、振捣和成型。

黏聚性是指混凝土组成材料间具有一定的黏聚力，在施工过程中混凝土能保持整体均匀的性能。黏聚性反映了混凝土拌合物的均匀性，黏聚性良好的拌合物易于施工操作，不会产生分层和离析的现象。黏聚性差时，会造成混凝土质地不均，振捣后易出现蜂窝、空洞等现象，影响混凝土的强度及耐久性。

保水性是指混凝土拌合物在施工过程中具有一定的保持内部水分而抵抗泌水的能力。保水性反映了混凝土拌合物的稳定性。保水性差的混凝土拌合物会在混凝土内部形成透水通道，影响混凝土的密实性，并降低混凝土的强度及耐久性。

混凝土拌合物的和易性目前还很难用单一的指标来评定，通常是以测定流动性为主，兼顾黏聚性和保水性。流动性常用坍落度法（适用于坍落度$\geqslant$10mm）和维勃稠度法（适用于坍落度$<$10mm）进行测定。

坍落度数值越大，表明混凝土拌合物流动性大。根据坍落度值的大小，可将混凝土分为四级：大流动性混凝土（坍落度大于160mm）、流动性混凝土（坍落度100～150mm）、塑性混凝土（坍落度10～90mm）和干硬性混凝土（坍落度小于10mm）。

2）混凝土的强度

① 混凝土立方体抗压强度和强度等级

混凝土的抗压强度是混凝土结构设计的主要技术参数，也是混凝土质量评定的重要技术指标。

按照标准制作方法制成边长为150mm的标准立方体试件，在标准条件（温度20℃±2℃，相对湿度为95％以上）下养护28d，然后采用标准试验方法测得的极限抗压强度值，称为混凝土的立方体抗压强度，用 f_{cu} 表示。

为了便于设计和施工选用混凝土，将混凝土的强度按照混凝土立方体抗压强度标准值分为若干等级，即强度等级。《混凝土质量控制标准》GB 50164—2011 将普通混凝土划分为 C10、C15、C20、C25、C30、C35、C40、C45、C50、C55、C60、C65、C70、C75、C80、C85、C90、C95、C100 十九个强度等级。其中"C"表示混凝土，C后面的数字表示混凝土立方体抗压强度标准值（ $f_{cu,k}$ ）。如 C30 表示混凝土立方体抗压强度标准值 $30MPa \leqslant f_{cu,k} < 35MPa$ 。

② 混凝土轴心抗压强度

在实际工程中，混凝土结构构件大部分是棱柱体或圆柱体。为了能更好地反映混凝土的实际抗压性能，在计算钢筋混凝土构件承载力时，常采用混凝土的轴心抗压强度作为设计依据。

混凝土的轴心抗压强度是采用 150mm×150mm×300mm 的棱柱体作为标准试件，在标准条件（温度为20℃±2℃，相对湿度为95％以上）下养护28d，采用标准试验方法测得的抗压强度值。

③ 混凝土的抗拉强度

我国目前常采用劈裂试验方法测定混凝土的抗拉强度。劈裂试验方法是采用边长为150mm的立方体标准试件，按规定的劈裂拉伸试验方法测定混凝土的劈裂抗拉强度。

（3）混凝土的耐久性

混凝土抵抗其自身因素和环境因素的长期破坏，保持其原有性能的能力，称为耐久性。混凝土的耐久性主要包括抗渗性、抗冻性、耐磨性、抗碳化、抗碱-骨料反应等方面。

1）抗渗性

混凝土抵抗压力液体（水或油）等渗透本体的能力称为抗渗性。

混凝土的抗渗性用抗渗等级表示。抗渗等级是以28d龄期的标准试件，用标准试验方法进行试验，以每组六个试件，四个试件未出现渗水时，所能承受的最大静水压（单位：MPa）来确定。混凝土的抗渗等级用代号P表示，分为P4、P6、P8、P10、P12和>P12六个等级。P4表示混凝土抵抗0.4MPa的液体压力而不渗水。

2）抗冻性

混凝土在吸水饱和状态下，抵抗多次反复冻融循环而不破坏，同时也不严重降低其各种性能的能力，称为抗冻性。

混凝土的抗冻性用抗冻等级表示。抗冻等级是以 28d 龄期的混凝土标准试件，在浸水饱和状态下，进行冻融循环试验，以抗压强度损失不超过 25％，同时质量损失不超过 5％时，所能承受的最大的冻融循环次数来确定。混凝土抗冻等级用 F 表示，分为 F50、F100、F150、F200、F250、F300、F350、F400 和＞F400 九个等级。F150 表示混凝土在强度损失不超过 25％，质量损失不超过 5％时，所能承受的最大冻融循环次数为 150 次。

3）抗腐蚀性

混凝土在外界各种侵蚀介质作用下，抵抗破坏的能力，称为混凝土的抗腐蚀性。当工程所处环境存在侵蚀介质时，对混凝土必须提出耐蚀性要求。

2. 常用混凝土外加剂的品种及应用

（1）混凝土外加剂的分类

外加剂按照其主要功能分为八类：高性能减水剂、高效减水剂、普通减水剂、引气减水剂、泵送剂、早强剂、缓凝剂、引气剂。

外加剂按主要使用功能分为四类：①改善混凝土拌合物流变性的外加剂，包括减水剂、泵送剂等；②调节混凝土凝结时间、硬化性能的外加剂，包括缓凝剂、速凝剂、早强剂等；③改善混凝土耐久性的外加剂，包括引气剂、防水剂、阻锈剂和矿物外加剂等；④改善混凝土其他性能的外加剂，包括加气剂、膨胀剂、防冻剂和着色剂等。

（2）混凝土外加剂的常用品种及应用

1）减水剂

减水剂是使用最广泛、品种最多的一种外加剂。按其用途不同，又可分为普通减水剂、高效减水剂、早强减水剂、缓凝减水剂、缓凝高效减水剂、引气减水剂等。

常用减水剂的应用如表 2-3 所示。

常用减水剂的应用 表 2-3

种　类	木质素系	萘系	树脂系	糖蜜系
类别	普通减水剂	高效减水剂	早强减水剂	缓凝减水剂
主要品种	木质素磺酸钙（木钙粉、M 减水剂）、木钠、木镁等	NNO、NF、建 1、FDN、UNF、JN、HN、MF 等	SM	长城牌、天山牌
适宜掺量（占水泥重％）	0.2～0.3	0.2～1.2	0.5～2	0.1～3
减水量	10％～11％	12％～25％	20％～30％	6％～10％
早强效果	—	显著	显著（7d 可达 28d 强度）	—
缓凝效果	1～3h	—	—	3h 以上
引气效果	1％～2％	部分品种＜2％	—	—
适用范围	一般混凝土工程及大模板、滑模、泵送、大体积及雨期施工的混凝土工程	适用于所有混凝土工程，更适用于配制高强混凝土及流态混凝土、泵送混凝土、冬期施工混凝土	因价格昂贵，宜用于特殊要求的混凝土工程，如高强混凝土、早强混凝土、流态混凝土等	一般混凝土工程

2) 早强剂

早强剂是能加速水泥水化和硬化，促进混凝土早期强度增长的外加剂。可缩短混凝土养护龄期，加快施工进度，提高模板和场地周转率。

目前，常用的早强剂有氯盐类、硫酸盐类和有机胺类。

① 氯盐类早强剂

氯盐类早强剂主要有氯化钙（$CaCl_2$）和氯化钠（$NaCl$），其中氯化钙是国内外应用最为广泛的一种早强剂。为了抑制氯化钙对钢筋的腐蚀作用，常将氯化钙与阻锈剂（亚硝酸钠）复合使用。

② 硫酸盐类早强剂

硫酸盐类早强剂包括硫酸钠（Na_2SO_4）、硫代硫酸钠（$Na_2S_2O_3$）、硫酸钙（$CaSO_4$）、硫酸钾（K_2SO_4）、硫酸铝 $[Al_2(SO_4)_3]$ 等，其中 Na_2SO_4 应用最广。

③ 有机胺类早强剂

有机胺类早强剂有三乙醇胺、三异丙醇胺等，最常用的是三乙醇胺。

④ 复合早强剂

以上三类早强剂在使用时，通常复合使用。复合早强剂往往比单组分早强剂具有更优良的早强效果，掺量也可以比单组分早强剂有所降低。

3) 缓凝剂

缓凝剂是可在较长时间内保持混凝土工作性能，延缓混凝土凝结和硬化时间的外加剂。

缓凝剂可分为无机和有机两大类。缓凝剂的品种有糖类（如糖钙）、木质素磺酸盐类（如木质素磺酸盐钙）、羟基羧酸及其盐类（如柠檬酸、酒石酸钾钠等）、无机盐类（如锌盐、硼酸盐）等。

缓凝剂适用于长时间运输的混凝土、高温季节施工的混凝土、泵送混凝土、滑模施工混凝土、大体积混凝土、分层浇筑的混凝土等。不适用于 5℃ 以下施工的混凝土，也不适用于有早强要求的混凝土及蒸养混凝土。

4) 引气剂

引气剂是一种在搅拌过程中具有在砂浆或混凝土中引入大量、均匀分布的微气泡，而且在硬化后能保留在其中的一种外加剂。加入引气剂，可以改善混凝土拌合物的和易性，显著提高混凝土的抗冻性和抗渗性，但会降低弹性模量及强度。

引气剂主要有松香树脂类、烷基苯磺酸盐类和脂醇磺酸盐类，其中松香树脂类中的松香热聚物和松香皂应用最多。

引气剂适用于配制抗冻混凝土、泵送混凝土、港口混凝土、防水混凝土以及骨料质量差、泌水严重的混凝土，不适宜配制蒸汽养护的混凝土。

5) 膨胀剂

膨胀剂是能使混凝土产生一定体积膨胀的外加剂。常用的膨胀剂种类有硫铝酸钙类、氧化钙类、硫铝酸-氧化钙类等。

6) 防冻剂

防冻剂是能使混凝土在负温下硬化并能在规定条件下达到预期性能的外加剂。常用防冻剂有氯盐类（氯化钙、氯化钠、氯化氮等），氯盐阻锈类，氯盐与阻锈剂（亚硝酸钠）

为主复合的外加剂，无氯盐类（硝酸盐、亚硝酸盐、乙酸钠、尿素等）。

7）泵送剂

泵送剂是改善混凝土泵送性能的外加剂。它由减水剂、调凝剂、引气剂、润滑剂等多种成分复合而成。

8）速凝剂

速凝剂是使混凝土迅速凝结和硬化的外加剂，能使混凝土在 5min 内初凝，10min 内终凝，1h 产生强度。

速凝剂主要用于喷射混凝土、堵漏等。

（三）砂　　浆

建筑砂浆是由胶凝材料、细骨料、掺加料和水配制而成的建筑工程材料。根据用途可分为砌筑砂浆和抹面砂浆。其中，砌筑砂浆是指将砖、石、砌块等块材经砌筑成为砌体，起粘结、衬垫和传力作用的砂浆。抹面砂浆也称抹灰砂浆，是指涂抹在建筑物或建筑构件表面的砂浆，它既可以保护墙体不受风雨、潮气等侵蚀，提高墙体的耐久性，同时也使建筑表面平整、光滑、清洁美观。

1. 砌筑砂浆的分类及应用

根据所用胶凝材料的不同，砌筑砂浆可分为水泥砂浆、石灰砂浆和混合砂浆（包括水泥石灰砂浆、水泥黏土砂浆、石灰黏土砂浆、石灰粉煤灰砂浆等）等。

水泥砂浆强度高、耐久性和耐火性好，但其流动性和保水性差，施工相对较困难，常用于地下结构或经常受水侵蚀的砌体部位。

水泥石灰砂浆强度较高，且耐久性、流动性和保水性均较好，便于施工，容易保证施工质量，是砌体结构房屋中常用的砂浆。

石灰砂浆强度较低，耐久性差，但流动性和保水性较好，可用于砌筑较干燥环境下的砌体。

2. 抹面砂浆的分类及应用

按使用要求不同，抹面砂浆可以分为普通抹面砂浆、装饰砂浆和具有特殊功能的抹面砂浆（如防水砂浆、耐酸砂浆、绝热砂浆、吸声砂浆等）。下面只介绍普通抹面砂浆、防水砂浆和装饰砂浆。

（1）普通抹面砂浆

常用的普通抹面砂浆有水泥砂浆、水泥石灰砂浆、水泥粉煤灰砂浆、掺塑化剂水泥砂浆、聚合物水泥砂浆、石膏砂浆。

为了保证抹灰表面的平整，避免开裂和脱落，通常抹面砂浆分为底层、中层和面层。各层抹面的作用和要求不同，每层所用的砂浆性质也应各不相同。各层所使用的材料和配合比及施工做法应视基层材料品种、部位及气候环境而定。

为了便于涂抹，普通抹面砂浆要求比砌筑砂浆具有更好的和易性，因此胶凝材料（包括掺合料）的用量比砌筑砂浆的多一些。普通抹面砂浆的流动性和砂子的最大粒径可参考表 2-4，配合比可参考表 2-5。

普通抹面砂浆的流动性和砂子的最大粒径参考值　　　　　　　　表 2-4

抹面层	稠度（mm）	砂的最大粒径（mm）
底层	90～110	2.5
中层	70～90	2.5
面层	70～80	1.2

普通抹面砂浆配合比参考值　　　　　　　　表 2-5

材　料	配合比（体积比）范围	应用范围
石灰：砂	1：2～1：4	用于砖石墙表面（檐口、勒脚、女儿墙以及潮湿房间的墙除外）
石灰：石膏：砂	1：0.4：2～1：1：3	干燥环境墙表面
石灰：石膏：砂	1：2：2～1：2：4	用于不潮湿房间的线脚及其他装饰工程
石灰：水泥：砂	1：0.5：4.5～1：1：5	用于檐口、勒脚、女儿墙以及比较潮湿的部位
水泥：砂	1：3～1：2.5	用于浴室、潮湿车间等墙裙、勒脚或地面基层
水泥：砂	1：2～1：1.5	用于地面、顶棚或墙面面层
水泥：石膏：砂：锯末	1：1：3：5	用于吸声粉刷
水泥：白石子	1：2～1：1	用于水磨石（打底用1：2.5水泥砂浆）
水泥：白石子	1：1.5	用于剁假石（打底用1：2.5水泥砂浆）
纸筋：白灰浆	纸筋0.36kg：灰膏0.1m³	较高级墙板、顶棚

（2）防水砂浆

用作防水层的砂浆称为防水砂浆，适用于不受振动和具有一定刚度的混凝土或砖石砌体工程，应用于地下室、水塔、水池等防水工程。

防水砂浆可以采用普通水泥砂浆，通过人工多层抹压法，以减少内部连通毛细孔隙，增大密实度，达到防水效果。也可以掺加防水剂来制作防水砂浆。在水泥砂浆中掺入防水剂，可促使砂浆结构密实，填充和堵塞毛细管道和孔隙，提高砂浆的抗渗能力。常用的防水剂有氯化物金属盐类防水剂、水玻璃防水剂和金属皂类防水剂等。

配制防水砂浆，宜选用强度等级 32.5 级以上的普通硅酸盐水泥或微膨胀水泥，砂子宜采用洁净的中砂，水灰比控制在 0.50～0.55，配合比控制在 1：2.5～1：3（水泥：砂）。

（3）装饰砂浆

涂抹在建筑物内外墙表面，以增加建筑物美观效果的砂浆称为装饰砂浆。

装饰砂浆与普通抹面砂浆的主要区别在面层。装饰砂浆的面层应选用具有一定颜色的胶凝材料和集料，并采用特殊的施工操作方法，以使表面呈现出各种不同的色彩线条和花纹等装饰效果。

装饰砂浆常用的胶凝材料有白水泥和彩色水泥以及石灰、石膏等。集料常用大理石、花岗岩等带颜色的细石渣或玻璃、陶瓷碎粒等。

装饰砂浆常用的工艺做法包括水刷石、水磨石、斩假石、拉毛等。

（四）石材、砖和砌块

1. 砌筑用石材的分类及应用

天然石材是由采自地壳的岩石经加工或不加工而制成的材料。按岩石形状，石材可分为砌筑用石材和装饰用石材。砌筑用石材按加工后的外形规则程度分为料石和毛石两类。而料石又可分为细料石、粗料石和毛料石。

细料石通过细加工、外形规则，叠砌面凹入深度不应大于 10mm，截面的宽度、高度不应小于 200mm，且不应小于长度的 1/4。

粗料石规格尺寸同细料石，但叠砌面凹入深度不应大于 20mm。

毛料石外形大致方正，一般不加工或稍加修整，高度不应小于 200mm，叠砌面凹入深度不应大于 25mm。

毛石指形状不规则，中部厚度不小于 200mm 的石材。

砌筑用石材主要用于建筑物基础、挡土墙等，也可用于建筑物墙体。

2. 砖的分类及应用

砌墙砖按规格、孔洞率及孔的大小，分为普通砖、多孔砖和空心砖；按工艺不同又分为烧结砖和非烧结砖。

（1）烧结砖

1）烧结普通砖

以由煤矸石、页岩、粉煤灰或黏土为主要原料，经成型、焙烧而成的实心砖，称为烧结普通砖。

烧结普通砖的标准尺寸是 240mm×115mm×53mm。

烧结普通砖按抗压强度分为 MU30、MU25、MU20、MU15、MU10 五个强度等级。

烧结普通砖是传统墙体材料。其优点是价格低廉，具有一定的强度、隔热、隔声性能及较好的耐久性。其缺点是烧砖能耗高、砖自重大、成品尺寸小、施工效率低、抗震性能差等，并且黏土砖制砖取土、大量毁坏农田。目前，我国正大力推广墙体材料改革，禁止使用黏土实心砖。烧结普通砖主要用于砌筑建筑物的内墙、外墙、柱、烟囱和窑炉。

2）烧结多孔砖

烧结多孔砖是以煤矸石、页岩、粉煤灰或黏土为主要原料，经成型、焙烧而成的，瓦洞率不大于 35% 的砖。

烧结多孔砖的外形为直角六面体，其长度、宽度、高度尺寸应符合下列要求：290mm，240mm，190mm，180mm；175mm，140mm，115mm，90mm。其他规格尺寸由供需双方协商确定。典型烧结多孔砖规格有 190mm×190mm×90mm（M 型）和 240mm×115mm×90mm（P 型）两种，如图 2-1 所示。

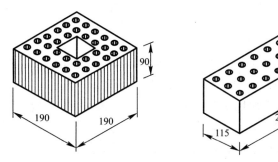

图 2-1 典型规格烧结多孔砖

烧结多孔砖根据抗压强度分为 MU30、MU25、MU20、MU15、MU10 五个强度等级。

烧结多孔砖可以用于承重墙体。优等品可用于墙体装饰和清水墙砌筑，一等品和合格品可用于混水墙，中等泛霜的砖不得用于潮湿部位。

3）烧结空心砖

烧结空心砖是以煤矸石、页岩、粉煤灰或黏土为主要原料，经焙烧制成的孔洞率大于 35% 的砖。

烧结空心砖的长、宽、高应符合以下系列：290mm、190（140）mm、90mm；240mm、180（175）mm、115mm。

烧结空心砖主要用作非承重墙，如多层建筑内隔墙或框架结构的填充墙等。使用空心砖强度等级不低于 MU3.5，最好在 MU5 以上，孔洞率应大于 45%，以横孔方向砌筑。

（2）非烧结砖

不经焙烧而制成的砖均为非烧结砖。目前非烧结砖主要有蒸养砖、蒸压砖、碳化砖等，根据生产原材料区分主要有灰砂砖、粉煤灰砖、炉渣砖、混凝土砖等。

1）蒸压灰砂砖

蒸压灰砂砖是以石灰等钙质材料和砂等硅质材料为主要原料，经坯料制备、压制排气成型、高压蒸汽养护而成的实心砖。

蒸压灰砂砖的尺寸规格为 240mm×115mm×53mm，其表观密度为 1800~1900kg/m³，根据产品的尺寸偏差和外观分为优等品（A）、一等品（B）、合格品（C）三个等级。

蒸压灰砂砖是在高压下成型，又经过蒸压养护，砖体组织致密，具有强度高、大气稳定性好、干缩率小、尺寸偏差小、外形光滑平整等特点。它主要用于工业与民用建筑的墙体和基础。其中，MU15、MU20 和 MU25 的灰砂砖可用于基础及其他部位，MU10 的灰砂砖可用于防潮层以上的建筑部位。蒸压灰砂砖不得用于长期受热 200℃ 以上、受急冷、受急热或有酸性介质侵蚀的环境，也不宜用于受流水冲刷的部位。

2）蒸压粉煤灰砖

蒸压粉煤灰砖是以石灰、消石灰（如电石渣）或水泥等钙质材料及集料（砂等）为主要原料，掺加适量石膏，经坯料制备、压制排气成型、高压蒸汽养护而成的实心砖。

蒸压粉煤灰砖的尺寸规格为 240mm×115mm×53mm。

蒸压粉煤灰砖可用于工业与民用建筑的基础和墙体，但在易受冻融和干湿交替的部位必须使用优等品或一等品砖。用于易受冻融作用的部位时要进行抗冻性检验，并采取适当措施以提高其耐久性。长期受高于 200℃ 作用，或受冷热交替作用，或有酸性侵蚀的建筑部位不得使用蒸压粉煤灰砖。

3）蒸压炉渣砖

蒸压炉渣砖是以煤燃烧后的残渣为主要原料，配以一定数量的石灰和少量石膏，经加水搅拌混合、压制成型、蒸养或蒸压养护而制成的实心砖。

炉渣砖的外形尺寸同普通黏土砖 240mm×115mm×53mm。炉渣砖的生产消耗大量工业废渣，属于环保型墙材。炉渣砖可用于一般工业与民用建筑的墙体和基础。但用于基础或易受冻融和干湿交替作用的建筑部位必须使用 MUl5 及以上强度等级的砖；炉渣砖不得用于长期受热在 200℃以上，或受急冷急热，或有侵蚀性介质的部位。

4）混凝土砖

混凝土普通砖是以水泥和普通骨料或轻骨料为主要原料，经原料制备、加压或振动加压、养护而制成。其规格与黏土实心砖相同，用于工业与民用建筑基础和承重墙体。混凝土普通砖的强度等级分为 MU30、MU25、MU20 和 MU15。

混凝土多孔砖是以水泥为胶结材料，与砂、石（轻骨料）等经加水搅拌、成型和养护而制成的一种具有多排小孔的混凝土制品（图 2-2）。它具有生产能耗低、节土利废、施工方便和体轻、强度高、保温效果好、耐久、收缩变形小、外观规整等特点，是一种替代烧结黏土砖的理想材料。产品主规格尺寸为 240mm×115mm×90mm，砌筑时可配合使用半砖（120mm×115mm×90mm）、七分砖（180mm×115mm×90mm）或与主规格尺寸相同的实心砖等。强度等级分为 MU30、MU25、MU20、MU15。

图 2-2　混凝土多孔砖（240mm×115mm×90mm）

3. 砌块的分类及应用

砌块按产品主规格的尺寸，可分为大型砌块（高度大于 980mm）、中型砌块（高度为 380~980mm）和小型砌块（高度大于 115mm、小于 380mm）。按有无孔洞可分为实心砌块和空心砌块。空心砌块的空心率≥25%。

目前在国内推广应用较为普遍的砌块有蒸压加气混凝土砌块、混凝土小型空心砌块、石膏砌块等。

（1）蒸压加气混凝土砌块

蒸压加气混凝土砌块是钙质材料（水泥、石灰等）和硅质材料（矿渣和粉煤灰）加入铝粉（作加气剂），经蒸压养护而成的多孔轻质块体材料，简称加气混凝土砌块。

蒸压加气混凝土砌块的尺寸规格为：长度 600mm，高度 200mm、240mm、250mm、300mm，宽度 100mm、120mm、125mm、150mm、180mm、200mm、240mm、250mm、300mm，如需要其他规格，可由供需双方协商解决。

蒸压加气混凝土砌块具有表观密度小、保温及耐火性好、易加工、抗震性好、施工方便的特点，适用于低层建筑的承重墙。多层建筑和高层建筑的隔离墙、填充墙及工业建筑物的维护墙体和绝热墙体。建筑的基础，处于浸水、高湿和化学侵蚀环境，承重制品表面温度高于80℃的部位，均不得采用加气混凝土砌块。

（2）普通混凝土小型空心砌块

混凝土小型空心砌块是以水泥为胶凝材料，砂、碎石或卵石、煤矸石、炉渣为骨料，经加水搅拌、振动加压或冲压成型、养护而成的小型砌块。砌块示意图如图2-3所示。

混凝土小型空心砌块主规格尺寸为390mm×190mm×190mm、390mm×240mm×190mm，最小外壁厚不应小于30mm，最小肋厚不应小于25mm。

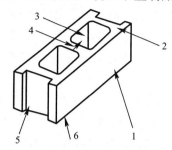

图2-3　混凝土小型空心砌块各部位名称
1—条面；2—坐浆面（肋厚较小的面）；3—壁；4—肋；5—顶面；6—铺浆面（肋厚较大的面）

混凝土小型空心砌块建筑体系比较灵活，砌筑方便，主要用于建筑物的内外墙体。

（五）钢　材

1. 钢材的分类

钢材的品种繁多，分类方法也很多。主要的分类方法见表2-6。

钢材的分类　　　　　　　　　　　　　　　　表2-6

分类方法	类别		特性
按化学成分分类	碳素钢	低碳钢	含碳量<0.25%
		中碳钢	含碳量0.25%～0.60%
		高碳钢	含碳量>0.60%
	合金钢	低合金钢	合金元素总含量<5%
		中合金钢	合金元素总含量5%～10%
		高合金钢	合金元素总含量>10%
按脱氧程度分类	沸腾钢		脱氧不完全，硫、磷等杂质偏析较严重，代号为"F"
	镇静钢		脱氧完全，同时去硫，代号为"Z"
	特殊镇静钢		比镇静钢脱氧程度还要充分彻底，代号为"TZ"
按质量分类	普通钢		含硫量≤0.055%～0.065%，含磷量≤0.045%～0.085%
	优质钢		含硫量≤0.03%～0.045%，含磷量≤0.035%～0.045%
	高级优质钢		含硫量≤0.02%～0.03%，含磷量≤0.027%～0.035%

建筑工程中目前常用的钢种是普通碳素结构钢和普通低合金结构钢。

2. 钢结构用钢材的品种及特性

（1）钢种及钢号

建筑钢结构用钢材主要有碳素结构钢和低合金高强度结构钢两种。

1) 碳素结构钢

① 碳素结构钢的牌号及其表示方法

碳素结构钢的牌号由字母 Q、屈服点数值、质量等级代号、脱氧方法代号四个部分组成。其中 Q 是"屈"字汉语拼音的首位字母；屈服点数值（以 N/mm² 为单位）分为 195、215、235、275；质量等级代号有 A、B、C、D，表示质量由低到高；脱氧方法代号有 F、Z、TZ，分别表示沸腾钢、镇静钢、特殊镇静钢，其中代号 Z、TZ 可以省略不写。钢结构一般采用 Q235 钢，分为 A、B、C、D 四级，A、B 两级有沸腾钢和镇静钢，C 级全部为镇静钢，D 级全部为特殊镇静钢。例如 Q235A 代表屈服强度为 235N/mm²，A 级，镇静钢。

② 碳素结构钢的特性与用途

Q235 级钢既具有较高的强度，又具有较好的塑性和韧性，可焊性也好，同时力学性能稳定，对轧制、加热、急剧冷却时的敏感性较小，故在建筑钢结构中应用广泛。其中 Q235A 级钢一般仅适用于承受静荷载作用的结构，Q235C 级和 Q235D 级钢可用于重要焊接的结构。同时 Q235D 级钢冲击韧性很好，具有较强的抗冲击、振动荷载的能力，尤其适宜在较低的温度下使用。

Q195 和 Q215 级钢塑性很好，但强度过低，常用作生产一般使用的钢钉、铆钉、螺栓及钢丝等。Q275 级钢强度很高，但塑性、可焊性较差，多用于生产机械零件和工具等。

2) 低合金高强度结构钢

低合金高强度结构钢是在钢的冶炼过程中添加少量合金元素（合金元素的总量低于5%），以提高钢材的强度、耐腐蚀性及低温冲击韧性等。

① 低合金高强度结构钢的牌号及其表示方法

低合金高强度结构钢均为镇静钢或特殊镇静钢，所以它的牌号只有 Q、屈服点数值、质量等级三部分。屈服点数值（以 N/mm² 为单位）分为 295、345、390、420、460。质量等级有 A 到 E 五个级别。A 级无冲击功要求，B、C、D、E 级均有冲击功要求。不同质量等级对碳、硫、磷、铝等含量的要求也有区别。低合金高强度结构钢的 A、B 级属于镇静钢，C、D、E 级属于特殊镇静钢。例如 Q345E 代表屈服点为 345N/mm² 的 E 级低合金高强度结构钢。

② 低合金高强度结构钢的特性及应用

低合金高强度结构钢与碳素结构钢相比，具有较高的强度，综合性能好，所以在相同使用条件下，可比碳素结构钢节省用钢 20%～30%，对减轻结构自重有利。同时还具有良好的塑性、韧性、可焊性、耐磨性、耐蚀性、耐低温性等性能，具有良好的可焊性及冷加工性，易于加工与施工。低合金高强度结构钢主要用于轧制各种型钢（角钢、槽钢、工字钢）、钢板、钢管及钢筋，广泛用于钢结构和钢筋混凝土结构中，特别适用于各种重型结构、大跨度结构、高层结构及桥梁工程等，尤其对用于大跨度和大柱网的结构，其技术经济效果更为显著。

(2) 钢结构用钢材的规格

钢结构所用钢材主要是型钢和钢板。型钢和钢板的成型有热轧和冷轧两种。

1) 热轧型钢

热轧型钢主要采用碳素结构钢 Q235A、低合金高强度结构钢 Q345 和 Q390 热轧成型。

常用的热轧型钢有角钢、工字钢、槽钢、T 型钢、H 型钢、Z 型钢等，如图 2-4 所示。

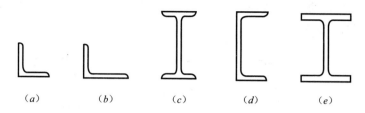

图 2-4　热轧型钢

(*a*) 等边角钢；(*b*) 不等边角钢；(*c*) 工字钢；(*d*) 槽钢；(*e*) H 型钢

① 热轧普通工字钢

工字钢的规格以"腰高度×腿宽度×腰厚度"（mm）表示，也可用"腰高度♯"（cm）表示；规格范围为 10 ♯～63 ♯。若同一腰高的工字钢，有几种不同的腿宽和腰厚，则在其后标注 a、b、c 表示相应规格。

工字钢广泛应用于各种建筑结构和桥梁，主要用于承受横向弯曲（腹板平面内受弯）的杆件，但不易单独用作轴心受压构件或双向弯曲的构件。

② 热轧 H 型钢

H 型钢由工字型钢发展而来。H 型钢的规格型号以"代号腹板高度×翼板宽度×腹板厚度×翼板厚度"（mm）表示，也可用"代号　腹板高度×翼板宽度"表示。

与工字型钢相比，H 型钢优化了截面的分布，具有翼缘宽，侧向刚度大，抗弯能力强，翼缘两表面相互平行、连接构造方便，重量轻、节省钢材等优点。

H 型钢分为宽翼缘（代号为 HW）、中翼缘（代号为 HM）和窄翼缘 H 型钢（HN）以及 H 型钢桩（HP）。宽翼缘和中翼缘 H 型钢适用于钢柱等轴心受压构件，窄翼缘 H 型钢适用于钢梁等受弯构件。

③ 热轧普通槽钢

槽钢规格以"腰高度×腿宽度×腰厚度"（mm）或"腰高度♯"（cm）来表示。同一腰高的槽钢，若有几种不同的腿宽和腰厚，则在其后标注 a、b、c 表示该腰高度下的相应规格。

槽钢主要用于承受轴向力的杆件、承受横向弯曲的梁以及连系杆件，主要用于建筑钢结构、车辆制造等。

④ 热轧角钢

角钢可分为等边角钢和不等边角钢。

等边角钢的规格以"边宽度×边宽度×厚度"（mm）或"边宽♯"（cm）表示。规格范围为 20×20×(3～4)～200×200×(14～24)。

不等边角钢的规格以"长边宽度×短边宽度×厚度"（mm）或"长边宽度/短边宽度"（cm）表示。规格范围为 25×16×(3～4)～200×125×(12～18)。

角钢主要用作承受轴向力的杆件和支撑杆件，也可作为受力构件之间的连接零件。

2）冷弯薄壁型钢

冷弯薄壁型钢指用钢板或带钢在常温下弯曲成的各种断面形状的成品钢材。

冷弯薄壁型钢的类型有 C 型钢、U 型钢、Z 型钢、带钢、镀锌带钢、镀锌卷板、镀锌 C 型钢、镀锌 U 型钢、镀锌 Z 型钢。图 2-5 所示为常见形式的冷弯薄壁型钢。冷弯薄壁型钢的表示方法与热轧型钢相同。

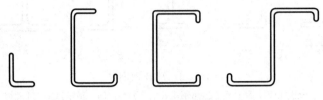

图 2-5　冷弯薄壁型钢

在房屋建筑中，冷弯型钢可用作钢架、桁架、梁、柱等主要承重构件，也被用作屋面檩条、墙架梁柱、龙骨、门窗、屋面板、墙面板、楼板等次要构件和围护结构。

3）钢板

钢板是用碳素结构钢和低合金高强度结构钢经热轧或冷轧生产的扁平钢材。按轧制方式可分为热轧钢板和冷轧钢板。

表示方法：宽度×厚度×长度（mm）。

厚度大于 4mm 的为厚板，厚度小于或等于 4mm 的为薄板。

热轧碳素结构钢厚板，是钢结构的主要用钢材。低合金高强度结构钢厚板，用于重型结构、大跨度桥梁和高压容器等。薄板用于屋面、墙面或轧型板原料等。

3. 钢筋混凝土结构用钢材的品种及特性

钢筋混凝土结构用钢材主要是由碳素结构钢和低合金结构钢轧制而成的各种钢筋，其主要品种有热轧钢筋、冷加工钢筋、热处理钢筋、预应力混凝土用钢丝和钢绞线等。常用的是热轧钢筋、预应力混凝土用钢丝和钢绞线。

（1）热轧钢筋

经热轧成型并自然冷却的成品钢筋，称为热轧钢筋。根据表面特征不同，热轧钢筋分为光圆钢筋和带肋钢筋两大类。

① 热轧光圆钢筋

热轧光圆钢筋，横截面为圆形，表面光圆。其牌号由 HPB＋屈服强度特征值构成。其中 HPB 为热轧光圆钢筋的英文（Hot rolled Plain Bars）缩写，屈服强度值分为 235、300 两个级别。

热轧光圆钢筋的塑性及焊接性能很好，但强度较低，故广泛用于钢筋混凝土结构的构造筋。

② 热轧带肋钢筋

热轧带肋钢筋通常为圆形横截面，且表面通常带有两条纵肋和沿长度方向均匀分布的横肋。

热轧带肋钢筋按屈服强度值分为 335、400、500 三个等级，其牌号的构成及其含义见表 2-7。

表 2-7

热轧带肋钢筋牌号的构成及其含义（GB 1499.2—2007）

类别	牌号	牌号构成	英文字母含义
普通热轧钢筋	HRB335	HRB＋屈服强度特征值	HRB—热轧带肋钢筋的英文（Hot rolled Ribbed Bars）缩写
	HRB400		
	HRB500		
细晶粒热轧钢筋	HRBF335	HRBF＋屈服强度特征值	HRBF—在热轧带肋钢筋的英文缩写后加"细"的英文（Fine）首位字母
	HRBF400		
	HRBF500		

热轧带肋钢筋的延性、可焊性、机械连接性能和锚固性能均较好，且其 400MPa、500MPa 级钢筋的强度高，因此 HRB400、HRBF400、HRB500、HRBF500 钢筋是混凝土结构的主导钢筋，实际工程中主要用作结构构件中的受力主筋、箍筋等。

（2）预应力混凝土用钢丝

钢丝按加工状态分为冷拉钢丝和消除应力钢丝两类。

冷拉钢丝是用盘条通过拔丝模或轧辊经冷加工而成产品，以盘卷供货的钢丝。

消除应力钢丝，即钢丝在塑性变形下（轴应变）进行的短时热处理，得到的应是低松弛钢丝；或钢丝通过矫直工序后在适当温度下进行的短时热处理，得到的应是普通松弛钢丝，故消除应力钢丝按松弛性能又分为低松弛级钢丝和普通松弛级钢丝。

钢丝按外形分为光圆钢丝、螺旋肋钢丝、刻痕钢丝三种。螺旋肋钢丝表面沿着长度方向上具有规则间隔的肋条（图 2-6）；刻痕钢丝表面沿着长度方向上具有规则间隔的压痕（图 2-7）。

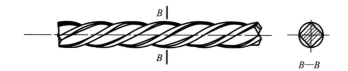

图 2-6　螺旋肋钢丝外形

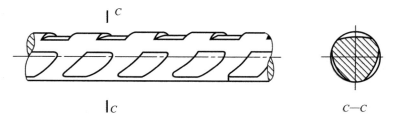

图 2-7　三面刻痕钢丝外形

预应力钢丝的抗拉强度比钢筋混凝土用热轧光圆钢筋、热轧带肋钢筋高很多，在构件中采用预应力钢丝可节省钢材、减少构件截面和节省混凝土。预应力钢丝主要用于桥梁、吊车梁、大跨度屋架和管桩等预应力钢筋混凝土构件中。

（3）钢绞线

钢绞线是按严格的技术条件，绞捻起来的钢丝束。

　　预应力钢绞线按捻制结构分为五类：用两根钢丝捻制的钢绞线（代号为 1×2）、用三根钢丝捻制的钢绞线（代号为 1×3）、用三根刻痕钢丝捻制的钢绞线（代号为 1×3I）、用七根钢丝捻制的标准型钢绞线（代号为 1×7）、用七根钢丝捻制又经模拔的钢绞线［代号为 (1×7)C］。钢绞线外形示意图如图 2-8 所示。

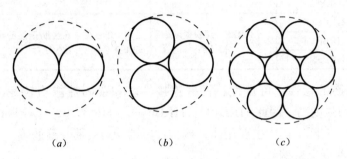

图 2-8　钢绞线外形示意

(a) 1×2 结构钢绞线；(b) 1×3 结构钢绞线；(c) 1×7 结构钢绞线

　　预应力钢丝和钢绞线具有强度高、柔度好，质量稳定，与混凝土粘结力强，易于锚固，成盘供应不需接头等诸多优点。主要用于大跨度、大负荷的桥梁、电杆、轨枕、屋架、大跨度吊车梁等结构的预应力筋。

三、建筑工程识图

（一）房屋建筑施工图的基本知识

房屋建筑施工图是指利用正投影的方法把所设计房屋的大小、外部形状、内部布置和室内装修，以及各部分结构、构造、设备等的做法，按照建筑制图国家标准规定绘制的工程图样。它是工程设计阶段的最终成果，同时又是工程施工、监理和计算工程造价的主要依据。

按照内容和作用不同，房屋建筑施工图分为建筑施工图（简称"建施"）、结构施工图（简称"结施"）和设备施工图（简称"设施"）。通常，一套完整的施工图还包括图纸目录、设计总说明。

图纸目录列出所有图纸的专业类别、总张数、排列顺序、各张图纸的名称、图样幅面等，以方便翻阅查找。

设计总说明包括施工图设计依据、工程规模、建筑面积、相对标高与总平面图绝对标高的对应关系、室内外的用料和施工要求说明、采用新技术和新材料或有特殊要求的做法说明、选用的标准图以及门窗表等。设计总说明的内容也可在各专业图纸上写成文字说明。

1. 房屋建筑施工图的组成及作用

（1）建筑施工图的组成及作用

建筑施工图一般包括建筑设计说明、建筑总平面图、平面图、立面图、剖面图及建筑详图等。

建筑施工图表达的内容主要包括空间设计方面内容和构造设计方面内容。空间设计方面的内容包括房屋的造型、层数、平面形状与尺寸以及房间的布局、形状、尺寸、装修做法等。构造设计方面的内容包括墙体与门窗等构配件的位置、类型、尺寸、做法以及室内外装修做法等。建造房屋时，建筑施工图主要作为定位放线、砌筑墙体、安装门窗、进行装修的依据。

各图样的作用分别是：

建筑设计说明主要说明装修做法和门窗的类型、数量、规格、采用的标准图集等情况。

建筑总平面图也称总图，用以表达建筑物的地理位置和周围环境，是新建房屋及构筑物施工定位，规划设计水、暖、电等专业工程总平面图及施工总平面图设计的依据。

建筑平面图主要用来表达房屋平面布置的情况，包括房屋平面形状、大小、房间布置，墙或柱的位置、大小、厚度和材料，门窗的类型和位置等，是施工备料、放线、砌墙、安装门窗及编制概预算的依据。

建筑立面图主要用来表达房屋的外部造型、门窗位置及形式、外墙面装修、阳台、雨篷等部分的材料和做法等，在施工中是外墙面造型、外墙面装修、工程概预算、备料等的依据。

建筑剖面图主要用来表达房屋内部垂直方向的高度、楼层分层情况及简要的结构形式和构造方式，是施工、编制概预算及备料的重要依据。

因为建筑物体积较大，建筑平面图、立面图、剖面图常采用缩小的比例绘制，所以房屋上许多细部的构造无法表示清楚，为了满足施工的需要，必须分别将这些部位的形状、尺寸、材料、做法等用较大的比例画出，这些图样就是建筑详图。

（2）结构施工图的组成及作用

结构施工图一般包括结构设计说明、结构平面布置图和结构详图三部分，主要用以表示房屋骨架系统的结构类型、构件布置、构件种类、数量、构件的内部构造和外部形状、大小，以及构件间的连接构造。施工放线、开挖基坑（槽），施工承重构件（如梁、板、柱、墙、基础、楼梯等）主要依据结构施工图。

结构设计说明是带全局性的文字说明，它包括设计依据，工程概况，自然条件，选用材料的类型、规格、强度等级，构造要求，施工注意事项，选用标准图集等。主要针对图形不容易表达的内容，利用文字或表格加以说明。

结构平面布置图是表示房屋中各承重构件总体平面布置的图样，一般包括：基础平面布置图，楼层结构布置平面图，屋顶结构平面布置图。

结构详图是为了清楚地表示某些重要构件的结构做法而采用较大的比例绘制的图样，一般包括：梁、柱、板及基础结构详图，楼梯结构详图，屋架结构详图，其他详图（如天沟、雨篷、过梁等）。

（3）设备施工图的组成及作用

设备施工图可按工种不同再分成给水排水施工图（简称水施图）、采暖通风与空调施工图（简称暖施图）、电气设备施工图（简称电施图）等。水施图、暖施图、电施图一般都包括设计说明、设备的布置平面图、系统图等内容。设备施工图主要表达房屋给水排水、供电照明、采暖通风、空调、燃气等设备的布置和施工要求等。

2. 房屋建筑施工图的图示特点

房屋建筑施工图的图示特点主要体现在以下几方面：

（1）施工图中的各图样用正投影法绘制。一般在水平面（H面）上作平面图，在正立面（V面）上作正、背立面图，在侧立面（W面）上作剖面图或侧立面图。平面图、立面图、剖面图是建筑施工图中最基本、最重要的图样，在图纸幅面允许时，最好将其画在同一张图纸上，以便阅读。

（2）由于房屋形体较大，施工图一般都用较小比例绘制，但对于其中需要表达清楚的节点、剖面等部位，则用较大比例的详图来表现。

（3）房屋建筑的构、配件和材料种类繁多，为作图简便，国家标准采用一系列图例来代表建筑构配件、卫生设备、建筑材料等。为方便读图，国家标准还规定了许多标注符号，构件的名称应用代号表示。

3. 制图标准相关规定

（1）常用建筑材料图例和常用构件代号

常用建筑材料图例见表 3-1。

常用建筑材料图例　　　　　　　　　　　表 3-1

序　号	名　称	图　例	备　注
1	自然土壤		包括各种自然土壤
2	夯实土壤	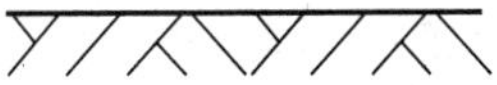	
3	石材	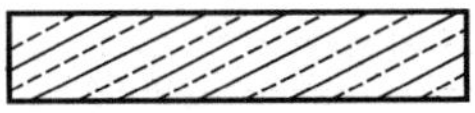	
4	毛石	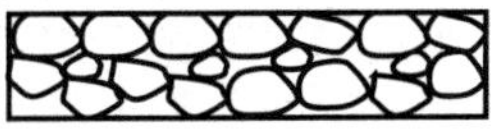	
5	普通砖	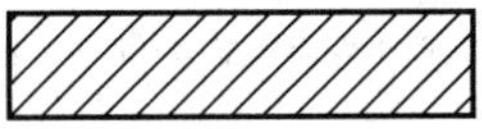	包括实心砖、多孔砖、砌块等砌体。断面较窄不易绘出图例线时，可涂红，并在图纸备注中加注说明，画出该材料图例
6	饰面砖		包括铺地砖、陶瓷锦砖、人造大理石等
7	焦渣、矿渣	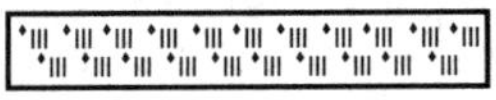	包括与水泥、石灰等混合而成的材料
8	混凝土		1. 本图例指能承重的混凝土及钢筋混凝土； 2. 包括各种强度等级、骨料、添加剂的混凝土； 3. 在剖面图上画出钢筋时，不画图例线； 4. 断面图形小时，不易画出图例线时，可涂黑
9	钢筋混凝土		
10	粉刷材料		

构件代号以构件名称的汉语拼音的第一个字母表示，如 B 表示板，WB 表示屋面板。对预应力混凝土构件，则在构件代号前加注"Y"，如 YKB 表示预应力混凝土空心板。

（2）图线

建筑专业制图、建筑结构专业制图的图线见表 3-2。

建筑制图的线型及其应用   表 3-2

名 称		线 型	线 宽	建筑制图中的用途	建筑结构制图中的用途
实线	粗	▬▬▬	b	1. 平、剖面图中被剖切的主要建筑构造（包括构配件）的轮廓线； 2. 建筑立面图或室内立面图的外轮廓线； 3. 建筑构造详图中被剖切的主要部分的轮廓线； 4. 建筑构配件详图中的外轮廓线； 5. 平、立、剖面的剖切符号	螺栓、钢筋线、结构平面图中的单线结构构件线，钢木支撑及系杆线、图名下横线、剖切线
实线	中粗	▬▬▬	$0.7b$	1. 平、剖面图中被剖切的次要建筑构造（包括构配件）的轮廓线； 2. 建筑平、立、剖面图中建筑构配件的轮廓线； 3. 建筑构造详图及建筑构配件详图中的一般轮廓线	结构平面图及详图中剖到或可见的墙身轮廓线、基础轮廓线、钢、木结构轮廓线、钢筋线
	中	———	$0.5b$	小于 0.7b 的图形线、尺寸线、尺寸界线、索引符号、标高符号、详图材料做法引出线、粉刷线、保温层线、地面、墙面的高差分界线等	结构平面图及详图中剖到或可见的墙身轮廓线、基础轮廓线、可见的钢筋混凝土构件轮廓线、钢筋线
	细	———	$0.25b$	图例填充线、家具线、纹样线等	标注引出线、标高符号线、索引符号线、尺寸线
虚线	粗	▬ ▬ ▬	b		不可见的钢筋线、螺栓线、结构平面图中不可见的单线结构构件线及钢、木支撑线
虚线	中粗	▬ ▬ ▬	$0.7b$	1. 建筑构造详图及建筑构配件不可见轮廓线； 2. 平面图中起重机（吊车）轮廓线； 3. 拟建、扩建建筑物轮廓线	结构平面图中的不可见构件、墙身轮廓线及不可见钢、木结构构件线、不可见的钢筋线
	中	– – –	$0.5b$	小于 0.5b 的不可见轮廓线、投影线	结构平面图中的不可见构件、墙身轮廓线及不可见钢、木结构构件线、不可见的钢筋线
	细	– – –	$0.25b$	图例填充线、家具线	基础平面图中的管沟轮廓线、不可见的钢筋混凝土构件轮廓线
单点点画线	粗	▬ · ▬ · ▬	b	起重机（吊车）轨道线	柱间支撑、垂直支撑、设备基础轴线图中的中心线
	细	–·–·–	$0.25b$	中心线、对称线、定位轴线	定位轴线、对称线、中心线、中心线
双点点画线	粗	▬ ·· ▬ ·· ▬	b		预应力钢筋线
	细	–··–··–	$0.25b$		原有结构轮廓线
折断线	细	——/\\——	$0.25b$	部分省略表示时的断开界线	断开界线
波浪线	细	～～～	$0.25b$	部分省略表示时的断开界线，曲线形构件断开界线、构造层次的断开界线	断开界线

注：建筑制图中地平线宽可用 1.4b。

（3）尺寸标注

图样上的尺寸，应包括尺寸界线、尺寸线、尺寸起止符号和尺寸数字四个要素，如图 3-1 所示。

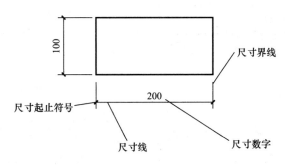

图 3-1　尺寸组成四要素

几种尺寸的标注形式见表 3-3。

尺寸的标注形式　　　　　　　　　　　　　　　　　　表 3-3

注写的内容	注法示例	说　明
半径		半圆或小于半圆的圆弧应标注半径，如左下方的例图所示。标注半径的尺寸线应一端从圆心开始，另一端画箭头指向圆弧，半径数字前应加注符号"R"。 较大圆弧的半径，可按上方两个例图的形式标注；较小圆弧的半径，可按右下方四个例图的形式标注
直径		圆及大于半圆的圆弧应标注直径，如左侧两个例图所示，并在直径数字前加注符号"φ"。在圆内标注的直径尺寸线应通过圆心，两端画箭头指至圆弧。 较小圆的直径尺寸，可标注在圆外，如右侧六个例图所示
薄板厚度		应在厚度数字前加注符号"t"

续表

注写的内容	注法示例	说　明
正方形	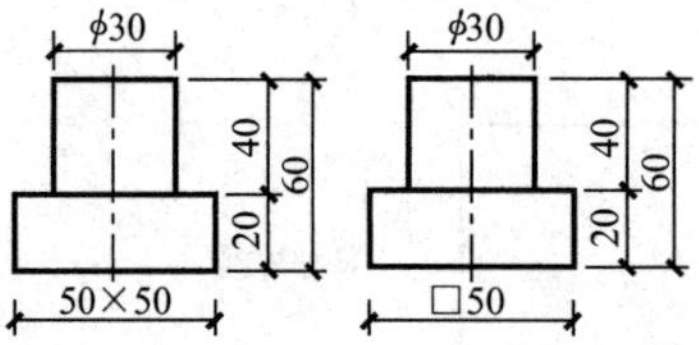	在正方形的侧面标注该正方形的尺寸，可用"边长×边长"标注，也可在边长数字前加正方形符号"□"
坡度	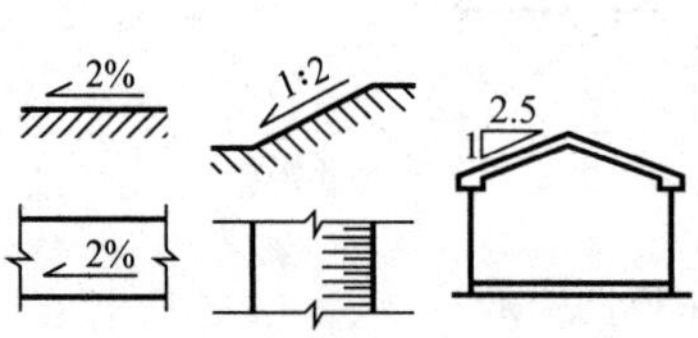	标注坡度时，在坡度数字下应加注坡度符号，坡度符号为单面箭头，一般指向下坡方向。 坡度也可用直角三角形形式标注，如右侧的例图所示。 图中在坡面高的一侧水平边上所画的垂直于水平边的长短相间的等距细实线，称为示坡线，也可用它来表示坡面
角度、弧长与弦长	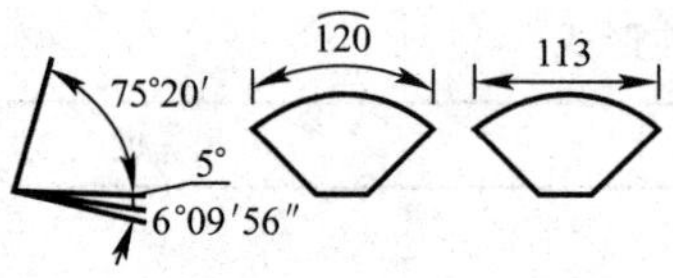	如左方的例图所示，角度的尺寸线是圆弧，圆心是角顶，角边是尺寸界线。尺寸起止符号用箭头；如没有足够的位置画箭头，可用圆点代替。角度的数字应水平方向注写。 如中间例图所示，标注弧长时，尺寸线为同心圆弧，尺寸界线垂直于该圆弧的弦，起止符号用箭头，弧长数字上方加圆弧符号。 如右方的例图所示，圆弧的弦长尺寸线应平行于弦，尺寸界线垂直于弦
连续排列的等长尺寸	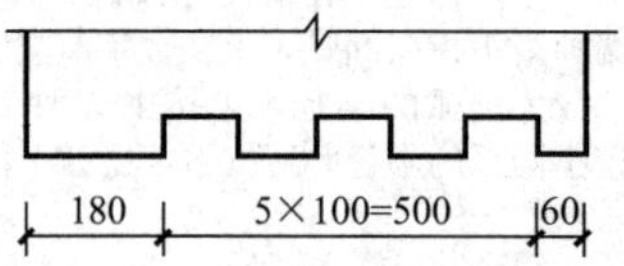	可用"个数×等长尺寸＝总长"的形式标注
相同要素	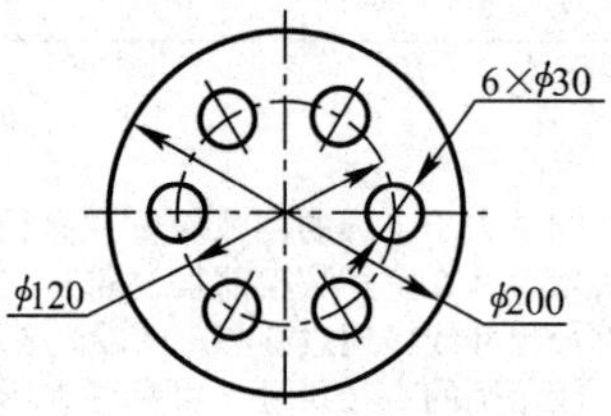	当构配件内的构造要素（如孔、槽等）相同时，可仅标注其中一个要素的尺寸及个数

（4）标高

标高表示建筑的地面或某一部位的高度。标高分为相对标高和绝对标高两种。一般以建筑物底层室内地面作为相对标高的零点；我国把青岛市外的黄海海平面作为零点所测定的高度尺寸称为绝对标高。

各类图上的标高符号如图 3-2 所示。标高符号的尖端应指至被标注的高度，尖端可向下也可向上。在施工图中一般注写到小数点后三位即可；在总平面图中则注写到小数点后两位。零点标高注写成±0.000，负标高数字前必须加注"－"，正标高数字前不写"＋"。标高单位除建筑总平面图以米为单位外，其余一律以毫米为单位。

在建施图中的标高数字表示其完成面的数值。

所注部位的引出线

总平面图上的　　　　平面图上的楼　　　　立面图、剖面图各
室外标高符号　　　　地面标高符号　　　　部位的标高符号

图 3-2　标高符号

（二）房屋建筑施工图的图示方法及内容

1. 建筑施工图

（1）建筑总平面图

1）建筑总平面图的图示方法

建筑总平面图是新建房屋所在地域的一定范围内的水平投影图。

建筑总平面图是将拟建工程四周一定范围内的新建、拟建、原有和将拆除的建筑物、构筑物连同其周围的地形地物状况，用水平投影方法画出的图样。由于总平面图绘图比例较小，图中的原有房屋、道路、绿化、桥梁边坡、围墙及新建房屋等均用图例表示。表 3-4 为总平面图图例示例。

总平面图图例示例　　　　　　　　　　　　　　　　　表 3-4

名　称	图　例	说　明
新建的建筑物	6	1. 需要时，可在图形内右上角以点数或数字（高层宜用数字）表示层数； 2. 用粗实线表示
围墙及大门		1. 上图为砖石、混凝土或金属材料的围墙，下图为镀锌钢丝网、篱笆等围墙； 2. 如仅表示围墙时不画大门
新建的道路	6 / 101.00 / R9 / ▼150.00	1. R9 表示道路转弯半径为 9m，150.00 为路面中心标高，6 表示 6% 纵向坡度，101.00 表示变坡点间距离； 2. 图中斜线为道路断面示意，根据实际需要绘制

2）总平面图的图示内容

① 新建建筑物的定位

新建建筑物的定位一般采用两种方法，一是按原有建筑物或原有道路定位；二是按坐标定位。采用坐标定位又分为采用测量坐标定位和建筑坐标定位两种（图 3-3）。

A. 测量坐标定位　在地形图上用细实线画成交叉十字线的坐标网，X 为南北方向的轴线，Y 为东西方向的轴线，这样的坐标网称为测量坐标网。

B. 建筑坐标定位　建筑坐标一般在新开发区，房屋朝向与测量坐标方向不一致时采用。

X 105.00　　　　A 105.00
Y 425.00　　　　B 425.00

（a）　　　　　　（b）

图 3-3　新建建筑物定位方法

（a）测量坐标定位；（b）建筑坐标定位

② 标高

在总平面图中，标高以米为单位，并保留至小数点后两位。

③ 指北针或风玫瑰图

指北针用来确定新建房屋的朝向，其符号如图 3-4 所示。

风向频率玫瑰图简称风玫瑰图，是新建房屋所在地区风向情况的示意图（图 3-5）。风向玫瑰图也能表明房屋和地物的朝向情况。

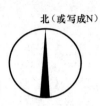

图 3-4　指北针

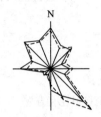

图 3-5　风向频率玫瑰图

④ 建筑红线

各地方国土管理部门提供给建设单位的地形图为蓝图，在蓝图上用红色笔画定的土地使用范围的线称为建筑红线。任何建筑物在设计和施工中均不能超过此线。

⑤ 管道布置与绿化规划

⑥ 附近的地形地物，如等高线、道路、围墙、河流、水沟和池塘等与工程有关的内容。

（2）建筑平面图

1）建筑平面图的图示方法

假想用一个水平剖切平面沿房屋的门窗洞口的位置把房屋切开，移去上部之后，画出的水平剖面图称为建筑平面图，简称平面图。沿底层门窗洞口切开后得到的平面图，称为底层平面图，沿二层门窗洞口切开后得到的平面图，称为二层平面图，依此类推。当某些楼层平面相同时，可以只画出其中一个平面图，称其为标准层平面图。房屋屋顶的水平投影图称为屋顶平面图。

凡是被剖切到的墙、柱断面轮廓线用粗实线画出，其余可见的轮廓线用中实线或细实线，尺寸标注和标高符号均用细实线，定位轴线用细单点长画线绘制。砖墙一般不画图例，钢筋混凝土的柱和墙的断面通常涂黑表示。

常用门、窗图例如图 3-6、图 3-7 所示。建筑平面图中常用图例如图 3-8 所示。

2）建筑平面图的图示内容

① 表示墙、柱，内外门窗位置及编号，房间的名称或编号，轴线编号。

平面图上所用的门窗都应进行编号。门常用"M1"、"M2"或"M-1"、"M-2"等表示，窗常用"C1"、"C2"或"C-1"、"C-2"等表示。在建筑平面图中，定位轴线用来确定房屋的墙、柱、梁等的位置和作为标注定位尺寸的基线。定位轴线的编号宜标注在图样的下方与左侧，横向编号应用阿拉伯数字，从左至右顺序编写，竖向编号应用大写拉丁字母，从下至上顺序编写，拉丁字母中的 I、O 及 Z 三个字母不得作轴线编号，以免与数字 1、0 及 2 混淆（图 3-9）。

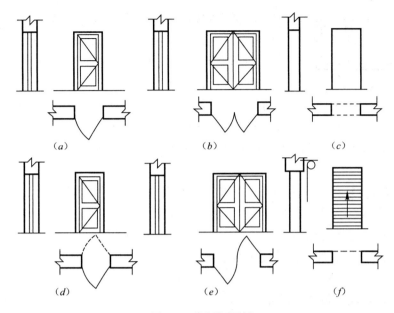

图 3-6　常用门图例

(*a*) 单扇门；(*b*) 双扇门；(*c*) 空门洞；(*d*) 单扇双面弹簧门；(*e*) 双扇双面弹簧门；(*f*) 卷帘门

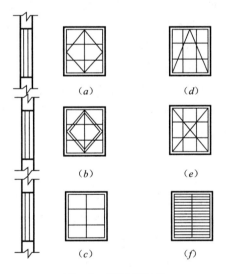

图 3-7　常用窗图例

(*a*) 单扇外开平开窗；(*b*) 双扇内外开平开窗；(*c*) 单扇固定窗；(*d*) 单扇外开上悬窗；(*e*) 单扇中悬窗；(*f*) 百叶窗

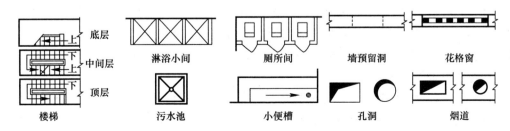

图 3-8　建筑平面图中常用图例

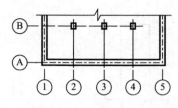

图 3-9　定位轴线的编号

② 注出室内外的有关尺寸及室内楼、地面的标高。

建筑平面图中的尺寸有外部尺寸和内部尺寸两种。

A. 外部尺寸。在水平方向和竖直方向各标注三道，最外一道尺寸标注房屋水平方向的总长、总宽，称为总尺寸；中间一道尺寸标注房屋的开间、进深，称为轴线尺寸（一般情况下两横墙之间的距离称为"开间"，两纵墙之间的距离称为"进深"）。最里边一道尺寸以轴线定位的标注房屋外墙的墙段及门窗洞口尺寸，称为细部尺寸。

B. 内部尺寸。应标注各房间长、宽方向的净空尺寸，墙厚及轴线的关系、柱子截面、房屋内部门窗洞口、门垛等细部尺寸。

在平面图中所标注的标高均为相对标高。底层室内地面的标高一般用±0.000 表示。

③ 表示电梯、楼梯的位置及楼梯的上下行方向。

④ 表示阳台、雨篷、踏步、斜坡、通气竖道、管线竖井、烟囱、消防梯、雨水管、散水、排水沟、花池等位置及尺寸。

⑤ 画出卫生器具、水池、工作台、橱、柜、隔断及重要设备位置。

⑥ 表示地下室、地坑、地沟、各种平台、检查孔、墙上留洞、高窗等位置尺寸与标高。对于隐蔽的或者在剖切面以上部位的内容，应以虚线表示。

⑦ 画出剖面图的剖切符号及编号（一般只标注在底层平面图上）。

⑧ 标注有关部位上节点详图的索引符号。

⑨ 在底层平面图附近绘制出指北针。

⑩ 屋面平面图一般内容有：女儿墙、檐沟、屋面坡度、分水线与落水口、变形缝、楼梯间、水箱间、天窗、上人孔、消防梯以及其他构筑物、索引符号等。

图 3-10 为某住宅楼平面图。

（3）建筑立面图

1）建筑立面图的图示方法

在与房屋的四个主要外墙面平行的投影面上所绘制的正投影图称为建筑立面图，简称立面图。反映建筑物正立面、背立面、侧立面特征的正投影图，分别称为正立面图、背立面图和侧立面图，侧立面图又分左侧立面图和右侧立面图。立面图也可以按房屋的朝向命名，如东立面图、西立面图、南立面图、北立面图。此外，立面图还可以用各立面图的两端轴线编号命名，如①～⑦立面图、Ⓑ～Ⓠ立面图等。

为使建筑立面图轮廓清晰、层次分明，通常用粗实线表示立面图的最外轮廓线。外形轮廓线以内的细部轮廓，如凸出墙面的雨篷、阳台、柱、窗台、台阶、屋檐的下檐线以及窗洞、门洞等用中粗线画出。其余轮廓如腰线、粉刷线、分格线、落水管以及引出线等均采用细实线画出。地平线用标准粗度的 1.2～1.4 倍的加粗线画出。

2）建筑立面图的图示内容

① 表明建筑物外貌形状、门窗和其他构配件的形状和位置，主要包括室外的地面线、房屋的勒脚、台阶、门窗、阳台、雨篷；室外的楼梯、墙和柱；外墙的预留孔洞、檐口、屋顶、雨水管、墙面修饰构件等。

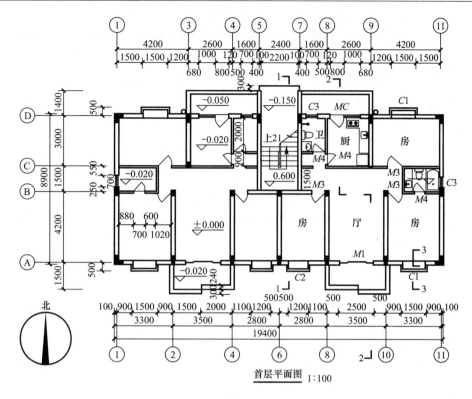

图 3-10　某住宅楼平面图

② 外墙各个主要部位的标高和尺寸。

立面图中用标高表示出各主要部位的相对高度，如室内外地面标高、各层楼面标高及檐口标高。相邻两楼面的标高之差即为层高。

立面图中的尺寸是表示建筑物高度方向的尺寸，一般用三道尺寸线表示。最外面一道为建筑物的总高。建筑物的总高是从室外地面到檐口女儿墙的高度。中间一道尺寸线为层高，即下一层楼地面到上一层楼面的高度。最里面一道为门窗洞口的高度及与楼地面的相对位置。

③ 建筑物两端或分段的轴线和编号。

在立面图中，一般只绘制两端的轴线及编号，以便和平面图对照确定立面图的观看方向。

④ 标出各个部分的构造、装饰节点详图的索引符号，外墙面的装饰材料和做法。

外墙面装修材料及颜色一般用索引符号表示具体做法。

图 3-11 为某住宅楼立面图。

（4）建筑剖面图

1）建筑剖面图的图示方法

假想用一个或多个垂直于外墙轴线的铅垂剖切平面将房屋剖开，移去靠近观察者的部分，对留下部分所作的正投影图称为建筑剖面图，简称剖面图。

剖面图一般表示房屋在高度方向的结构形式。凡是被剖切到的墙、板、梁等构件的断面轮廓线用粗实线表示，而没有被剖切到的其他构件的轮廓线，则常用中实线或细实线表示。

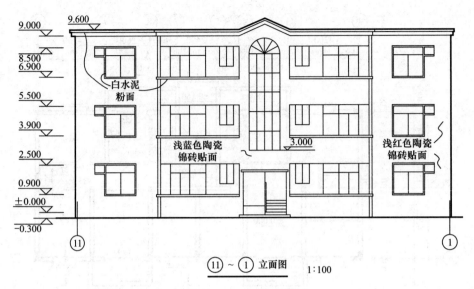

图 3-11 某住宅楼立面图

2）建筑剖面图的图示内容

① 墙、柱及其定位轴线。与建筑立面图一样，剖面图中一般只需画出两端的定位轴线及编号，以便与平面图对照。需要时也可以注出中间轴线。

② 室内底层地面、地沟、各层的楼面、顶棚、屋顶、门窗、楼梯、阳台、雨篷、墙洞、防潮层、室外地面、散水、脚踢板等能看到的内容。

③ 各个部位完成面的标高，包括室内外地面、各层楼面、各层楼梯平台、檐口或女儿墙顶面、楼梯间顶面、电梯间顶面等部位。

④ 各部位的高度尺寸。建筑剖面图中高度方向的尺寸包括外部尺寸和内部尺寸。外部尺寸的标注方法与立面图相同，包括三道尺寸：门、窗洞口的高度，层间高度，总高度。内部尺寸包括地坑深度、隔断、搁板、平台、室内门窗等的高度。

⑤ 楼面和地面的构造。一般采用引出线指向所说明的部位，按照构造的层次顺序，逐层加以文字说明。

⑥ 详图的索引符号。

建筑剖面图中不能详细表示清楚的部位应引出索引符号，另用详图表示。详图索引符号如图 3-12 所示。

图 3-13 为某住宅楼剖面图。

（5）建筑详图

需要绘制详图或局部平面放大图的位置一般包括内外墙节点、楼梯、电梯、厨房、卫生间、门窗、室内外装饰等。

详图符号如图 3-14 所示。

1）内外墙节点详图

内外墙节点一般用平面和剖面表示。

平面节点详图表示出墙、柱或构造柱的材料和构造关系。

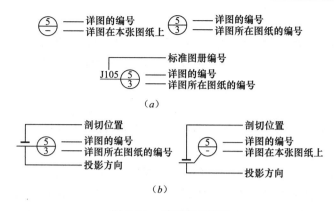

图 3-12　详图索引符号

（a）详图索引符号；（b）局部剖切索引符号

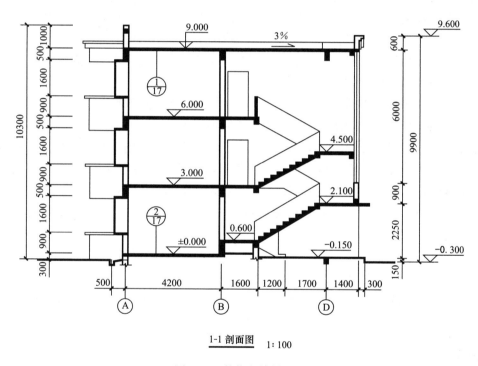

1-1 剖面图　1∶100

图 3-13　某住宅楼剖面图

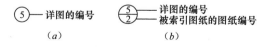

（a）　　　　　　　（b）

图 3-14　详图符号

（a）详图与被索引在同一张图纸上；（b）详图与被索引图不在同一张图纸上

　　剖面节点详图即外墙身详图。外墙身详图的剖切位置一般设在门窗洞口部位。它实际上是建筑剖面图的局部放大图样，主要表示地面、楼面、屋面与墙体的关系，同时也表示排水沟、散水、勒脚、窗台、窗檐、女儿墙、天沟、排水口等位置及构造做法。外墙身详图可以从室内外地坪、防潮层处开始一直画到女儿墙压顶。实际工程中，为了节省图纸，通常在门窗洞口处断开，或者重点绘制地坪、中间层、屋面处的几个节点，而将中间层重复使用的节点集中到一个详图中表示。

2）楼梯详图

楼梯详图一般包括三部分的内容，即楼梯平面图、楼梯剖面图和楼梯节点详图。

① 楼梯平面图

楼梯平面图的形成与建筑平面图一样，即假设用一水平剖切平面在该层往上行的第一个楼梯段中剖切开，移去剖切平面及以上部分，将余下的部分按正投影的原理投射在水平投影面上所得到的图样。因此，楼梯平面图实质上是建筑平面图中楼梯间部分的局部放大。

楼梯平面图必须分层绘制，底层平面图一般剖在上行的第一跑上，因此除表示第一跑的平面外，还能表明楼梯间一层休息平台以下的平面形状。中间相同的几层楼梯，同建筑平面图一样，可用一个图来表示，这个图称为标准层平面图。最上面一层平面图称为顶层平面图，所以，楼梯平面图一般有底层平面图、标准层平面图和顶层平面图三个。

② 楼梯剖面图

假想用一铅垂剖切平面，通过各层的一个楼梯段，将楼梯剖切开，向另一未剖切到的楼梯段方向进行投影，所绘制的剖面图称为楼梯剖面图。

楼梯间剖面图只需绘制出与楼梯相关的部分，相邻部分可用折断线断开。尺寸需要标注层高、平台、梯段、门窗洞口、栏杆高度等竖向尺寸，并应标注出室内外地坪、平台、平台梁底面的标高。水平方向需要标注定位轴线及编号、轴线间尺寸、平台、梯段尺寸等。梯段尺寸一般用"踏步宽×级数＝梯段宽"或"踏步高×级数＝梯段高"的形式表示。

③ 楼梯节点详图

楼梯节点详图一般包括踏步做法详图、栏杆立面做法以及梯段连接、与扶手连接的详图、扶手断面详图等。这些详图是为了弥补楼梯间平、剖面图表达上的不足，而进一步表明楼梯各部位的细部做法。因此，一般采用较大的比例绘制，如 1∶1、1∶2、1∶5、1∶10、1∶20 等。

2. 结构施工图

（1）结构设计说明

结构设计说明是带全局性的文字说明，它包括设计依据，工程概况，自然条件，选用材料的类型、规格、强度等级，构造要求，施工注意事项，选用标准图集等。

（2）基础图的图示方法及内容

基础图是建筑物正负零标高以下的结构图，一般包括基础平面图和基础详图。

1）基础平面图

基础平面图是假想用一个水平剖切平面在室内地面处剖切建筑，并移去基础周围的土层，向下投影所得到的图样。

在基础平面图中，只画出基础墙、柱及基础底面的轮廓线，基础的细部轮廓（如大放脚或底板）可省略不画。凡被剖切到的基础墙、柱轮廓线，应画成中实线，基础底面的轮廓线应画成细实线。当基础墙上留有管洞时，应用虚线表示其位置，具体做法及尺寸另用详图表示。当基础中设基础梁和地圈梁时，用粗单点点画线表示其中心线的位置。

凡基础宽度、墙厚、大放脚、基底标高、管沟做法不同时，均以不同的断面图表示。

图 3-15 为基础平面图示例。

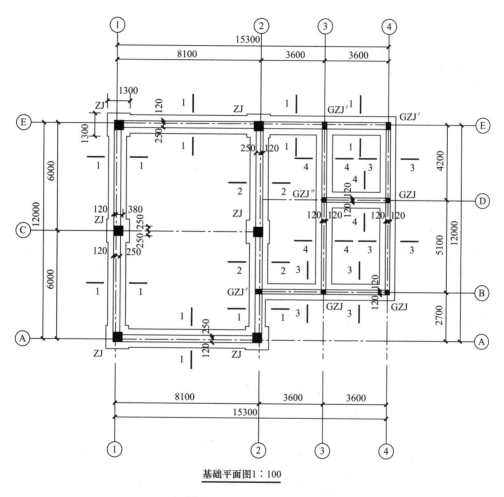

基础平面图 1∶100

图 3-15　基础平面图示例

2）基础详图

不同类型的基础，其详图的表示方法有所不同。如条形基础的详图一般为基础的垂直剖面图；独立基础的详图一般应包括平面图和剖面图。

基础详图的轮廓线用中实线表示，断面内应画出材料图例；对钢筋混凝土基础，则只画出配筋情况，不画出材料图例。

基础详图中需标注基础各部分的详细尺寸及室内、室外、基础底面标高等。

基础详图示例如图 3-16 所示。

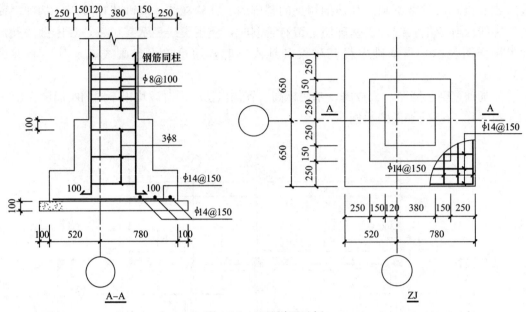

图 3-16　基础详图示例

（3）结构平面布置图

结构平面布置图是假想沿着楼板面将建筑物水平剖开所作的水平剖面图，主要表示各楼层结构构件（如墙、梁、板、墙、过梁和圈梁等）的平面布置情况，以及现浇楼板、梁的构造与配筋情况及构件之间的结构关系。对于承重构件布置相同的楼层，只画一个结构平面布置图，称为标准层结构平面布置图。

在楼层结构平面图中，外轮廓线用中粗实线表示，被楼板遮挡的墙、柱、梁等用细虚线表示，其他用细实线表示，图中的结构构件用构件代号表示。

图 3-17 为楼板平面布置图示例。

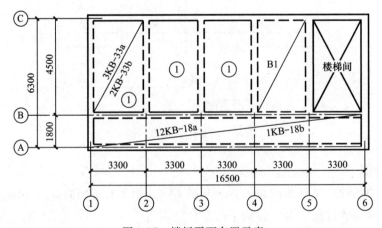

图 3-17　楼板平面布置示意

（4）结构详图

1）钢筋混凝土构件图

钢筋混凝土构件图主要是配筋图，有时还有模板图和钢筋表。

　　配筋图主要表达构件内部的钢筋位置、形状、规格和数量，一般用立面图和剖面图表示。绘制钢筋混凝土构件配筋图时，假想混凝土是透明体，使包含在混凝土中的钢筋"可见"。为了突出钢筋，构件外轮廓线用细实线表示，而主筋用粗实线表示，箍筋用中实线表示，钢筋的截面用小黑圆点涂黑表示。

　　钢筋的标注有下面两种方式：

　　① 标注钢筋的直径和根数

　　② 标注钢筋的直径和相邻钢筋中心距

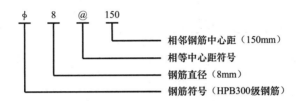

　　钢筋符号见表 3-5。

钢筋符号　　　　　　　　　　表 3-5

项次	牌号	符号
1	HPB300	Φ
2	HRB335 HRB400 HRB500	Φ Φ Φ
3	HRBF335 HRBF400 HRBF500	ΦF ΦF ΦF
4	RRB400	ΦR

　　图 3-18 为钢筋混凝土梁配筋图。

　　2）楼梯结构施工图

　　楼梯结构施工图包括楼梯结构平面图、楼梯结构剖面图和构件详图。

　　① 楼梯结构平面图

　　根据楼梯梁、板、柱的布置变化，楼梯结构平面图包括底层楼梯结构平面图、中间层楼梯结构平面图和顶层楼梯结构平面图。当中间几层的结构布置和构件类型完全相同时，只用一个标准层楼梯结构平面图表示。

　　在各楼梯结构平面图中，主要反映出楼梯梁、板的平面布置，轴线位置与轴线尺寸，构件代号与编号，细部尺寸及结构标高，同时确定纵剖面图位置。当楼梯结构平面图比例较大时，还可直接绘制出休息平台板的配筋。

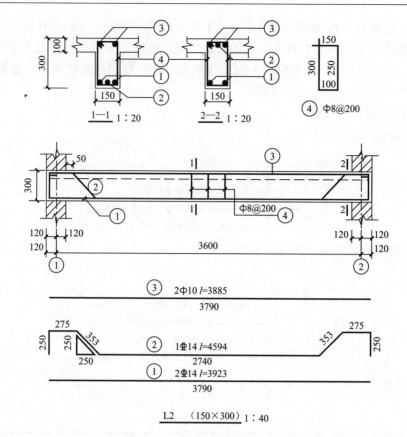

图 3-18 钢筋混凝土梁配筋图示例

钢筋混凝土楼梯的可见轮廓线用细实线表示，不可见轮廓线用细虚线表示，剖切到的砖墙轮廓线用中实线表示，剖切到的钢筋混凝土柱用涂黑表示，钢筋用粗实线表示，钢筋截面用小黑点表示。

② 楼梯结构剖面图

楼梯结构剖面图是根据楼梯平面图中剖面位置绘出的楼梯剖面模板图。楼梯结构剖面图主要反映楼梯间承重构件梁、板、柱的竖向布置，构造和连接情况；平台板和楼层的标高以及各构件的细部尺寸。

③ 楼梯构件详图

楼梯构件详图包括斜梁、平台梁、梯段板、平台板的配筋图，其表示方法与钢筋混凝土构件施工图表示方法相同。当楼梯结构剖面图比例较大时，也可直接在楼梯结构剖面图上表示梯段板的配筋。

3）现浇板配筋图

现浇板配筋图一般在结构平面图上绘制，当有多块板配筋相同时亦可以采用编号的方法代替。现浇板配筋图的图示要点如下：

① 在平面上详细标注出预留洞与洞口加筋或加梁的情况，以及预埋件的情况。

② 梁可采用粗点画线绘制，当梁的位置不能在平面上表达清楚时应增加剖面。

③ 当相邻板的厚度、配筋、标高不同时，应增加剖面。板底圈梁可以用增加剖面的

方法表示，当板底圈梁截面和配筋全部相同时也可以用文字表述。

④ 配合使用钢筋表或钢筋简图，表达图中所有现浇板的配筋情况和板的尺寸。

图 3-19 为现浇板配筋图示例。

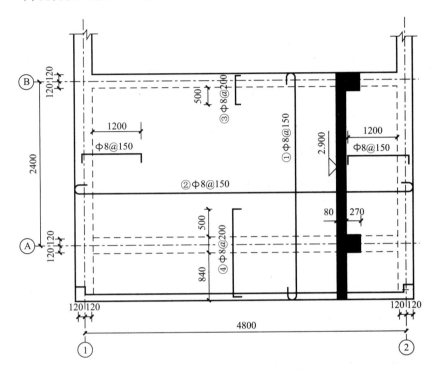

图 3-19　现浇板配筋的图示方式

需要说明的是，现浇梁、柱、板、板式楼梯、基础的施工图常采用混凝土结构施工图平面整体设计方法（简称平法）。按平面整体设计方法设计的结构施工图通常简称平法施工图，其制图规则和构造详图参见《混凝土结构施工图平面整体表示方法制图规则和构造详图》（16G101 图集）。

3. 设备施工图

如前所述，设备施工图可分为给水排水施工图、采暖通风与空调施工图、电气设备施工图。下面只介绍给水排水施工图和电气设备施工图。

（1）建筑给水排水施工图

1）设计说明及主要材料设备表

凡是图纸中无法表达或表达不清而又必须为施工技术人员所了解的内容，均应用文字说明。设计说明应表达如下内容：设计概况、设计内容、引用规范、施工方法等。

工程中选用的主要材料及设备，应列表注明。表中应列出材料的类别、规格、数量，设备的品种、规格和主要尺寸。

2）给水排水平面图

室内给水排水平面图是在简化的建筑平面图上，按规定图例绘制的，用来表达室内给水用具、卫生器具、管道及其附件的平面布置。

平面图中应突出管线和设备，即用粗线表示管线，其余均为细线。

各种功能的管道、管道附件、卫生器具、用水设备，如消火栓箱、喷头等，均应用图例表示；各管道、立管均应编号标明。给水排水施工图的常用图例见表 3-6，管道代号见表 3-7。

给水排水施工图的常用图例　　　　　　　　　　　　　　　表 3-6

名称	图例	名称	图例
立式洗脸盆		污水池	
浴盆	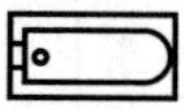	立管检查口	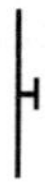
盥洗槽	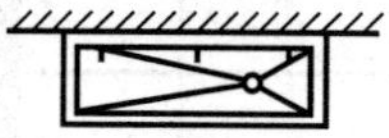	圆形地漏	
壁挂式小便器		放水龙头	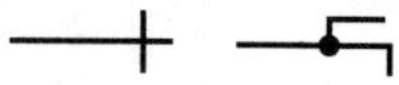 平面　　　系统
蹲式大便器	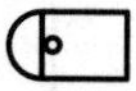	水表	
坐式大便器		水表井	

管道代号　　　　　　　　　　　　　　　　　　　表 3-7

名　称	图　例	名　称	图　例
生活给水管	—J—	热水给水管	—RJ—
中水给水管	—ZJ—	热水回水管	—RH—
循环给水管	—XJ—	热媒给水管	—RM—
循环回水管	—XH—	热媒回水管	—RMH—
废水管	—F—	通气管	—T—
压力废水管	—YF—	膨胀管	—PZ—
污水管	—W—	雨水管	—Y—
压力污水管	—YW—	压力雨水管	—YY—

给水排水施工图中管道标高和水位标高的标注方法如图 3-20 所示。

管径标注方法如图 3-21 所示，管径以 mm 为单位。水煤气输送钢管（镀锌或非镀锌）、铸铁管等管材，管径宜以公称直径 DN 表示，如 $DN25$ 表示公称直径为 25mm；无缝钢管、焊接钢管（直缝或螺旋缝）、铜管、不锈钢管等管材，管径以外径 $D×$壁厚表示，如 $D159×4$ 表示管道外径 159mm，壁厚 4mm；塑料管材，管径宜按产品标准的方法表示。

管道编号表示方法见图 3-22。

图 3-23 为××综合楼给水排水平面图。图中给水管道采用 1.6MPa 级 PP-R 管（管径以 de 表示），热（电）熔连接；室内排水管采用 UPVC 排水塑料管（管径以 De 表示），胶粘连接；大便器冲洗管采用热镀锌钢管（管径以 DN 表示），法兰连接或丝扣连接。

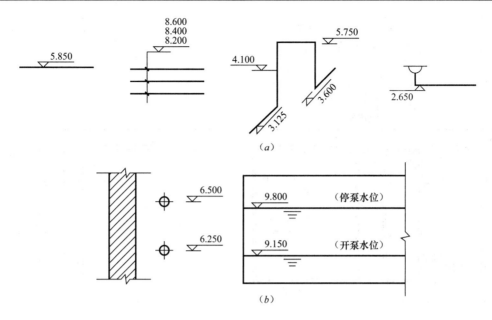

图 3-20　管道及水位标高标注方法

（a）平面图和轴测图中管道标高标注方法；（b）剖面图中管道及水位标高标注方法

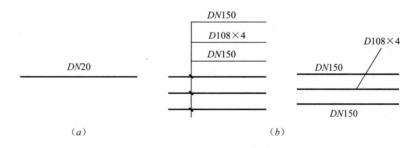

图 3-21　管径的标注方法

（a）单管管径表示法；（b）多管管径表示法

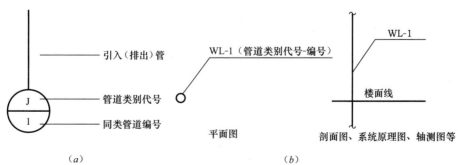

图 3-22　管道编号表示方法

（a）给水引入（排水排出）管编号表示方法；（b）立管编号表示法

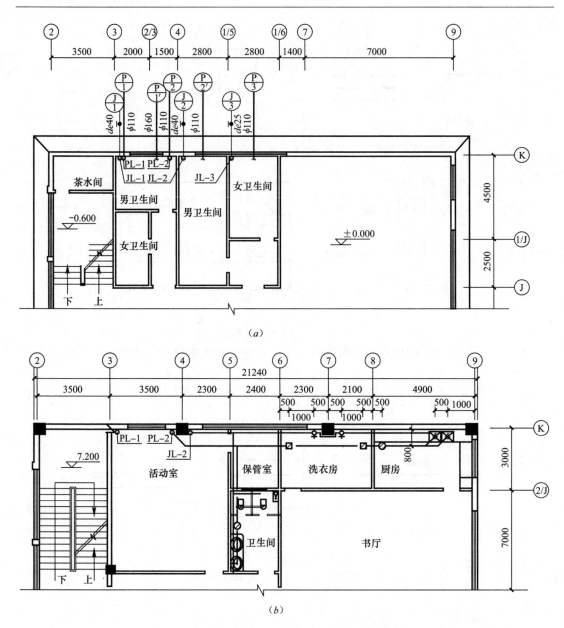

图 3-23　××综合楼给水排水平面图

(*a*) 一层给水排水平面图；(*b*) 三层给水排水平面图

3）给水排水系统图

给水排水系统图，也称给水排水轴测图，用于表达给水排水管道和设备在建筑中的空间布置关系。

室内给水排水系统轴测图一般按正面斜等测的方式绘制。轴测图通常以整个排水系统或给水系统为表达对象，因此，也称为排水系统图或给水系统图。轴测图也可以以管路系统的某一部分为表达对象，如卫生间的给水或排水等。

系统图中对用水设备及卫生器具的种类、数量和位置完全相同的支管、立管可不重复完全绘出，但应用文字标明。当系统图立管、支管在轴测方向重复交叉影响视图时，可将标注断开移至空白处绘制。

图 3-24 为××综合楼给水系统图。

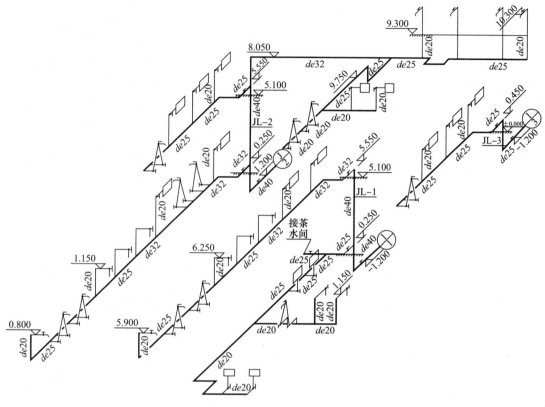

图 3-24　××综合楼给水系统图

4）给水排水系统原理图

当建筑物的层数较多时，用管道系统的轴测图很难表达清楚，而且效率低，此时可用系统原理图代替系统轴测图。

5）详图

凡平面图、系统图中局部构造因受图面比例影响而表达不完善或无法表达的，必须绘制施工详图。详图主要包括管道节点、水表、过墙套管、卫生器具等的安装详图以及卫生间大样详图。

（2）建筑电气施工图

电气施工图包括基本图和详图两大部分。基本图中包括设计说明、主要材料设备表、电气系统图、电气平面图。

1）设计说明及主要材料设备表

设计说明一般包括供电方式、电压等级、主要线路敷设方式、防雷、接地及图中未能表达的各种电气安装高度、工程主要技术数据、施工和验收要求以及有关事项等。

主要材料设备表包括工程所需的各种设备、管材、导线等名称、型号、规格、数量等。

2）建筑电气系统图

建筑电气系统图是用来表示照明和动力供配电系统组成的图纸，可分为照明系统图和动力系统图两种。

建筑电气系统图是由各种电气图形符号用线条连接起来，并加注文字代号而形成的一种简图，它不表明电气设施的具体安装位置，所以它不是投影图，也不按比例绘制。

各种配电装置都是按规定的图例绘制，相应的型号注在旁边。电气系统图一般用单线绘制，且画为粗实线，并按规定格式标注出各段导线的数量和规格。动力系统图有时也用多线绘制。图中主要标注电气设备、元件等的型号、规格和它们之间的连接关系。例如，一般在配电线路上要标注导线型号、敷设部位、敷设方式、穿管管径、线路编号及总的设备容量；照明配电箱内要标注各开关、控制电器的型号、规格等。通过系统图可以看到整个工程的供电全貌和接线关系。

图 3-25 为某办公楼照明配电系统图。

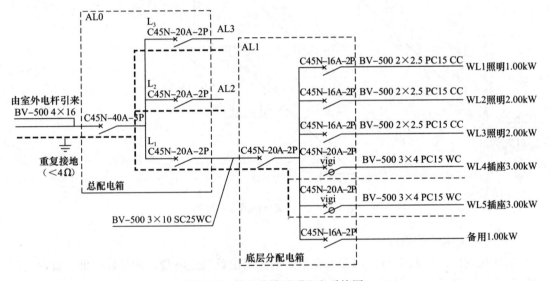

图 3-25　某办公楼照明配电系统图

3）电气平面图

建筑电气平面图是电气照明施工图中的基本图样，用来表示建筑物内所有电气设备、开关、插座和配电线路的安装平面位置图以及各种动力设备平面布置、安装、接线的图示。电气平面图主要包括电气照明平面图和动力平面图。

照明平面图是在建筑施工平面图上，用各种电气图形符号和文字符号表示电气线路及电气设备安装位置及要求。电气照明平面图一般要求按楼层、段分别绘制。在电气平面图上详细、具体地标注所有电气线路的走向及电气设备的位置。

电气照明施工图中，基本线、可见轮廓线、可见导线、一次线路、主要线路等采用粗实线；二次线路、一般线路采用细实线；辅助线、不可见轮廓线、不可见导线、屏蔽线等采用虚线；控制线、分界线、功能围框线、分组围框线等采用点画线；辅助围框线、36V以下线路等采用双点画线。

在电气施工图中，线路和电气设备的安装高度必要时应标注标高。通常采用与建筑施工图相统一的相对标高，或者用相对于本层楼地面的相对标高。

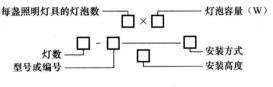

图 3-26　照明灯具标注

照明灯具按图 3-26 标注。其中，型号常用拼音字母来表示；灯数表明有 n 组这样的灯具；安装方式见表 3-8；安装高度是指从地面到灯具的高度，单位为 m，若为吸顶形式安装，安装高度及安装方式可简化为"—"。

灯具安装方式的标注　　　　　　　　　　表 3-8

符号	说明	符号	说明	符号	说明
SW	线吊式	C	吸顶式	CR	顶棚内安装
CS	链吊式	R	嵌入式	WR	墙壁内安装
DS	管吊式	S	支架上安装	HM	座装
W	壁装式	CL	柱上安装		

例如，在电气照明平面图中标为：

$$2-Y\frac{2\times30}{2.5}CS$$

表明有两组荧光灯，每组由 2 根 30W 的灯管组成，采用链条吊装形式，安装高度为 2.5m。

配电线路的标注形式为：

$$a(b\times c)d-e$$

式中　a——导线型号；

　　　b——导线根数；

　　　c——导线截面；

　　　d——敷设方式及穿管管径；

　　　e——敷设部位。

需标注引入线的规格时的标注形式为：

$$a\frac{b-c}{d(e\times f)-g}$$

式中　a——设备编号；

　　　b——型号；

　　　c——容量；

　　　d——导线型号；

　　　e——导线根数；

　　　f——导线截面；

　　　g——敷设方式。

常用导线敷设方式及线路敷设部位的符号及含义见表 3-9、表 3-10。

常用导线敷设方式文字符号及含义

表 3-9

符　号	说　明	符　号	说　明
PCL	用塑料夹敷设	MT	穿电线管敷设
AL	用铅皮线卡敷设	PC	穿硬塑料管敷设
PR	用塑料线槽敷设	FPC	穿半硬塑料管敷设
MR	用金属线槽敷设	KPC	穿塑料波纹电线管敷设
SC	穿焊接钢管敷设	CP	穿金属软管敷设

常用导线敷设部位文字符号及含义

表 3-10

符　号	说　明	符　号	说　明
AB	沿或跨梁（屋架）敷设	WC	暗敷设在墙内
BC	敷设在梁内	CE	沿天棚或顶板面敷设
AC	沿或跨柱敷设	CC	暗敷在屋面或顶板内
CLC	暗敷在柱内	SCE	吊顶内敷设
WS	沿墙面敷设	F	地板或地面下敷设

常用的导线电缆型号见表 3-11。

导线、电缆型号（500V 以下）

表 3-11

型号	说　明
BV、BLV	铜芯、铝芯聚氯乙烯绝缘导线
BVV、BLVV	铜芯、铝芯塑料绝缘护套线
BX、BLX	铜芯、铝芯橡皮绝缘电线
VV、VLV	铜芯、铝芯聚氯乙烯绝缘，聚氯乙烯护套内钢带铠装电力电缆
XV、XLV	铜芯、铝芯橡皮绝缘电力电缆
ZQ、ZL	铅护套、铝护套油浸纸绝缘电力电缆

常用电气照明图例符号见表 3-12。

常用电气照明图例符号

表 3-12

名　称	图形符号	名　称	图形符号
多种电源配电箱		灯或信号灯一般符号	⊗
照明配电箱（屏）		开关一般符号	
单相插座 暗装		单极拉线开关	
带保护接点的插座 暗装 密闭（防水） 防爆		单极开关 暗装 密闭（防水） 防爆	

图 3-27 为某办公楼底层照明平面图。

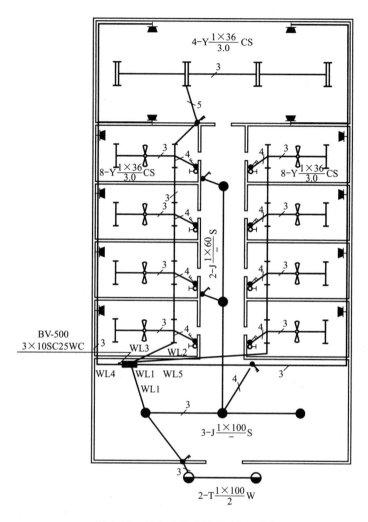

图 3-27 某办公楼底层照明平面图

4）详图

详图包括电气工程详图和标准图。

电气工程详图指柜、盘的布置图和某些电气部件的安装大样图，对安装部件的各部位注有详细尺寸，一般是在没有标准图可选用并有特殊要求的情况下才绘制的图。

标准图是通用性详图，表示一组设备或部件的具体图形和详细尺寸，便于制作安装。

（三）房屋建筑施工图的识读

1. 施工图识读方法

（1）总揽全局。识读施工图前，先阅读建筑施工图，建立起建筑物的轮廓概念，了解和明确建筑施工图平面、立面、剖面的情况。在此基础上，阅读结构施工图目录，对图样数量和类型做到心中有数。阅读结构设计说明，了解工程概况及所采用的标准图等。粗读结构平面图，了解构件类型、数量和位置。

（2）循序渐进。根据投影关系、构造特点和图纸顺序，从前往后、从上往下、从左往右、由外向内、由大到小、由粗到细反复阅读。

（3）相互对照。识读施工图时，应当图样与说明对照看，建施图、结施图、设施图对照看，基本图与详图对照看。

（4）重点细读。以不同工种身份，有重点地细读施工图，掌握施工必需的重要信息。

2. 施工图识读步骤

识读施工图的一般顺序如下：

（1）阅读图纸目录。根据目录对照检查全套图纸是否齐全，标准图和重复利用的旧图是否配齐，图纸有无缺损。

（2）阅读设计总说明。了解本工程的名称、建筑规模、建筑面积、工程性质以及采用的材料和特殊要求等。对本工程有一个完整的概念。

（3）通读图纸。按建施图、结施图、设施图的顺序对图纸进行初步阅读，也可根据技术分工的不同进行分读。读图时，按照先整体后局部，先文字说明后图样，先图形后尺寸的顺序进行。

（4）精读图纸。在对图纸分类的基础上，对图纸及该图的剖面图、详图进行对照、精细阅读，对图样上的每个线面、每个尺寸都务必认清看懂，并掌握它与其他图的关系。

四、建筑施工技术

（一）地基与基础工程

1. 岩土的工程分类

在建筑施工中，按照施工开挖的难易程度将岩土分为八类，见表 4-1，其中，一至四类为土，五到八类为岩石。

岩土的工程分类 表 4-1

类　别	土的名称	现场鉴别方法
第一类 （松软土）	砂，粉土，冲积砂土层，种植土，泥炭（淤泥）	用锹挖掘
第二类 （普通土）	粉质黏土，潮湿的黄土，夹有碎石、卵石的砂，种植土，填筑土和粉土	用锄头挖掘
第三类 （坚土）	软及中等密实黏土，重粉质、粉质黏土，粗砾石，干黄土及含碎石、卵石的黄土、压实填土	用镐挖掘
第四类 （砂砾坚土）	重黏土及含碎石、卵石的黏土，粗卵石，密实的黄土，天然级配砂石，软泥灰岩及蛋白石	用镐挖掘吃力，冒火星
第五类 （软石）	硬石炭纪黏土，中等密实的页岩、泥灰岩、白垩土，胶结不紧的砾岩，软的石灰岩	用风镐、大锤等
第六类 （次坚石）	泥岩，砂岩，砾岩，坚实的页岩、泥灰岩，密实的石灰岩，风化花岗岩、片麻岩	用爆破，部分用风镐
第七类 （坚石）	大理岩，辉绿岩，玢岩，粗、中粒花岗岩，坚实的白云岩、砂岩、砾岩、片麻岩、石灰岩	用爆破方法
第八类 （特坚石）	安山岩，玄武岩，花岗片麻岩，坚实细粒花岗岩、闪长岩、石英岩、辉长岩、辉绿岩、玢岩	用爆破方法

2. 基坑（槽）开挖、支护及回填的主要方法

（1）基坑（槽）开挖

1）施工工艺流程

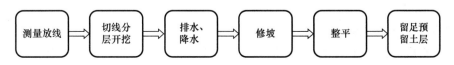

测量放线 → 切线分层开挖 → 排水、降水 → 修坡 → 整平 → 留足预留土层

2）施工要点

① 浅基坑（槽）开挖，应先进行测量定位，抄平放线，定出开挖长度。

② 按放线分块（段）分层挖土。根据土质和水文情况，采取在四侧或两侧直立开挖或放坡，以保证施工操作安全。

③ 在地下水位以下挖土。应在基坑（槽）四侧或两侧挖好临时排水沟和集水井，或采用井点降水，将水位降低至坑、槽底以下 500mm，以利于土方开挖。降水工作应持续到基础（包括地下水位下回填土）施工完成。雨期施工时，基坑（槽）应分段开挖，挖好一段浇筑一段垫层，并在基槽两侧围以土堤或挖排水沟，以防地面雨水流入基坑槽，同时应经常检查边坡和支撑情况，以防止坑壁受水浸泡造成塌方。

④ 基坑开挖应尽量防止对地基土的扰动。当基坑挖好后不能立即进行下道工序时，应预留 15～30cm 一层土不挖，待下道工序开始再挖至设计标高。采用机械开挖基坑时，为避免破坏基底土，应在基底标高以上预留 15～30cm 的土层由人工挖掘修整。

⑤ 基坑开挖时，应对平面控制桩、水准点、基坑平面位置、水平标高、边坡坡度等经常复测检查。

⑥ 基坑挖完后应进行验槽，做好记录，当发现地基土质与地质勘探报告、设计要求不符时，应及时与有关人员研究处理。

（2）基坑支护

1）钢板桩施工

钢板桩支护具有施工速度快，可重复使用的特点。常用的钢板桩有 U 型和 Z 型，还有直腹板式、H 型和组合式钢板桩。常用的钢板桩施工机械有自由落锤、气动锤、柴油锤、振动锤，使用较多的是振动锤。

2）水泥土桩墙施工

深层搅拌水泥土桩墙是采用水泥作为固化剂，通过特制的深层搅拌机械，在地基深处就地将软土和水泥强制搅拌形成水泥土，利用水泥和软土之间所产生的一系列物理-化学反应，使软土硬化成整体性的并有一定强度的挡土、防渗墙。

3）地下连续墙施工

用特制的挖槽机械，在泥浆护壁下开挖一个单元槽段的沟槽，清底后放入钢筋笼，用导管浇筑混凝土至设计标高，一个单元槽段即施工完毕。各单元槽段间由特制的接头连接，形成连续的钢筋混凝土墙体。工程开挖土方时，地下连续墙可用作支护结构，既挡土又挡水，地下连续墙还可同时用作建筑物的承重结构。

（3）土方回填压实

1）施工工艺流程

2）施工要点

① 土料要求与含水量控制

填方土料应符合设计要求，以保证填方的强度和稳定性。当设计无要求时，应符合以下规定：

A. 碎石类土、砂土和爆破石渣（粒径不大于每层铺土厚的 2/3），可作为表层下的填料；

B. 含水量符合压实要求的黏性土，可作各层填料；

C. 淤泥和淤泥质土一般不能用作填料。

填土土料含水量的大小，直接影响到夯实（碾压）质量。土料含水量一般以手握成团，落地开花为适宜。含水量过大，应采取翻松、晾干、风干、换土回填、掺入干土或其他吸水性材料等措施；当含水量小时，则应预先洒水润湿。亦可采取增加压实遍数或使用大功率压实机械等措施。

② 基底处理

A. 场地回填应先清除基底上垃圾、草皮、树根，排除坑穴中积水、淤泥和杂物，并应采取措施防止地表清水流入填方区，浸泡地基，造成地基土下陷。

B. 当填方基底为耕植土或松土时，应将基底充分夯实和碾压密实。

③ 填土压实要求

铺土应分层进行，每次铺土厚度不大于 30～50cm（视所用压实机械的要求而定）。

④ 填土的压实密实度要求

填方的密实度要求和质量指标通常以压密系数 λ_c 表示，密实度要求一般由设计根据工程结构性质、使用要求以及土的性质确定，如未作规定，可参考表 4-2 确定。

压实填土的质量控制　　　　　　　　　　　　表 4-2

结构类型	填土部位	压实系数 λ_c	控制含水量
砌体承重结构和框架结构	在地基主要受力层范围内	≥0.97	$w\pm2$
	在地基主要受力层范围以下	≥0.95	
排架结构	在地基主要受力层范围内	≥0.96	$w_{op}\pm2$
	在地基主要受力层范围以下	≥0.94	
地坪垫层以下及基础底面标高以上的压实填土，压实系数不应小于 0.94			

A. 人工填土要求

填土应从场地最低部分开始，由一端向另一端自下而上分层铺填。每层虚铺厚度，用人工木夯夯实时不大于 20cm，用打夯机械夯实时不大于 25cm。深浅坑（槽）相连时，应先填深坑（槽），填平后与浅坑全面分层填夯。如采取分段填筑，交接处应填成阶梯形。墙基及管道回填应在两侧用细土同时均匀回填、夯实，防止墙基及管道中心线位移。

夯填土应按次序进行，一夯压半夯。较大面积人工回填用打夯机夯实。两机平行时其间距不得小于 3m。在同一夯打路线上，前后间距不得小于 10m。

B. 机械填土要求

铺土应分层进行，每次铺土厚度不大于 30～50cm（视所用压实机械的要求而定）。每层铺土后，利用填土机械将地表面刮平。填土程序一般尽量采取横向或纵向分层卸土，以利于行驶时初步压实。

3. 混凝土基础施工工艺

（1）钢筋混凝土扩展基础

钢筋混凝土扩展基础系指柱下钢筋混凝土独立基础和墙下钢筋混凝土条形基础。

1）施工工艺流程

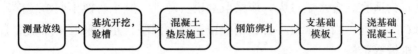

测量放线 → 基坑开挖，验槽 → 混凝土垫层施工 → 钢筋绑扎 → 支基础模板 → 浇基础混凝土

2）施工要点

① 混凝土浇筑前应先行验槽，基坑尺寸及轴线定位应符合设计要求、对局部软弱土层应挖去，用灰土或砂砾回填夯实与基底相平。

② 在地基或基土上浇筑混凝土时，应清除淤泥和杂物，并应有排水和防水措施。对干燥的黏性土，应用水湿润；对未风化的岩石，应用水清洗，但其表面不得留有积水。

③ 垫层混凝土在验槽后应立即浇筑，以保护地基。

④ 钢筋绑扎时，钢筋上的泥土、油污，模板内的垃圾、杂物应清除干净。木模板应浇水湿润，缝隙应堵严，基坑积水应排除干净。

⑤ 当垫层素混凝土达到一定强度后，在其上弹线、支模，模板要求牢固，无缝隙。

⑥ 混凝土宜分段分层浇筑，每层厚度不超过500mm。各段各层间应互相衔接，每段长2~3m，使逐段逐层呈阶梯形推进，并注意先使混凝土充满模板边角，然后浇筑中间部分。混凝土应连续浇筑，以保证结构良好的整体性。混凝土自高处倾落时，其自由倾落高度不宜超过2m。如高度超过2m，应设料斗、漏斗、串筒、斜槽、溜管，以防止混凝土产生分层离析。

（2）筏形基础

筏形基础分为梁板式和平板式两种类型，梁板式又分正向梁板式和反向梁板式。

1）施工工艺流程

测量放线 → 基坑支护 → 排水、降水（或隔水）→ 基坑开挖，验槽 → 混凝土垫层施工 → 钢筋绑扎 → 支基础模板 → 浇基础混凝土

2）施工要点

① 基坑支护结构应安全，当基坑开挖危及邻近建（构）筑物、道路及地下管线的安全与使用时，开挖也应采取支护措施。

② 当地下水位影响基坑施工时，应采取人工降低地下水位或隔水措施。

③ 当采用机械开挖时，应保留200~300mm土层由人工挖除。

④ 基坑开挖完成并经验收后，应立即进行基础施工，防止暴晒和雨水浸泡造成基土破坏。

⑤ 基础长度超过40m时，宜设置施工缝，缝宽不宜小于80cm。在施工缝处，钢筋必须贯通；当主楼与裙房采用整体基础，且主楼基础与裙房基础之间采用后浇带时，后浇带的处理方法应与施工缝相同。

⑥ 基础混凝土应采用同一品种水泥、掺合料、外加剂和同一配合比。大体积混凝土可采用掺合料和外加剂改善混凝土和易性，减少水泥用量，降低水化热。

⑦ 基础施工完毕后，基坑应及时回填。回填前应清除基坑中的杂物；回填应在相对的两侧或四周同时均匀进行，并分层夯实。

（3）箱形基础

箱形基础的施工工艺与筏形基础相同。

（二）砌体工程

1. 砌体工程的种类

根据砌筑主体的不同，砌体工程可分为砖砌体工程、石砌体工程、砌块砌体工程、配筋砌体工程。

（1）砖砌体

由砖和砂浆砌筑而成的砌体称为砖砌体。砖有烧结黏土砖、烧结多孔砖、蒸压灰砂砖、粉煤灰砖、混凝土砖等，并有实心砖与空心砖两种形式。

（2）石砌体

由石材和砂浆砌筑的砌体为石砌体。常用的石砌体有料石砌体、毛石砌体、毛石混凝土砌体。

（3）砌块砌体

由砌块和砂浆砌筑的砌体为砌块砌体。常用的砌块砌体有混凝土空心砌块砌体、加气混凝土砌块砌体、水泥炉渣空心砌块砌体、粉煤灰硅酸盐砌块砌体等。

（4）配筋砌体

为了提高砌体的受压承载力和减小构件的截面尺寸，可在砌体内配置适量的钢筋形成配筋砌体。

2. 砌体施工工艺

（1）砖砌体

1）施工工艺流程

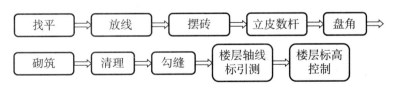

2）施工要点

① 找平、放线：砌筑前，在基础防潮层或楼面上先用水泥砂浆或细石混凝土找平，然后在龙门板上以定位钉为标志，弹出墙的轴线、边线，定出门窗洞口位置，如图 4-1 所示。

② 摆砖：指在放线的基面上按选定的组砌形式用于砖试摆。一般在房屋外纵墙方

向摆顺砖，在山墙方向摆丁砖，摆砖由一个大角摆到另一个大角，砖与砖留 10mm 缝隙。摆砖的目的是校对放出的墨线在门窗洞口、附墙垛等处是否符合砖的模数，以尽可能减少砍砖，并使砌体灰缝均匀，组砌得当。

③ 立皮数杆：指在其上划有每皮砖和灰缝厚度，以及门窗洞口、过梁、楼板、梁底、预埋件等标高位置的一种木制标杆，如图 4-2 所示。它是砌筑时控制每皮砖的竖向尺寸，并使铺灰、砌砖的厚度均匀，洞口及构件位置留设正确，同时还可以保证砌体的垂直度。

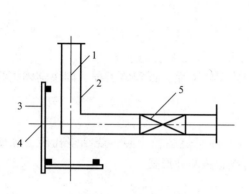

图 4-1　墙身放线
1—墙轴线；2—墙边线；3—龙门板；
4—墙轴线标志；5—门洞位置标志

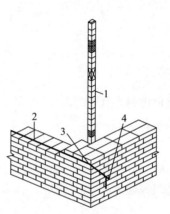

图 4-2　皮数杆示意
1—皮数杆；2—准线；
3—竹片；4—圆铁钉

皮数杆一般立于房屋的四大角、内外墙交接处、楼梯间以及洞口多的地方。一般可每隔 10～15m 立一根。皮数杆的设立，应有两个方向斜撑或锚钉加以固定，以保证其固定和垂直。一般每次开始砌砖前应用水准仪校正标高，并检查一遍皮数杆的垂直度和牢固程度。

④ 盘角、砌筑：砌筑时应先盘角，盘角是确定墙身两面横平竖直的主要依据，盘角时主要大角不宜超过 5 皮砖，且应随砌随盘，做到"三皮一吊，五皮一靠"，对照皮数杆检查无误后，才能挂线砌筑中间墙体。为了保证灰缝平直，要挂线砌筑。一般一砖墙单面挂线，一砖半以上砖墙则宜双面挂线。

⑤ 清理、勾缝：当该层该施工面墙体砌筑完成后，应及时对墙面和落地灰进行清理。

勾缝是清水砖墙的最后的一道工序，具有保护墙面和增加墙面美观的作用。墙面勾缝有采用砌筑砂浆随砌随勾缝的原浆勾缝和加浆勾缝，加浆勾缝系指在砌筑几皮砖以后，先在灰缝处划出 1cm 深的灰槽，待砌完整个墙体以后，再用细砂拌制 1∶1.5 水泥砂浆勾缝，勾缝完的墙面应及时清扫。

⑥ 楼层轴线引测：为了保证各层墙身轴线的重合和施工方便，在弹墙身线时，应根据龙门板上标注的轴线位置将轴线引测到房屋的外墙基上，二层以上各层墙的轴线，可用经纬仪或铅锤球引测到楼层上去，同时还须根据图上轴线尺寸用钢尺进行校核。

⑦ 楼层标高的控制：各层标高除立皮数杆控制外，还可弹出室内水平线进行控制。

底层砌到一定高度后，在各层的里墙身用水准仪根据龙门板上的±0.000标高，引出统一标高的测量点（一般比室内地坪高出200～500mm），然后在墙角两点弹出水平线，依次控制底层过梁、圈梁和楼板底标高。当楼层墙身砌到一定高度后，先从底层水平线用钢尺往上量各层水平控制线的第一个标志，然后以此标志为准，用水准仪引测再定出各层墙面的水平控制线，以此控制各层标高。

（2）砌块砌体

1）施工工艺流程

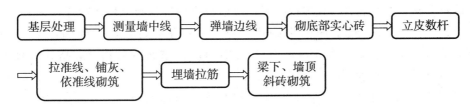

2）施工要点

① 基层处理：将砌筑加气砖墙体根部的混凝土梁、柱的表面清扫干净，用砂浆找平，拉线，用水平尺检查其平整度。

② 砌底部实心砖：在墙体底部，在砌第一皮加气砖前，应用实心砖砌筑，其高度宜不小于200mm。

③ 拉准线、铺灰、依准线砌筑：为保证墙体垂直度、水平度，采取分段拉准线砌筑，铺浆要厚薄均匀，每一块砖全长上铺满砂浆，浆面平整，保证灰缝厚度，灰缝厚度宜为15mm，灰缝要求横平竖直，水平灰缝应饱满，竖缝采用挤浆和加浆方法，不得出现透明缝，严禁用水冲洗灌缝。铺浆后立即放置砌块，要求一次摆正找平。如铺浆后不立即放置砌块，砂浆凝固了，须铲去砂浆，重新砌筑。

④ 埋墙拉筋：与钢筋混凝土柱（墙）的连接，采取在混凝土柱（墙）上打入2ϕ6@500的膨胀螺栓，然后在膨胀螺栓上焊接ϕ6的钢筋，长可埋入加气砖墙体内1000mm。

⑤ 梁下、墙顶斜砖砌筑：与梁的接触处待加气砖砌完一星期后采用灰砂砖斜砌顶紧。

（3）毛石砌体

1）施工工艺流程

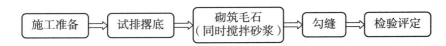

2）施工要点

① 砂浆用水泥砂浆或水泥混合砂浆，一般用铺浆法砌筑，灰缝厚度应符合要求，且砂浆饱满。毛料石和粗料石砌体的灰缝厚度不宜大于20mm，细料石砌体的灰缝厚度不宜大于5mm。

② 毛石砌体宜分皮卧砌，且按内外搭接，上下错缝，拉结石、丁砌石交错设置的原则组砌，不得采用外面侧立石块，中间填心的砌筑方法。每日砌筑高度不宜超过1.2m，在转角处及交接处应同时砌筑，如不能同时砌筑时，应留斜槎。

③ 毛石墙一般灰缝不规则,对外观要求整齐的墙面,其外皮石材可适当加工。毛石墙的第一皮及转角、交接处和洞口处,应用料石或较大的平毛石砌筑,每个楼层砌体最上一皮应选用较大的毛石砌筑。墙角部分纵横宽度至少为 0.8m。毛石墙在转角处,应采用有直角边的石料砌在墙角一面,据长短形状纵横搭接砌入墙内。丁字接头处,要选取较为平整的长方形石块,长短纵横砌入墙内,使其在纵横墙中上下皮能相互搭接;毛石墙的第一皮石块及最上一皮石块应选用较大的石块。

④ 平毛石砌筑,第一皮大面向下,以后各皮上下错缝,内外搭接,墙中不应放铲口石和全部对合石,毛石墙必须设置拉结石,拉结石应均匀分布,相互错开,一般每 0.7m² 墙面至少设置一块,且同皮内的中距不大于 2m。拉结石长度,如墙厚等于或小于 400mm,应等于墙厚。墙厚大于 400mm,可用两块拉结石内外搭接,搭接长度不小于 150mm,且其中一块长度不小于墙厚的 2/3。

⑤ 毛石挡土墙一般按 3～4 皮为一个分层高度砌筑,每砌一个分层高度应找平一次;毛石挡土墙外露面灰缝厚度不得大于 40mm,两个分层高度间分层处的错缝不得小于 80mm;对于中间毛石砌筑的料石挡土墙,丁砌料石应深入中间毛石部分的长度不应小于 200mm;挡土墙的泄水孔应按设计施工,若无设计规定时,应按每米高度上间隔 2m 左右设置一个泄水孔。

（三）钢筋混凝土工程

1. 常见模板的种类

（1）组合式模板

组合式模板是现代模板技术中具有通用性强、装拆方便、周转使用次数多的一种新型模板。用它进行现浇混凝土结构施工,可事先按设计要求组拼成梁、柱、墙、楼板的大型模板,整体吊装就位,也可采用散支散拆方法。

1）55 型组合钢模板

组合钢模板由钢模板和配件两大部分组成。配件又由连接件和支承件组成。钢模板主要包括平面模板、阴角模板、阳角模板、连接角模板等。

2）钢框木（竹）胶合板模板

钢框木（竹）胶合板模板是以热轧异型钢为钢框架,以覆面胶合板作板面,并加焊若干钢筋承托面板的一种组合式模板。面板有木、竹胶合板,单片木面竹芯胶合板等。

（2）工具式模板

工具式模板是针对工程结构构件的特点,研制开发的可持续周转使用的专用性模板,常用的有大模板、滑动模板、爬升模板、飞模等。

1）大模板

大模板是大型模板或大块模板的简称。它的单块模板面积大,通常是以一面现浇墙使用一块模板,区别于组合钢模板和钢框胶合板模板,故称大模板如图 4-3、图 4-4 所示。

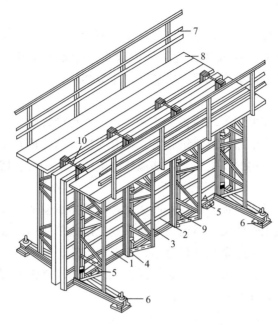

图 4-3　桁架式大模板构造示意

1—面板；2—水平肋；3—支撑桁架；4—竖肋；5—水平调整装置；

6—垂直调整装置；7—栏杆；8—脚手板；9—穿墙螺栓；10—固定卡具

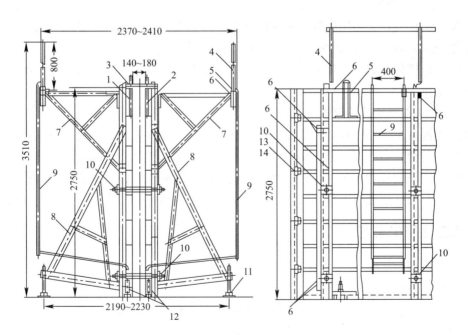

图 4-4　大模板构造

1—反向模板；2—正向模板；3—上口卡板；4—活动护身栏；5—爬梯横担；6—螺栓连接；7—操作平台斜撑；

8—支撑架；9—爬梯；10—穿墙螺栓；11—地脚螺栓；12—地脚；13—反活动角模；14—正活动角模

　　大模板依其构造和组拼方式可以分为整体式大模板、组合式大模板、拼装式大模板和筒形模板，以及用于外墙面施工的装饰混凝土模板。

2）滑动模板

滑动模板（简称滑模）施工，是现浇混凝土工程的一项施工工艺，与常规施工方法相比，这种施工工艺具有施工速度快、机械化程度高、可节省支模和搭设脚手架所需的工料、能较方便地将模板进行拆散和灵活组装并可重复使用。

3）爬升模板

爬升模板是综合大模板与滑动模板工艺和特点的一种模板工艺，具有大模板和滑动模板共同的优点。尤其适用于超高层建筑施工。爬升模板（即爬模）是一种适用于现浇钢筋混凝土竖向（或倾斜）结构的模板工艺，如墙体、电梯井、桥梁、塔柱等。

4）飞模

飞模是一种大型工具式模板。因其外形如桌，故又称桌模或台模。由于它可以借助起重机械从已浇筑完混凝土的楼板下吊运飞出转移到上层重复使用，故称飞模。

飞模主要由平台板、支撑系统（包括梁、支架、支撑、支腿等）和其他配件（如升降和行走机构等）组成。适用于大开间、大柱网、大进深的现浇钢筋混凝土楼盖施工，尤其适用于现浇板柱结构（无柱帽）楼盖的施工。

（3）永久性模板

永久性模板，亦称一次性消耗模板，是在结构构件混凝土浇筑后模板不拆除，并构成构件受力或非受力的组成部分。

1）压型钢板模板

压型钢板模板，是采用镀锌或经防腐处理的薄钢板，经成型机冷轧成具有梯波形截面的槽型钢板或开口式方盒状钢壳的一种工程模板材料。

压型钢板模板具有加工容易，重量轻，安装速度快，操作简便和取消支、拆模板的繁琐工序等优点。

2）预应力混凝土薄板模板

预应力混凝土薄板模板，一般是在构件预制工厂的台座上生产，通过施加预应力配筋制作成的一种预应力混凝土薄板构件，这种薄板主要应用于现浇钢筋混凝土楼板工程，薄板本身既是现浇楼板的永久性模板；当与楼板的现浇混凝土叠合后，又是构成楼板的受力结构部分，与楼板组成组合板，或构成楼板的非受力结构部分，而只作永久性模板使用。

2. 钢筋工程施工工艺

（1）钢筋加工

1）钢筋除锈

钢筋的表面应洁净。油渍、漆污和用锤敲击时能剥落的浮皮、铁锈等应在使用前清除干净。在焊接前，焊点处的水锈应清除干净。

钢筋的除锈，一般可通过以下两个途径：一是在钢筋冷拉或钢丝调直过程中除锈，对大量钢筋的除锈较为经济省力；二是用机械方法除锈。如采用电动除锈机除锈，对钢筋的局部除锈较为方便，还可采用手工除锈（用钢丝刷、砂盘）、喷砂和酸洗除锈等。

2）钢筋调直

钢筋的调直是在钢筋加工成型之前，对热轧钢筋进行矫正，使钢筋成为直线的一道工序。钢筋调直的方法分为机械调直和人工调直。以盘圆供应的钢筋在使用前需要进行调直，调直应优先采用机械方法调直，以保证调直钢筋的质量。

3）钢筋切断

断丝钳切断法：主要用于切断直径较小的钢筋，如钢丝网片、分布钢筋等。

手动切断机：主要用于切断直径在 16mm 以下的钢筋，其手柄长度可根据切断钢筋直径的大小来调，以达到切断时省力的目的。

液压切断器切断法：切断直径在 16mm 以上的钢筋。

4）钢筋弯曲成型

弯曲成型是指将钢筋加工成设计图纸要求的形状。常用弯曲成型设备是钢筋弯曲成型机，也有的采用简易钢筋弯曲成型装置。

钢筋弯钩和弯折的有关规定如下：

① 受力钢筋

A. HPB300 级钢筋末端应作 180°弯钩，其弯弧内直径不应小于钢筋直径的 2.5 倍，弯钩的弯后平直部分长度不应小于钢筋直径的 3 倍。

B. 当设计要求钢筋末端需作 135°弯钩时，300MPa 级、400MPa 级、500MPa 级钢筋的弯弧内直径 D 不应小于钢筋直径的 4 倍，弯钩的弯后平直部分长度应符合设计要求。

C. 钢筋作不大于 90°的弯折时，弯折处的弯弧内直径不应小于钢筋直径的 5 倍。

② 箍筋

除焊接封闭环式箍筋外，箍筋的末端应作弯钩。弯钩形式应符合设计要求；当设计无具体要求时，应符合下列规定：

A. 箍筋弯钩的弯弧内直径除应满足前述受力钢筋要求外，尚应不小于受力钢筋的直径。

B. 箍筋弯钩的弯折角度：对一般结构，不应小于 90°；对有抗震等要求的结构应为 135°。

C. 钢筋弯后的平直部分长度：对一般结构，不宜小于箍筋直径的 5 倍，对有抗震等要求的结构，不应小于箍筋直径的 10 倍。

（2）钢筋的连接

钢筋的连接可分为两类：绑扎搭接；机械连接或焊接。当受拉钢筋的直径 $d>28$mm 及受压钢筋的直径 $d>32$mm 时，不宜采用绑扎搭接接头。

1）钢筋绑扎搭接连接

绑扎搭接连接是用 20～22 号铁丝将两段钢筋扎牢使其连接起来以达到接长的目的。

① 同一构件中相邻纵向受力钢筋的绑扎搭接接头宜相互错开。

② 钢筋绑扎搭接接头连接区段的长度为 1.3 倍搭接长度，凡搭接接头中点位于该连接区段长度内的搭接接头均属于同一连接区段。当钢筋直径相同时，钢筋搭接接头面积百分率为 50%。

③ 位于同一连接区段内的受拉钢筋搭接接头面积百分率：对梁类、板类及墙类构件，不宜大于 25%；对柱类构件，不宜大于 50%。

④ 在任何情况下，纵向受拉钢筋绑扎搭接接头的搭接长度不应小于 300mm，纵向受

压钢筋的受压搭接长度不应小于 200mm。

2）钢筋焊接连接

① 钢筋闪光对焊

钢筋闪光对焊是将两根钢筋安放成对接形式，利用焊接电流通过两根钢筋的接触点产生的电阻热，使接触点金属熔化，产生强烈飞溅，形成闪光，迅速施加顶锻力完成的一种压焊方法。

② 钢筋电阻点焊

钢筋电阻点焊是将两根钢筋安放成交叉叠接形式，压紧于两电极之间，利用电阻热熔化母材金属，加压形成焊点的一种压焊方法。

③ 钢筋电弧焊

钢筋电弧焊是以焊条作为一极、钢筋为另一极，利用焊接电流通过产生的电弧热进行焊接的一种熔焊方法。

④ 钢筋电渣压力焊

钢筋电渣压力焊是将两根钢筋安放成竖向对接形式，利用焊接电流通过两根钢筋端面间隙，在焊剂层下形成电弧过程和电渣过程，产生电弧热和电阻热，熔化钢筋，加压完成的一种压焊方法。

3）钢筋机械连接

① 钢筋套筒挤压连接

带肋钢筋套筒挤压连接是将两根待接钢筋插入钢套筒，用挤压连接设备沿径向挤压钢套筒，使之产生塑性变形，依靠变形后的钢套筒与被连接钢筋纵、横肋产生的机械咬合成为整体的钢筋连接方法。

② 钢筋锥螺纹套筒连接

钢筋锥螺纹套筒连接是将两根待接钢筋端头用套丝机做出锥形外丝，然后用带锥形内丝的套筒将钢筋两端拧紧的钢筋连接方法。

③ 钢筋镦粗直螺纹套筒连接

钢筋镦粗直螺纹套筒连接是先将钢筋端头镦粗，再切削成直螺纹，然后用带直螺纹的套筒将钢筋两端拧紧的钢筋连接方法。

④ 钢筋滚压直螺纹套筒连接

钢筋滚压直螺纹套筒连接是利用金属材料塑性变形后冷作硬化增强金属材料强度的特性，使接头与母材等强的连接方法。根据滚压直螺纹成型方式，又可分为直接滚压螺纹、压肋滚压螺纹、剥肋滚压螺纹三种类型。

（3）钢筋安装

1）钢筋现场绑扎

钢筋绑扎用的铁丝，可采用 20～22 号铁丝，其中 22 号铁丝只用于绑扎直径 12mm 以下的钢筋。

控制混凝土保护层厚度采用水泥砂浆垫块或塑料卡。水泥砂浆垫块的厚度，应等于保护层厚度。垫块的平面尺寸：当保护层厚度等于或小于 20mm 时为 30mm×30mm，大于 20mm 时为 50mm×50mm。当在垂直方向使用垫块时，可在垫块中埋入 20 号铁丝。

2）基础钢筋绑扎

① 工艺流程

② 施工要点

A. 钢筋网的绑扎。四周两行钢筋交叉点应每点扎牢。中间部分交叉点可相隔交错扎牢，但必须保证受力钢筋不移位。双向主筋的钢筋网，则须将全部钢筋相交点扎牢。绑扎时应注意相邻绑扎点的铁丝扣要成八字形，以免网片歪斜变形。

B. 基础底板采用双层钢筋网时，在上层钢筋网下面应设置钢筋撑脚或混凝土撑脚，以保证钢筋位置正确。

钢筋撑脚每隔 1m 放置一个。其直径选用：当板厚 $h \leqslant 30cm$ 时为 $8 \sim 10mm$；当板厚 $h = 30 \sim 50mm$ 时为 $12 \sim 14mm$；当板厚 $h > 50cm$ 时为 $16 \sim 18mm$。

C. 钢筋的弯钩应朝上。不要倒向一边；但双层钢筋网的上层钢筋弯钩应朝下。

D. 独立柱基础为双向弯曲，其底面短边的钢筋应放在长边钢筋的上面。

E. 现浇柱与基础连接用的插筋，其箍筋应比柱的箍筋缩小一个柱筋直径，以便连接。插筋位置一定要固定牢靠，以免造成柱轴线偏移。

F. 对厚片筏上部钢筋网片，可采用钢管临时支撑体系。

3）柱钢筋绑扎

① 工艺流程

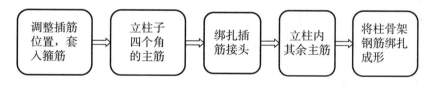

② 施工要点

A. 柱中的竖向钢筋搭接时，角部钢筋的弯钩应与模板呈 45°（多边形柱为模板内角的平分角，圆形柱应与模板切线垂直）。中间钢筋的弯钩应与模板呈 90°。如果用插入式振捣器浇筑小型截面柱时，弯钩与模板的角度不得小于 15°。

B. 箍筋的接头（弯钩叠合处）应交错布置在四角纵向钢筋上，箍筋转角与纵向钢筋交叉点均应扎牢（箍筋平直部分与纵向钢筋交叉点可间隔扎牢），绑扎箍筋时绑扣相互间应成八字形。

C. 下层柱的钢筋露出楼面部分宜用工具式柱箍将其收进一个柱筋直径，以利于上层柱的钢筋搭接。当柱截面有变化时，其下层柱钢筋的露出部分必须在绑扎梁的钢筋之前先行收缩准确。

D. 框架梁、牛腿及柱帽等钢筋，应放在柱的纵向钢筋内侧。

E. 柱钢筋的绑扎应在模板安装前进行。

4）墙钢筋绑扎

① 工艺流程

② 施工要点

A. 墙（包括水塔壁、烟囱筒身、池壁等）的垂直钢筋每段长度不宜超过 4m（钢筋直径≤12mm）或 6m（直径＞12mm），水平钢筋每段长度不宜超过 8m，以利于绑扎。

B. 墙的钢筋网绑扎同基础，钢筋的弯钩应朝向混凝土内。

C. 采用双层钢筋网时，在两层钢筋间应设置撑铁，以固定钢筋间距。撑铁可用直径 6～10mm 的钢筋制成，长度等于两层网片的净距，间距约为 1m，相互错开排列。

D. 墙的钢筋可在基础钢筋绑扎之后浇筑混凝土前插入基础内。

E. 墙钢筋的绑扎也应在模板安装前进行。

5）梁钢筋绑扎

① 工艺流程

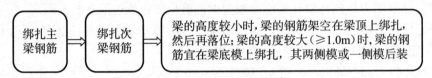

② 施工要点

A. 纵向受力钢筋采用双层排列时，两排钢筋之间应垫以直径≥25mm 的短钢筋，以保持其设计距离。

B. 箍筋的接头（弯钩叠合处）应交错布置在两根架立钢筋上。其余同柱。

C. 框架节点处钢筋穿插十分稠密时，应特别注意梁顶面主筋间的净距要有 30mm，以利于浇筑混凝土。

D. 梁钢筋的绑扎与模板安装之间的配合关系：a. 梁的高度较小时，梁的钢筋架空在梁顶上绑扎，然后再落位；b. 梁的高度较大（≥1.0m）时，梁的钢筋宜在梁底模上绑扎，其两侧模或一侧模后装。

6）板钢筋绑扎

① 工艺流程

② 施工要点

A. 现浇楼板钢筋的绑扎是在梁钢筋骨架放下之后进行的。在现浇楼板钢筋铺设时，对于单向受力板，应先铺设平行于短边方向的受力钢筋，后铺设平行于长边方向分布钢筋；对于双向受力板，应先铺设平行于短边方向的受力钢筋，后铺设平行于长边方向的受力钢筋。且须特别注意，板上部的负筋、主筋与分布钢筋的相交点必须全部绑扎，并垫上保护层垫块。如楼板为双层钢筋时，两层钢筋之间应撑铁，以确保两层钢筋之间的有效高度，管线应在负筋没有绑扎前预埋好，以免施工人员施工时过多地踩到负筋。

B. 板、次梁与主梁交叉处，板的钢筋在上，次梁的钢筋居中，主梁的钢筋在下；当有圈梁或垫梁时，主梁的钢筋在上。

C. 板的钢筋网绑扎与基础相同。但应注意板上部的负筋，要防止被踩下，特别是雨篷、挑檐、阳台等悬臂板。要严格控制负筋位置，以免拆模后断裂。

（4）植筋施工

在钢筋混凝土结构上钻出孔洞，注入胶粘剂，植入钢筋，待其固化后即完成植筋施工。用此法植筋犹如原有结构中的预埋筋，能使所植钢筋的技术性能得以充分利用。

3. 混凝土工程施工工艺

混凝土工程施工包括混凝土拌合料的制备、运输、浇筑、振捣、养护等工艺过程，传统的混凝土拌合料是在混凝土配合比确定后在施工现场进行配料和拌制，近年来，混凝土拌合料的制备实现了工业化生产，大多数城市实现了混凝土集中预拌，商品化供应混凝土拌合料，施工现场的混凝土工程施工工艺减少了制备过程。

（1）混凝土拌合料的运输

1）运输要求

混凝土拌合料自商品混凝土厂装车后，应及时运至浇筑地点。混凝土拌合料运输过程中一般要求：

① 保持其均匀性，不离析、不漏浆；

② 运到浇筑地点时应具有设计配合比所规定的坍落度；

③ 应在混凝土初凝前浇入模板并捣实完毕；

④ 保证混凝土浇筑能连续进行。

2）运输时间

混凝土从搅拌机卸出到浇筑进模后时间间隔不得超过表4-3中所列的数值。若使用快硬水泥或掺有促凝剂的混凝土，其运输时间由试验确定，轻骨料混凝土的运输、浇筑延续时间应适当缩短。

混凝土从搅拌机中卸出到浇筑完毕的延续时间（单位：min）　　表4-3

混凝土强度等级	气温低于25℃	气温高于25℃
C30 及 C30 以下	120	90
高于 C30	90	60

3）运输方案及运输设备

混凝土拌合料自搅拌站运至工地，多采用混凝土搅拌运输车，在工地内，混凝土运输目前可以选择的组合方案有：

① "泵送"方案；

② "塔式起重机＋料斗"方案。

（2）混凝土浇筑

混凝土浇筑就是将混凝土放入已安装好的模板内并振捣密实以形成符合要求的结构或构件的施工过程，包括布料、振捣、抹平等工序。

1）混凝土浇筑的基本要求

① 混凝土应分层浇筑，分层捣实，但两层混凝土浇捣时间间隔不得超过规范规定；

② 浇筑应连续作业，在竖向结构中如浇灌高度超过 3m 时，应采用溜槽或串筒下料；

③ 在浇筑竖向结构混凝土前，应先在浇筑处底部填入 50～100mm 厚与混凝土内砂浆成分相同的水泥浆或水泥砂浆（接浆处理）。

④ 浇筑过程应经常观察模板及其支架、钢筋、埋设件和预留孔洞的情况，当发现有变形或位移时，应立即快速处理。

2）混凝土振捣

在浇筑过程中，必须使用振捣工具振捣混凝土，尽快将拌合物中的空气振出，因为空气含量太多的混凝土会降低强度。用于振捣密实混凝土拌合物的机械，按其作业方式可分为：内部振动器、表面振动器、外部振动器和振动台。

（3）混凝土养护

养护方法有：自然养护、蒸汽养护、蓄热养护等。

对混凝土进行自然养护，是指在平均气温高于＋5℃的条件下于一定时间内使混凝土保持湿润状态。自然养护又可分为洒水养护和喷洒塑料薄膜养生液养护等。

洒水养护是用吸水保温能力较强的材料（如草帘、芦席、麻袋、锯末等）将混凝土覆盖，经常洒水使其保持湿润。养护时间长短取决于水泥品种，硅酸盐水泥、普通硅酸盐水泥和矿渣硅酸盐水泥拌制的混凝土，不少于 7d；火山灰质硅酸盐水泥和粉煤灰硅酸盐水泥拌制的混凝土不少于 14d；有抗渗要求的混凝土不少于 14d。洒水次数以能保持混凝土具有足够的润湿状态为宜。养护初期和气温较高时应增加洒水次数。

喷洒塑料薄膜养生液养护适用于不易洒水养护的高耸构筑物和大面积混凝土结构及缺水地区。

对于表面积大的构件（如地坪、楼板、屋面、路面等），也可用湿土、湿砂覆盖，或沿构件周边用黏土等围住，在构件中间蓄水进行养护。

混凝土必须养护至其强度达到 1.2MPa 以上，才准在上面行人和架设支架、安装模板，且不得冲击混凝土，以免振动和破坏正在硬化过程中的混凝土的内部结构。

（四）钢结构工程

1. 钢结构的主要连接方法

（1）焊接

钢结构工程常用的焊接方法有：药皮焊条手工电弧焊、自动（半自动）埋弧焊、气体保护焊。

1）药皮焊条手工电弧焊：原理是在涂有药皮的金属电极与焊件之间施加电压，由于电极强烈放电导致气体电离，产生焊接电弧，高温下致使焊条和焊件局部熔化，形成气体、熔渣、熔池，气体和熔渣对熔池起保护作用，同时，熔渣与熔池金属产生冶炼反应后凝固成焊渣，冷却凝成焊缝，固态焊渣覆盖于焊缝金属表面后成型。

2）埋弧焊：生产效率较高的机械化焊接方法之一，又称焊剂层下自动电弧焊。焊丝与母材之间施加电压并相互接触放弧后使焊丝端部及电弧区周围的焊剂及母材熔化，形成金属熔滴、熔池及熔渣。金属熔池受到浮于表面的熔渣和焊剂蒸气的保护，不与空气接触，避免有害气体侵入。自动埋弧焊设备由交流或直流焊接电源、焊接小车、控制盒、电缆等附件组成。

3）气体保护焊：包括钨极氩弧焊（TIG）、熔化极气体保护焊（GMAW）。目前应用较多的是 CO_2 气体保护焊。CO_2 气体保护焊是采用喷枪喷出 CO_2 气体作为电弧焊的保护介质，使熔化金属与空气隔绝，保护焊接过程的稳定。

（2）螺栓连接

1）普通螺栓连接

建筑钢结构中常用的普通螺栓牌号为 Q235，很少采用其他牌号的钢材制作。普通螺栓强度等级较低，一般为 4.4 级、4.8 级、5.6 级和 8.8 级。例如 4.8S，"S"表示级，"4"表示栓杆抗拉强度为 400MPa，0.8 表示屈强比，则屈服强度为 400×0.8＝320MPa。建筑钢结构中使用的普通螺栓，一般为六角头螺栓，常用规格有 M8、M10、M12、M16、M20、M24、M30、M36、M42、M48、M56、M64 等。普通螺栓质量等级按加工制作质量及精度分为 A、B、C 三个等级，A 级加工精度最高，C 级最差，A 级螺栓为精制螺栓，B 级螺栓为半精制螺栓，A、B 级适用于拆装式结构或连接部位需传递较大剪力的重要结构中，C 级螺栓为粗制螺栓，由圆钢压制而成，适用于钢结构安装中的临时固定，或用于承受静载的次要连接。普通螺栓可重复使用，建筑结构主结构螺栓连接，一般应选用高强螺栓，高强螺栓不可重复使用，属于永久连接的预应力螺栓。

2）高强度螺栓连接

高强度螺栓按形状不同分为：大六角头型高强度螺栓和扭剪型高强度螺栓。大六角头高强度螺栓一般采用指针式扭力（测力）扳手或预置式扭力（定力）扳手施加预应力，目前使用较多的是电动扭矩扳手，按拧紧力矩的 50％进行初拧，然后按 100％拧紧力矩进行终拧，大型节点初拧后，按初拧力矩进行复拧，最后终拧。扭剪型高强度螺栓的螺栓头为盘头，栓杆端部有一个承受拧紧反力矩的十二角体（梅花头）和一个能在规定力矩下剪断的断颈槽。扭剪型高强度螺栓通过特制的电动扳手，拧紧时对螺母施加顺时针力矩，对梅花头施加逆时针力矩，终拧至栓杆端部断颈拧掉梅花头为止。

（3）自攻螺钉连接

自攻螺钉多用于薄金属板间的连接，连接时先对被连接板制出螺纹底孔，再将自攻螺钉拧入被连接件螺纹底孔中，由于自攻螺钉螺纹表面具有较高硬度（≥HRC45），其螺纹具有弧形三角截面普通螺纹，螺纹表面也具有较高硬度，可在被连接板的螺纹底孔中攻出内螺纹，从而形成连接。

（4）铆钉连接

铆钉连接按照铆接应用情况可以分为活动铆接、固定铆接、密缝铆接。铆接在建筑工程中一般不使用。

2. 钢结构安装施工工艺

（1）安装工艺流程

（2）安装施工要点

1）吊装施工

① 吊点采用四点绑扎，绑扎点应用软材料垫至其中以防钢构件受损。

② 起吊时先将钢构件吊离地面 50cm 左右，使钢构件中心对准安装位置中心，然后徐徐升钩，将钢构件吊至需连接位置即刹车对准预留螺栓孔，并将螺栓穿入孔内，初拧作临时固定，同时进行垂直度校正和最后固定，经校正后，并终拧螺栓作最后固定。

2）钢构件连接

① 钢构件螺栓连接

A. 钢构件拼装前应检查清除飞边、毛刺、焊接飞溅物等，摩擦面应保持干燥、整洁，不得在雨中作业。

B. 高强度螺栓在大六角头上部有规格和螺栓号，安装时其规格和螺栓号要与设计图上要求相同，螺栓应能自由穿入孔内，不得强行敲打，并不得气割扩孔，穿放方向符合设计图纸的要求。

C. 从构件组装到螺栓拧紧，一般要经过一段时间，为防止高强度螺栓连接副的扭矩系数、标高偏差、预拉力和变异系数发生变化，高强度螺栓不得兼作安装螺栓。

D. 为使被连接板叠密贴，应从螺栓群中央顺序向外施拧，即从节点中刚变大的中央按顺序向下受约束的边缘施拧。为防止高强度螺栓连接副的表面处理涂层发生变化影响预拉力，应在当天终拧完毕，为了减少先拧与后拧的高强度螺栓预拉力的差别，其拧紧必须分为初拧和终拧两步进行，对于大型节点，螺栓数量较多，则需要增加一道复拧工序，复拧扭矩仍等于初拧的扭矩，以保证螺栓均达到初拧值。

E. 高强度六角头螺栓施拧采用的扭矩扳手和检查采用的扭矩扳手在扳前和扳后均应进行扭矩校正。其扭矩误差应分别为使用扭矩的 ±5% 和 ±3%。

F. 高强度螺栓上、下接触面处加有 1/20 以上斜度时应采用垫圈垫平。高强度螺栓孔必须是钻成的，孔边应无飞边、毛刺，中心线倾斜度不得大于 2mm。

② 钢构件焊接连接

A. 焊接区表面及其周围 20mm 范围内，应用钢丝刷、砂轮、氧乙炔火焰等工具，彻底清除待焊处表面的氧化皮、锈、油污、水分等污物。施焊前，焊工应复核焊接件的接头质量和焊接区域的坡口、间隙、钝边等的处理情况。当发现有不符合要求时，应修整合格后方可施焊。

B. 厚度 12mm 以下板材，可不开坡口，采用双面焊，正面焊电流稍大，熔深达 65％～70％，反面达 40％～55％。厚度大于 12～20mm 的板材，单面焊后，背面清根，再进行焊接。厚度较大板，开坡口焊，一般采用手工打底焊。

C. 多层焊时，一般每层焊高为 4～5mm，多道焊时，焊丝离坡口面 3～4mm 处焊。

D. 填充层总厚度低于母材表面 1～2mm，稍凹，不得熔化坡口边。

E. 盖面层应使焊缝对坡口熔宽每边 3±1mm，调整焊速，使余高为 0～3mm。

F. 焊道两端加引弧板和熄弧板，引弧和熄弧焊缝长度应大于或等于 80mm。引弧和熄弧板长度应大于或等于 150mm。引弧和熄弧板应采用气割方法切除，并修磨平整，不得用锤击落。

G. 埋弧焊每道焊缝熔敷金属横截面的成型系数（宽度：深度）应大于 1。

H. 不应在焊缝以外的母材上打火引弧。

（五）防 水 工 程

1. 防水工程的主要种类

根据所用材料的不同，防水工程可分为柔性防水和刚性防水两大类。柔性防水用的是各类卷材和沥青胶结料等柔性材料；刚性防水采用的主要是砂浆和混凝土类的刚性材料。防水砂浆防水通过增加防水层厚度和提高砂浆层的密实性来达到防水要求。防水混凝土是通过采用较小的水灰比，适当增加水泥用量和砂率，提高灰砂比，采用较小的骨料粒径，严格控制施工质量等措施，从材料和施工两方面抑制和减少混凝土内部孔隙的形成，特别是抑制孔隙间的连通，堵塞渗透水通道，靠混凝土本身的密实性和抗渗性来达到防水要求的混凝土。为了提高混凝土的防水要求，还可通过在混凝土中加入一定量的外加剂，如减水剂、加气剂、防水剂及膨胀剂等，以改善混凝土性能和结构的组成，提高其密实性和抗渗性，达到防水要求。一般有加气剂防水混凝土、减水剂防水混凝土、三乙醇胺防水混凝土、氯化铁防水混凝土等。

按工程部位和用途，防水工程又可分为屋面防水工程、地下防水工程、楼地面防水工程三大类。

2. 防水工程施工工艺

（1）防水砂浆工程施工工艺

1）刚性多层抹面水泥砂浆防水施工

刚性多层抹面水泥砂浆防水工程是利用不同配合比的水泥浆和水泥砂浆分层分次施工，相互交替抹压密实，充分切断各层次毛细孔网，形成一多层防渗的封闭防水整体。

① 工艺流程

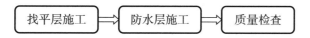

② 施工要点

A. 刚性防水层的背水面基层的防水层采用四层作法（"二素二浆"），迎水面基层的防水层采用五层作法（"三素二浆"）。普通水泥砂浆防水层的配合比按表 4-4 选用。

普通水泥砂浆防水层的配合比　　　　　　　　　　表 4-4

名称	配合比（质量比）		水灰比	适用范围
	水泥	砂		
素浆	1	—	0.55~0.60	水泥砂浆防水层的第一层
素浆	1	—	0.37~0.40	水泥砂浆防水层的第三、五层
砂浆	1	1.5~2.0	0.40~0.50	水泥砂浆防水层的第二、四层

B. 施工前要进行基层处理，清理干净表面、浇水润湿、补平表面蜂窝孔洞，使基层表面平整、坚实、粗糙，以增加防水层与基层间的粘结力。

C. 防水层每层应连续施工，素灰层与砂浆层应在同一天内施工完毕。为了保证防水层抹压密实，防水层各层间及防水层与基层间粘结牢固，必须作好素灰抹面、水泥砂浆揉浆和收压等施工关键工序。素灰层要求薄而均匀，抹面后不易干撒水泥粉。揉浆是使水泥砂浆素灰相互渗透结合牢固，即保护素灰层又起防水作用，揉浆时严禁加水，以免引起防水层开裂、起粉、起砂。

2）掺防水剂水泥砂浆防水施工

掺防水剂的水泥砂浆又称防水砂浆，是在水泥砂浆中掺入占水泥重量的 3%~5% 各种防水剂配制而成，常用的防水剂有氯化物金属盐类防水剂和金属皂类防水剂。

防水层施工时的环境温度为 5~35℃，必须在结构变形或沉降趋于稳定后进行。为防止裂缝产生，可在防水层内增设金属网片。其施工方法有：

① 抹压法。先在基层涂刷一层 1∶0.4 的水泥浆（重量比），随后分层铺抹防水砂浆，每层厚度为 5~10mm，总厚度不小于 20mm。每层应抹压密实，待下一层养护凝固后再铺抹上一层。

② 扫浆法。施工先在基层薄涂一层防水净浆，随后分层铺刷防水砂浆，第一层防水砂浆经养护凝固后铺刷第二层，每层厚度为 10mm，相邻两层防水砂浆铺刷方向互相垂直，最后将防水砂浆表面扫出条纹。

③ 氯化铁防水砂浆施工。先在基层涂刷一层防水净浆，然后抹底层防水砂浆，其厚 12mm 分两遍抹压，第一遍砂浆阴干后，抹压第二遍砂浆；底层防水砂浆抹完 12h 后，抹压面层防水砂浆，其厚 13mm 分两遍抹压，操作要求同底层防水砂浆。

3）聚合物水泥砂浆施工

掺入各种树脂乳液的防水砂浆，其抗渗能力，可单独用于防水工程或作防渗漏水工程的修补，获得较好的防水效果。因其价格较高，聚合物掺量比例要求较严。

（2）防水混凝土施工工艺

1）工艺流程

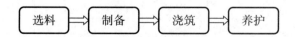

2）施工要点

① 选料：水泥强度等级不低于 42.5MPa，水化热低，抗水（软水）性好，泌水性小

（即保水性好），有一定的抗侵蚀性的水泥。粗骨料选用级配良好、粒径 5～30mm 的碎石。细骨料选用级配良好、平均粒径 0.4mm 的中砂。

② 制备：在保证能振捣密实的前提下水灰比尽可能小，一般不大于 0.6，坍落度不大于 50mm，水泥用量在 320～400kg/m³ 之间，砂率取 35%～40%。

③ 防水混凝土施工

A. 模板

防水混凝土所用模板，除满足一般要求外，应特别注意模板拼缝严密，保证不漏浆。对于贯穿墙体的对拉螺栓，要加止水片，做法是在对拉螺栓中部焊一块 2～3mm 厚，80mm×80mm 的钢板，止水片与螺栓必须满焊严密，拆模后沿混凝土结构边缘将螺栓割断。也可以使用膨胀橡胶止水片，做法是将膨胀橡胶止水片紧套于对拉螺栓中部即可。

B. 钢筋

为了有效地保护钢筋和阻止钢筋的引水作用，迎水面防水混凝土的钢筋保护层厚度不得小于 50mm。留设保护层，应以相同配合比的细石混凝土或水泥砂浆制成垫块，将钢筋垫起，严禁以钢筋垫钢筋。钢筋以及绑扎铁丝均不得接触模板。若采用铁马凳架设钢筋时，在不能取掉的情况下，应在铁马凳上加焊止水环，防止水沿铁马凳渗入混凝土结构。

C. 混凝土

在浇筑过程中，应严格分层连续浇筑，每层厚度不宜超过 300～400mm，机械振捣密实。浇筑防水混凝土的自由落下高度不得超过 1.5m。在常温下，混凝土终凝后（一般浇筑后 4～6h），就应在其表面覆盖草袋，并经常浇水养护，保持湿润，由于抗渗等级发展慢，养护时间比普通混凝土要长，故防水混凝土养护时间不少于 14d。防水混凝土结构拆模时，必须注意结构表面与周围气温的温差不应过大（一般不大于 15℃），否则会由于混凝土结构表面局部产生温度应力而出现裂缝，影响混凝土的抗渗性。拆模后应及时进行填土，以避免混凝土因干缩和温差产生裂缝，也有利于混凝土后期强度的增长和抗渗性提高。

D. 施工缝

底板混凝土应连续浇筑，不得留施工缝。墙体一般只允许留水平施工缝，其位置一般宜留在高出底板上表面不小于 500mm 的墙身上，如必须留设垂直施工缝时，则应留在结构的变形缝处。

为了使接缝严密，继续浇筑混凝土前，应将施工缝处混凝土凿毛，清除浮粒和杂物，用水清洗干净并保持湿润，在铺上一层厚 20～50mm 与混凝土成分相同的水泥砂浆，然后继续浇筑混凝土。

（3）防水涂料防水工程施工工艺

防水涂料防水层属于柔性防水层。

涂料防水层是用防水涂料涂刷于结构表面所形成的表面防水层。一般采用外防外涂和外防内涂施工方法。常用的防水涂料有橡胶沥青类防水涂料、聚氨酯防水涂料、硅橡胶防水涂料、丙烯酸酯防水涂料、沥青类防水涂料等。

1）工艺流程

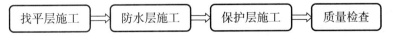

找平层施工 → 防水层施工 → 保护层施工 → 质量检查

2）施工要点

① 找平层施工（表 4-5）

找平层的种类及施工要求　　　　　　　　　　　表 4-5

找平层类别	施工要点	施工注意事项
水泥砂浆找平层	（1）砂浆配合比要称量准确，搅拌均匀，砂浆铺设应按由远到近、由高到低的程序进行，在每一分格内最好一次连续抹成，并用 2m 左右的直尺找平，严格掌握坡度。 （2）待砂浆稍收水后，用抹子抹平压实压光。终凝前，轻轻取出嵌缝木条。 （3）铺设找平层 12h 后，需洒水养护或喷冷底子油养护。 （4）找平层硬化后，应用密封材料嵌填分格缝	（1）注意气候变化，如气温在 0℃以下，或终凝前可能下雨时，不宜施工。 （2）底层为塑料薄膜隔离层防水层或不吸水保温层时，宜在砂浆中加减水剂并严格控制稠度。 （3）完工后表面少踩踏。砂浆表面不允许撒干水泥或水泥浆压光。 （4）屋面结构为装配式钢筋混凝土屋面板时，应用细石混凝土嵌缝，嵌缝的细石混凝土宜掺微膨胀剂，强度等级不应小于 C20。当板缝宽度大于 40mm 或上窄下宽时，板缝内应设置构造钢筋。灌缝高度应与板平齐，板端应用密封材料嵌缝
沥青砂浆找平层	（1）基层必须干燥，然后满涂冷底子油 1～2道，涂刷要薄而均匀，不得有气泡和空白，涂刷后表面保持清洁。 （2）待冷底子油干燥后可铺设沥青砂浆，其虚铺厚度约为压实后厚度的 1.30～1.40 倍。 （3）待砂浆刮平后，即用火滚进行滚压（夏天温度较高时，筒内可不生火）。滚压至平整、密实、表面没有蜂窝、不出现压痕为止。滚筒应保持清洁，表面可涂刷柴油。滚压不到之处可用烙铁烫平整，施工完毕后避免在上面踩踏。 （4）施工缝应留成斜槎，继续施工时接槎处应清理干净并刷热沥青一遍，然后铺沥青砂浆，用火滚或烙铁烫平	（1）检查屋面板等基层安装牢固程度。不得有松动之处。屋面应平整、找好坡度并清扫干净。 （2）雾、雨、雪天不得施工。一般不宜在气温 0℃以下施工。如在严寒地区必须在气温 0℃以下施工时应采取相应的技术措施（如分层分段流水施工及采取保温措施等）
细石混凝土找平层	（1）细石混凝土宜采用机械搅拌和机械振捣。浇筑时混凝土的坍落度应控制在 10mm，浇捣密实。灌缝高度应低于板面 10～20mm。表面不宜压光。 （2）浇筑完缝混凝土后，应及时覆盖并浇水养护 7d，待混凝土强度等级达到 C15 时，方可继续施工	施工前用细石混凝土对管壁四周处稳固堵严并进行密封处理，施工时节点处应清洗干净予以润湿，吊模后振捣密实。沿管的周边划出 8～10mm 沟槽，采用防水类卷材、涂料或油膏裹住立管、套管和地漏的沟槽内，以防止楼面的水有可能顺管道接缝处出现渗漏现象

② 防水层施工

A. 涂刷基层处理剂

基层处理剂涂刷时应用刷子用力薄涂，使涂料尽量刷进基层表面的毛细孔。并将基层可能留下的少量灰尘等无机杂质，像填充料一样混入基层处理剂中，使之与基层牢固结合。这样即使屋面上灰尘不能完全清扫干净，也不会影响涂层与基层的牢固粘结。特别在较为干燥的屋面上进行溶剂型防水涂料施工时，使用基层处理剂打底后再进行防水涂料涂刷，效果相当明显。

B. 涂布防水涂料

厚质涂料宜采用铁抹子或胶皮板刮涂施工；薄质涂料可采用棕刷、长柄刷、圆滚刷等进行人工涂布，也可采用机械喷涂。涂料涂布应分条或按顺序进行，分条进行时，每条宽度应与胎体增强材料宽度相一致，以避免操作人员踩踏刚涂好的涂层。流平性差的涂料，为便于抹压，加快施工进度，可以采用分条间隔施工的方法，条带宽 800～1000mm。

C. 铺设胎体增强材料

在涂刷第 2 遍涂料时或第 3 遍涂料涂刷前，即可加铺胎体增强材料。胎体增强材料可采用湿铺法或干铺法铺贴。

湿铺法是在第 2 遍涂料涂刷时，边倒料、边涂布、边铺贴的操作方法。

干铺法是在上道涂层干燥后，边干铺胎体增强材料，边在已展平的表面上用刮板均匀满刮一道涂料。也可将胎体增强材料按要求在已干燥的涂层上展平后，用涂料将边缘部位点粘固定，然后再在上面满刮一道涂料，使涂料浸入网眼渗透到已固化的涂膜上。

胎体增强材料可以是单一品种的，也可以采用玻璃纤维布和聚酯纤维布混合使用。混合使用时，一般下层采用聚酯纤维布，上层采用玻璃纤维布。

D. 收头处理

为了防止收头部位出现翘边现象，所有收头均应用密封材料压边，压边宽度不得小于 10mm，收头处的胎体增强材料应裁剪整齐，如有凹槽时应压入凹槽内，不得出现翘边、皱折、露白等现象，否则应进行处理后再涂封密封材料。

③ 保护层施工（表 4-6）

保护层的种类及施工要求　　　　　　　　　　　　　　　　　　表 4-6

保护层类别	施工要点	施工注意事项
细石混凝土保护层	适宜顶板和底板使用。先以氯丁系胶粘剂（如 404 胶等）花粘虚铺一层石油沥青纸胎油毡作保护隔离层，再在油毡隔离层上浇筑细石混凝土，用于顶板保护层时厚度不应小于 70mm。用于底板时厚度不应小于 50mm	浇筑混凝土时不得损坏油毡隔离层和卷材防水层，如有损坏应及时用卷材接缝胶粘剂补粘一块卷材修补牢固。再继续浇筑细石混凝土
水泥砂浆保护层	适宜立面使用。在三元乙丙等高分子卷材防水层表面涂刷胶粘剂，以胶粘剂撒粘一层细砂，并用压辊轻轻滚压使细砂粘牢在防水层表面，然后再抹水泥砂浆保护层。使之与防水层能粘结牢固，起到保护立面卷材防水层的作用	
泡沫塑料保护层	适用于立面。在立面卷材防水层外侧用氯丁系胶粘剂直接粘贴 5～6mm 厚的聚乙烯泡沫塑料板做保护层。也可以用聚醋酸乙烯乳液粘贴 40mm 厚的聚苯泡沫塑料做保护层	这种保护层为轻质材料，故在施工及使用过程中不会损坏卷材防水层
砖墙保护层	适用于立面。在卷材防水层外侧砌筑永久保护墙，并在转角处及每隔 5～6m 处断开，断开的缝中填以卷材条或沥青麻丝；保护墙与卷材防水层之间的空隙应随时以砌筑砂浆填实	要注意在砌砖保护墙时，切勿损坏已完工的卷材防水层

（4）卷材防水工程施工工艺

1）工艺流程

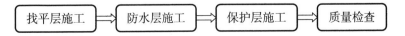

找平层施工 → 防水层施工 → 保护层施工 → 质量检查

2）施工要点

① 地面防水可采用在水泥类找平层上铺设沥青类防水卷材、防水涂料或水泥类材料防水层，以涂膜防水最佳。

② 水泥类找平层表面应坚固、洁净、干燥。铺设防水卷材或涂刷涂料前应涂刷基层处理剂，基层处理剂应采用与卷材性能配套（相容）的材料，或采用同类涂料的底子油。

③ 当采用掺有防水剂的水泥类找平层作为防水隔离层时，防水剂的掺入量和水泥强度等级（或配合比）应符合设计要求。

④ 地面防水层应做在面层以下，四周卷起，高出地面不小100mm。

⑤ 地面向地漏处的排水坡度一般为2‰～3‰，地漏周围50mm范围内的排水坡度为3‰～5‰。地漏标高应根据门口至地漏的坡度确定，地漏上口标高应低于周围20mm以上，以利于排水畅通。地面排水坡度和坡向应正确，不可出现倒坡和低洼。

⑥ 所有穿过防水层的预埋件、紧固件注意联结可靠（空心砌体，必要时应将局部用C10混凝土填实），其周围均应采用高性能密封材料密封。洁具、配件等设备沿墙周边及地漏口周围、穿墙、地管道周围均应嵌填密封材料，地漏离墙面净距离宜≥80mm。

⑦ 轻质隔墙离地100～150mm以下应做成C15混凝土；混凝土空心砌块砌筑的隔墙，最下一层砌块之空心应用C10混凝土填实；卫生间防水层宜从地面向上一直做到楼板底；公共浴室还应在平顶粉刷中加作聚合物水泥基防水涂膜，厚度≥0.5mm。

⑧ 卷材防水应采用沥青防水卷材或高聚物改性沥青防水卷材，所选用的基层处理剂、胶粘剂应与卷材配套。防水卷材及配套材料应有产品合格证书和性能检测报告，材料的品种、规格、性能等应符合现行国家产品标准和设计要求。

五、施工项目管理

施工项目管理是指建筑企业运用系统的观点、理论和方法对施工项目进行的决策、计划、组织、控制、协调等全过程的全面管理。

施工项目管理具有以下特点：

(1) 施工项目管理的主体是建筑企业。其他单位都不进行施工项目管理，例如建设单位对项目的管理称为建设项目管理，设计单位对项目的管理称为设计项目管理。

(2) 施工项目管理的对象是施工项目。施工项目管理周期包括工程投标、签订施工合同、施工准备、施工、竣工验收、保修等。施工项目具有多样性、固定性和体型庞大等特点，因此施工项目管理具有先有交易活动，后有"生产成品"，生产活动和交易活动很难分开等特殊性。

(3) 施工项目管理的内容是按阶段变化的。由于施工项目各阶段管理内容差异大，因此要求管理者必须进行有针对性的动态管理，要使资源优化组合，以提高施工效率和效益。

(4) 施工项目管理要求强化组织协调工作。由于施工项目生产活动具有独特性（单件性）、流动性、露天作业、工期长、需要资源多，且施工活动涉及的经济关系、技术关系、法律关系、行政关系和人际关系复杂等特点，因此，必须通过强化组织协调工作才能保证施工活动的顺利进行。主要强化办法是优选项目经理，建立调度机构，配备称职的调度人员，努力使调度工作科学化、信息化，建立起动态的控制体系。

（一）施工项目管理的内容及组织

1. 施工项目管理的内容

施工项目管理包括以下八方面内容：

(1) 建立施工项目管理组织

由企业法定代表人采用适当方式选聘称职的施工项目经理；根据施工项目管理组织原则，结合工程规模、特点，选择合适的组织形式，建立施工项目管理机构，明确各部门、各岗位的责任、权限和利益；在符合企业规章制度的前提下，根据施工项目管理的需要，制定施工项目经理部管理制度。

(2) 编制施工项目管理规划

在工程投标前，由企业管理层编制施工项目管理大纲，对施工项目管理从投标到保修期满进行全面的纲要性规划。施工项目管理大纲可以用施工组织设计替代。

在工程开工前，由项目经理组织编制施工项目管理实施规划，对施工项目管理从开工到交工验收进行全面的指导性规划。当承包人以施工组织设计代替项目管理规划时，施工组织设计应满足项目管理规划的要求。

（3）施工项目的目标控制

在施工项目实施的全过程中，应对项目质量、进度、成本和安全目标进行控制，以实现项目的各项约束性目标。控制的基本过程是：确定各项目标控制标准；在实施过程中，通过检查、对比，衡量目标的完成情况；将衡量结果与标准进行比较，若有偏差，分析原因，采取相应的措施以保证目标的实现。

（4）施工项目的生产要素管理

施工项目的生产要素主要包括劳动力、材料、设备、技术和资金。管理生产要素的内容有：分析各生产要素的特点；按一定的原则、方法，对施工项目的生产要素进行优化配置并评价；对施工项目各生产要素进行动态管理。

（5）施工项目的合同管理

为了确保施工项目管理及工程施工的技术组织效果和目标实现，从工程投标开始，都要加强工程承包合同的策划、签订、履行和管理。同时，还应做好索赔工作，讲究索赔的方法和技巧。

（6）施工项目的信息管理

进行施工项目管理和施工项目目标控制、动态管理，必须在项目实施的全过程中，充分利用计算机对项目有关的各类信息进行收集、整理、储存和使用，提高项目管理的科学性和有效性。

（7）施工现场的管理

在施工项目实施过程中，应对施工现场进行科学有效的管理，以达到文明施工、保护环境、塑造良好的企业形象、提高施工管理水平的目的。

（8）组织协调

协调和控制都是计划目标实现的保证。在施工项目实施过程中，应进行组织协调，沟通和处理好内部及外部的各种关系，排除各种干扰和障碍。

2. 施工项目管理的组织机构

（1）施工项目管理组织的主要形式

施工项目管理组织的形式是指在施工项目管理组织中处理管理层次、管理跨度、部门设置和上下级关系的组织结构的类型。主要的管理组织形式有工作队式、部门控制式、矩阵制式、事业部式等。

1）工作队式项目组织

如图 5-1 所示，工作队式项目组织是指主要由企业中有关部门抽出管理力量组成施工项目经理部的方式，企业职能部门处于服务地位。

工作队式项目组织适用于大型项目，工期要求紧，要求多工种、多部门密切配合的项目。

2）部门控制式项目组织

部门控制式并不打乱企业的现行建制，把项目委托给企业某一专业部门或某一施工队，由被委托的单位负责组织项目实施，其形式如图 5-2 所示。

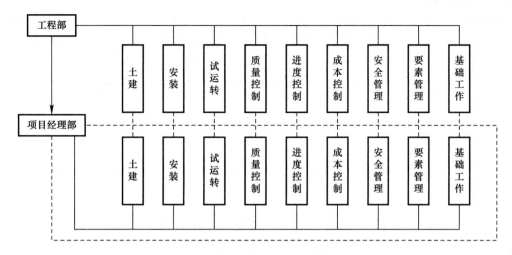

图 5-1　工作队式项目组织形式示意

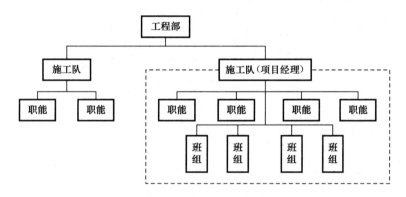

图 5-2　部门控制式项目组织形式示意

部门控制式项目组织一般适用于小型的、专业性较强、不需涉及众多部门的施工项目。

3）矩阵制项目组织

矩阵制项目组织是指结构形式呈矩阵状的组织，其项目管理人员由企业有关职能部门派出并进行业务指导，接受项目经理的直接领导，其形式如图 5-3 所示。

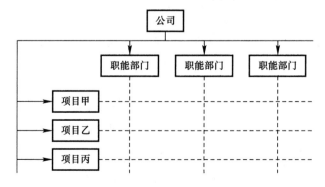

图 5-3　矩阵制项目组织形式示意

矩阵制项目组织适用于同时承担多个需要进行项目管理工程的企业。在这种情况下，各项目对专业技术人才和管理人员都有需求，加在一起数量较大，采用矩阵制组织可以充分利用有限的人才对多个项目进行管理，特别有利于发挥优秀人才的作用；适用于大型、复杂的施工项目。因大型复杂的施工项目要求多部门、多技术、多工种配合实施，在不同阶段，对不同人员，在数量和搭配上有不同的需求。

4）事业部式项目组织

企业成立事业部，事业部对企业来说是职能部门，对外界来说享有相对独立的经营权，是一个独立单位。事业部可以按地区设置，也可以按工程类型或经营内容设置，其形式如图 5-4 所示。

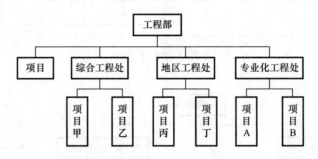

图 5-4　事业部式项目组织形式示意

在事业部下边设置项目经理部。项目经理由事业部选派，一般对事业部负责，有的可以直接对业主负责，这是根据其授权程度决定的。

事业部式适用于大型经营性企业的工程承包，特别是适用于远离公司本部的工程承包。需要注意的是，一个地区只有一个项目，没有后续工程时，不宜设立地区事业部，也就是说它适用于在一个地区内有长期市场或一个企业有多种专业化施工力量时采用。在这种情况下，事业部与地区市场同寿命，地区没有项目时，该事业部应撤销。

（2）施工项目经理部

施工项目经理部是由企业授权，在施工项目经理的领导下建立的项目管理组织机构，是施工项目的管理层，其职能是对施工项目实施阶段进行综合管理。

1）项目经理部的性质

施工项目经理部的性质可以归纳为以下三方面：

① 相对独立性。施工项目经理部的相对独立性主要是指它与企业存在着双重关系。一方面，它作为企业的下属单位，同企业存在着行政隶属关系，要绝对服从企业的全面领导；另一方面，它又是一个施工项目独立利益的代表，存在着独立的利益，同企业形成一种经济承包或其他形式的经济责任关系。

② 综合性。施工项目经理部的综合性主要表现在以下几方面：

A. 施工项目经理部是企业所属的经济组织，主要职责是管理施工项目的各种经济活动。

B. 施工项目经理部的管理职能是综合的，包括计划、组织、控制、协调、指挥等多方面。

C. 施工项目经理部的管理业务是综合的，从横向看包括人、财、物、生产和经营活动，从纵向看包括施工项目寿命周期的主要过程。

③ 临时性。施工项目经理部是企业一个施工项目的责任单位，随着项目的开工而成立，随着项目的竣工而解体。

2）项目经理部的作用

① 负责施工项目从开工到竣工的全过程施工生产经营的管理，对作业层负有管理与服务的双重责任；

② 为项目经理决策提供信息依据，执行项目经理的决策意图，由项目经理全面负责；

③ 项目经理部作为项目团队，应具有团队精神，完成企业所赋予的基本任务——项目管理，凝聚管理人员的力量，协调部门之间、管理人员之间的关系，影响和改变管理人员的观念和行为，沟通部门之间、项目经理部与作业队之间、与公司之间、与环境之间的关系；

④ 项目经理部是代表企业履行工程承包合同的主体，对项目产品和建设单位负责。

3）建立施工项目经理部的基本原则

① 根据所设计的项目组织形式设置。因为项目组织形式与项目的管理方式有关，与企业对项目经理部的授权有关。不同的组织形式对项目经理部的管理力量和管理职责提出了不同要求，提供了不同的管理环境。

② 根据施工项目的规模、复杂程度和专业特点设置。例如，大型项目经理部可以设职能部、处；中型项目经理部可以设处、科；小型项目经理部一般只需设职能人员即可。如果项目的专业性强，便可设置专业性强的职能部门，如水电处、安装处、打桩处等。

③ 根据施工工程任务需要调整。项目经理部是一个具有弹性的一次性管理组织，随着工程项目的开工而组建，随着工程项目的竣工而解体，不应搞成一级固定性组织。在工程施工开始前建立，在工程竣工交付使用后解体。项目经理部不应有固定的作业队伍，而是根据施工的需要，由企业（或授权给项目经理部）在社会市场吸收人员，进行优化组合和动态管理。

④ 适应现场施工的需要。项目经理部的人员配置应面向现场，满足现场的计划与调度、技术与质量、成本与核算、劳务与物资、安全与文明施工的需要。而不应设置专营经营与咨询、研究与发展、政工与人事等与项目施工关系较少的非生产性管理部门。

4）施工项目的劳动组织

施工项目的劳动力来源于社会的劳务市场，应从以下三方面进行组织和管理：

① 劳务输入。坚持"计划管理、定向输入、市场调节、双向选择、统一调配、合理流动"的方针。

② 劳动力组织。劳务队伍均要以整建制进入施工项目，由项目经理部和劳务分公司配合，双方协商共同组建栋号（作业）承包队，栋号（作业）承包队的组建要注意打破工种界限，实行混合编组，提倡一专多能、一岗多职。

③ 项目经理部对劳务队伍的管理。对于施工劳务分包公司组建的现场施工作业队，除配备专职的栋号负责人外，还要实行"三员"管理岗位责任制：即由项目经理派出专职质量员、安全员、材料员，实行一线职工操作全过程的监控、检查、考核和严格管理。

5）项目经理部部门设置

目前国家对项目经理部的设置规模尚无具体规定。结合有关企业推行施工项目管理的实际，一般按项目的使用性质和规模分类。只有当施工项目的规模达到以下要求时才实行施工项目管理：1 万 m² 以上的公共建筑、工业建筑、住宅建设小区及其他工程项目投资在 500 万元以上的，均实行项目管理。

一般项目经理部可设置以下 5 个部门：

① 经营核算部门。主要负责工程预结算、合同与索赔、资金收支、成本核算、工资分配等工作。

② 技术管理部门。主要负责生产调度、文明施工、劳动管理、技术管理、施工组织设计、计划统计等工作。

③ 物资设备供应部门。主要负责材料的询价、采购、计划供应、管理、运输、工具管理、机械设备的租赁配套使用等工作。

④ 质量安全监控管理部门。主要负责工程质量、安全管理、消防保卫、环境保护等工作。

⑤ 测试计量部门。主要负责计量、测量、试验等工作。

6）项目部岗位设置及职责

① 岗位设置

根据项目大小不同，人员安排不同，项目部领导层从上往下设置项目经理、项目技术负责人等；项目部设置最基本的五大岗位：施工员、质量员、安全员、资料员、测量员，其他还有材料员、标准员、机械员、劳务员等。

图 5-5 为某项目部组织机构框图。

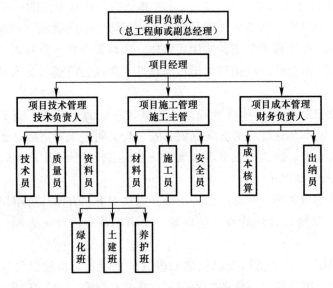

图 5-5　某项目部组织机构框图

② 岗位职责

在现代施工企业的项目管理中，施工项目经理是施工项目的最高责任人和组织者，是决定施工项目盈亏的关键性角色。

一般说来，人们习惯于将项目经理定位于企业的中层管理者或中层干部，然而由于项目管理及项目环境的特殊性，在实践中的项目经理所行使的管理职权与企业职能部门的中层干部往往是有所不同的。前者体现在决策职能的增强上，着重于目标管理；而后者则主要表现为控制职能的强化，强调和讲究的是过程管理。实际上，项目经理应该是职业经理式的人物，是复合型人才，是通才。他应该懂法律、善管理、会经营、敢负责、能公关等，具有各方面的较为丰富的经验和知识，而职能部门的负责人则往往是专才，是某一技术专业领域的专家。对项目经理的素质和技能要求在实践中往往是同企业中的总经理完全相同的。

项目技术负责人是在项目部经理的领导下，负责项目部施工生产、工程质量、安全生产和机械设备管理工作。

施工员、质量员、安全员、资料员、测量员、材料员、标准员、机械员、劳务员都是项目的专业人员，是施工现场的管理者。

7）项目经理部的解体

项目经理部是一次性具有弹性的施工现场生产组织机构，工程临近结尾时，业务管理人员乃至项目经理要陆续撤走，因此，必须重视项目经理部的解体和善后工作。企业工程管理部门是项目经理部解体善后工作的主管部门，主要负责项目经理部的解体后工程项目在保修期间问题的处理，包括因质量问题造成的返（维）修、工程剩余价款的结算以及回收等。

（二）施工项目目标控制

施工项目目标控制包括施工项目进度控制、施工项目质量控制、施工项目成本控制、施工项目安全控制四个方面。

（1）施工项目进度控制

施工项目进度控制指在既定的工期内，编制出最优的施工进度计划，在执行该计划的施工中，经常检查施工实际进度情况，并将其与计划进度相比较，若出现偏差，便分析产生的原因和对工期的影响程度，找出必要的调整措施，修改原计划，不断地如此循环，直至工程竣工验收。施工项目进度控制的总目标是确保施工项目的合同工期的实现，或者在保证施工质量和不因此而增加施工实际成本的条件下，适当缩短工期。

（2）施工项目质量控制

施工项目质量控制是指对项目的实施情况进行监督、检查和测量，并将项目实施结果与事先制定的质量标准进行比较，判断其是否符合质量标准，找出存在的偏差，分析偏差形成原因的一系列活动。项目质量控制贯穿于项目实施的全过程。

（3）施工项目成本控制

施工项目成本控制指在成本形成过程中，根据事先制定的成本目标，对企业经常发生的各项生产经营活动按照一定的原则，采用专门的控制方法，进行指导、调节、限制和监督，将各项生产费用控制在原来所规定的标准和预算之内。如果发生偏差或问题，应及时进行分析研究，查明原因，并及时采取有效措施，不断降低成本，以保证实现规定的成本目标。

（4）施工项目安全控制

施工项目安全控制指经营管理者对施工生产过程中的安全生产工作进行的策划、组织、指挥、协调、控制和改进的一系列活动，其目的是保证在生产经营活动中的人身安全、资产安全，促进生产的发展，保持社会的稳定。安全管理的对象是生产中一切人、物、环境、管理状态，安全管理是一种动态管理。

1. 施工项目目标控制的任务

施工项目目标控制的任务是进行以项目进度控制、质量控制、成本控制和安全控制为主要内容的四大目标控制。这四项目标是施工项目的约束条件，也是施工效益的象征。其中前三项目标是指施工项目成果，而安全目标则是指施工过程中人和物的状态。也就是说，安全既指人身安全，又指财产安全。所以，安全控制既要克服人的不安全行为，又要克服物的不安全状态。

施工项目目标控制的任务见表5-1。

施工项目目标控制的任务　　　　　　　　　　　表 5-1

控制目标	具体控制任务
进度控制	使施工顺序合理，衔接关系适当，连续、均衡、有节奏地施工，实现计划工期，提前完成合同工期
质量控制	使分部分项工程达到质量检验评定标准的要求，实现施工组织设计中保证施工质量的技术组织措施和质量等级，保证合同质量目标等级的实现
成本控制	实现施工组织设计的降低成本措施，降低每个分项工程的直接成本，实现项目经理部的盈利目标，实现公司利润目标及合同造价
安全控制	实现施工组织设计的安全设计和措施，控制劳动者、劳动手段和劳动对象，控制环境，实现安全目标，使人的行为安全，物的状态安全，断绝环境危险源
施工现场控制	科学组织施工，使场容场貌、料具堆放与管理、消防保卫、环境保护及职工生活均符合规定要求

2. 施工项目目标控制的措施

（1）施工项目进度控制的措施

施工项目进度控制的措施主要有组织措施、技术措施、合同措施、经济措施和信息管理措施等。

组织措施主要是指落实各级进度控制的人员及其具体任务和工作责任，建立进度控制的组织系统；按照施工项目的结构、施工阶段或合同结构的层次进行项目分解，确定各分项进度控制的工期目标，建立进度控制的工期目标体系；建立进度控制的工作制度，如定期检查的时间、方法，召开协调会议的时间、参加人员等，并对影响施工实际进度的主要因素进行分析和预测，制订调整施工实际进度的组织措施。

技术措施主要是指应尽可能采用先进的施工技术、方法和新材料、新工艺、新技术，保证进度目标实现；落实施工方案，在发生问题时，能适时调整工作之间的逻辑关系，加快施工进度。

合同措施是指以合同形式保证工期进度的实现，即保持总进度控制目标与合同总工期相一致；分包合同的工期与总包合同的工期相一致；供货、供电、运输、构件加工等合同规定的提供服务时间与有关的进度控制目标相一致。

经济措施是指要制订切实可行的实现施工计划进度所必需的资金保证措施，包括落实实现进度目标的保证资金；签订并实施关于工期和进度的经济承包责任制；建立并实施关于工期和进度的奖惩制度。

信息管理措施是指建立完善的工程统计管理体系和统计制度，详细、准确、定时地收集有关工程实际进度情况的资料和信息，并进行整理统计，得出工程施工实际进度完成情况的各项指标，将其与施工计划进度的各项指标进行比较，定期地向建设单位提供施工进度比较报告。

（2）施工项目质量控制的措施

1）提高管理、施工及操作人员自身素质

管理、施工及操作人员素质的高低对工程质量起决定性的作用。首先，应提高所有参与工程施工人员的质量意识，让他们树立五大观念，即质量第一的观念、预控为主的观念、为用户服务的观念、用数据说话的观念以及社会效益与企业效益相结合的综合效益观念。其次，要搞好人员培训，提高员工素质。要对现场施工人员进行质量知识、施工技术、安全知识等方面的教育和培训，提高施工人员的综合素质。

2）建立完善的质量保证体系

工程项目质量保证体系是指现场施工管理组织的施工质量自控系统或管理系统，即施工单位为保证工程项目的质量管理和目标控制，以现场施工管理组织机构为基础，通过质量目标的确定和分解，管理人员和资源的配置，质量管理制度的建立和完善，形成具有质量控制和质量保证能力的工作系统。

施工项目质量保证体系的内容应根据施工管理的需要并结合工程特点进行设置，具体如下：

① 施工项目质量控制的目标体系；

② 施工项目质量控制的工作分工；

③ 施工项目质量控制的基本制度；

④ 施工项目质量控制的工作流程；

⑤ 施工项目质量计划或施工组织设计；

⑥ 施工项目质量控制点的设置和控制措施的制订；

⑦ 施工项目质量控制关系网络设置及运行措施。

3）加强原材料质量控制

一是提高采购人员的政治素质和质量鉴定水平，使那些有一定专业知识又忠于事业的人担任该项工作。二是采购材料要广开门路，综合比较，择优进货。三是施工现场材料人员要会同工地负责人、甲方等有关人员对现场设备及进场材料进行检查验收。特殊材料要有说明书和试验报告、生产许可证，对钢材、水泥、防水材料、混凝土外加剂等必须进行复试和见证取样试验。

4）提高施工的质量管理水平

每项工程有总体施工方案，每一分项工程施工之前也要做到方案先行，并且施工方案必须实行分级审批制度，方案审完后还要做出样板，反复对样板中存在的问题进行修改，直至达到设计要求方可执行。在工程实施过程中，根据出现的新问题、新情况，及时对施工方案进行修改。

5）确保施工工序的质量

工程项目的施工过程，是由一系列相互关联、相互制约的工序所构成，工序质量是构成工程质量的最基本的单元，上道工序存在质量缺陷或隐患，不仅使本工序质量达不到标准的要求，而且直接影响下道工序及后续工程的质量与安全，进而影响最终成品的质量。因此，在施工中要建立严格的交接班检查制度，在每一道工序进行中，必须坚持自检、互检。如监理人员在检查时发现质量问题，应分析产生问题的原因，要求承包人采取合适的措施进行修整或返工。处理完毕，合格后方可进行下一道工序施工。

6）加强施工项目的过程控制

施工人员的控制。施工项目管理人员由项目经理统一指挥，各自按照岗位标准进行工作，公司随时对项目管理人员的工作状态进行考核，并如实记录考查结果存入工程档案之中，依据考核结果，奖优罚劣。

施工材料的控制。施工材料的选购，必须是经过考查后合格的、信誉好的材料供应商，在材料进场前必须先报验，经检测部门检测合格后的材料方能使用，从而保证质量，又能节约成本。

施工工艺的控制。施工工艺的控制是决定工程质量好坏的关键。为了保证工艺的先进性、合理性，公司工程部针对分项分部工程编制作业指导书，并下发各基层项目部技术人员，合理安排创造良好的施工环境，保证工程质量。

加强专项检查，开展自检、专检、互检活动，及时解决问题。各工序完工后由班组长组织质检员对本工序进行自检、互检。自检时，严格执行技术交底及现行规程、规范，在自检中发现问题由班组自行处理并填写自检记录，班组自检记录填写完善，自检的问题已确实修正后，方可由项目专职质检员进行验收。

（3）施工项目安全控制的措施

1）安全制度措施

项目经理部必须执行国家、行业、地区安全法规、标准，并以此制定本项目的安全管理制度，主要包括：

① 行政管理方面：安全生产责任制度；安全生产例会制度；安全生产教育制度；安全生产检查制度；伤亡事故管理制度；劳保用品发放及使用管理制度；安全生产奖惩制度；工程开竣工的安全制度；施工现场安全管理制度；安全技术措施计划管理制度；特殊作业安全管理制度；环境保护、工业卫生工作管理制度；锅炉、压力容器安全管理制度；场区交通安全管理制度；防火安全管理制度；意外伤害保险制度；安全检举和控告制度等。

② 技术管理方面：关于施工现场安全技术要求的规定；各专业工种安全技术操作规程；设备维护检修制度等。

2）安全组织措施

① 建立施工项目安全组织系统。

② 建立与项目安全组织系统相配套的各专业、各部门、各生产岗位的安全责任系统。

③ 建立项目经理的安全生产职责及项目班子成员的安全生产职责。

④ 作业人员安全纪律。现场作业人员与施工安全生产关系最为密切，他们遵守安全生产纪律和操作规程是安全控制的关键。

3）安全技术措施

施工准备阶段的安全技术措施见表 5-2，施工阶段的安全技术措施见表 5-3。

施工准备阶段的安全技术措施　　　　　　　表 5-2

	内　容
技术准备	① 了解工程设计对安全施工的要求； ② 调查工程的自然环境（水文、地质、气候、洪水、雷击等）和施工环境（地下设施、管道及电缆的分布与走向、粉尘、噪声等）对施工安全的影响，及施工时对周围环境安全的影响； ③ 当改扩建工程施工与建设单位使用或生产发生交叉可能造成双方伤害时，双方应签订安全施工协议，搞好施工与生产的协议，以明确双方责任，共同遵守安全事项； ④ 在施工组织设计中，编制切实可行、行之有效的安全技术措施，并严格履行审批手续，送安全部门备案
物资准备	① 及时供应质量合格的安全防护用品（安全帽、安全带、安全网等）满足施工需要； ② 保证特殊工种（电工、焊工、爆破工、起重工等）使用的工具器械质量合格，技术性能良好； ③ 施工机具、设备（起重机、卷扬机、电锯、平面刨、电气设备）、车辆等需经安全技术性能检测，鉴定合格、防护装置齐全、制动装置可靠，方可进场使用； ④ 施工周转材料（脚手杆、扣件、跳板等）须经认真挑选，不符合安全要求的禁止使用
施工现场准备	① 按施工总平面图要求做好现场施工准备； ② 现场各种临时设施和库房的布置，特别是炸药库、油库的布置，易燃易爆品的存放都必须符合安全规定和消防要求，并经公安消防部门批准； ③ 电气线路、配电设备应符合安全要求，有安全用电防护措施； ④ 场内道路应通畅，设交通标志，危险地带设危险信号及禁止通行标志，以保证行人和车辆通行安全； ⑤ 现场周围和陡坡及沟坑处设好围栏、防护板，现场入口处设"无关人员禁止入内"的标志及警示标志； ⑥ 塔式起重机等起重设备安置应与输电线路、永久的或临设的工程间要有足够的安全距离，避免碰撞，以保证搭设脚手架、安全网的施工距离； ⑦ 现场设消火栓，应有足够有效的灭火器材
施工队伍准备	① 新工人、特殊工种工人须经岗位技术培训与安全教育后，持合格证上岗； ② 高险难作业工人须经身体检查合格后，方可施工作业； ③ 施工负责人在开工前，应向全体施工人员进行入场前的安全技术交底，并逐级签发"安全交底任务单"

施工阶段的安全技术措施　　　　　　　　表 5-3

	内　容
一般施工	① 单项工程、单位工程均有安全技术措施，分部分项工程有安全技术具体措施，施工前由技术负责人向有关人员进行安全技术交底； ② 安全技术应与施工生产技术相统一，各项安全技术措施必须在相应的工序施工前做好； ③ 操作者严格遵守相应的操作规程，实行标准化作业； ④ 施工现场的危险地段应设有防护、保险、信号装置及危险警示标志； ⑤ 针对采用的新工艺、新技术、新设备、新结构制定专门的施工安全技术措施； ⑥ 有预防自然灾害（防台风、雷击、防洪排水、防暑降温、防寒、防冻、防滑等）的专门安全技术措施； ⑦ 在明火作业（焊接、切割、熬沥青等）现场应有防火、防爆安全技术措施； ⑧ 有特殊工程、特殊作业的专业安全技术措施，如土石方施工安全技术、爆破安全技术、脚手架安全技术、起重吊装安全技术、电气安全技术、高处作业及主体交叉作业安全技术、焊割安全技术、防火安全技术、交通运输安全技术、安装工程安全技术、烟囱及筒仓安全技术等

续表

	内　容
拆除工程	① 详细调查拆除工程结构特点和强度，电线线路，管道设施等现状，制定可靠的安全技术方案； ② 拆除建筑物之前，在建筑物周围划定危险警戒区域，设立安全围栏，禁止无关人员进入作业现场； ③ 拆除工作开始前，先切断被拆除建筑物的电线、供水、供热、供煤气的通道； ④ 拆除工作应按自上而下顺序进行，禁止数层同时拆除，必要时要对底层或下部结构进行加固； ⑤ 栏杆、楼梯、平台应与主体拆除程度配合进行，不能先行拆除； ⑥ 拆除作业工人应站在脚手架上或稳固的结构部分操作，拆除承重梁和柱之前应先拆除其承重的全部结构、并防止其他部分坍塌； ⑦ 拆下的材料要及时清理运走，不得在旧楼板上集中堆放，以免超负荷； ⑧ 被拆除的建筑物内需要保留的部分或需保留的设备事先搭好防护棚； ⑨ 一般不采用推倒方法拆除建筑物，必须采用推倒方法的应采取特殊安全措施

（4）施工项目成本控制的措施

1）组织措施

施工项目应从组织项目部人员和协作部门入手，设置一个强有力的工程项目部和协作网络，保证工程项目的各项管理措施得以顺利实施。首先，项目经理是企业法人在项目上的全权代表，对所负责的项目拥有与公司经理相同的责任和权力，是项目成本管理的第一责任人。因此，选择经验丰富、能力强的项目经理，及时掌握和分析项目的盈亏状况，并迅速采取有效的管理措施是做好成本管理的第一步。其次，技术部门是整个工程项目施工技术和施工进度的负责部门。使用专业知识丰富、责任心强、有一定施工经验的工程师作为工程项目的技术负责人，可以确保技术部门在保证质量、按期完成任务的前提下，尽可能地采用先进的施工技术和施工方案，以求提高工程施工的效率，最大限度地降低工程成本。第三，经营部门主管合同实施和合同管理工作。配置外向型的工程师或懂技术的人员负责工程进度款的申报和催款工作，处理施工赔偿问题，加强合同预算管理，增加工程项目的合同外收入。经营部门的有效运作可以保证工程项目的增收节支。第四，财务部门应随时分析项目的财务收支情况，及时为项目经理提供项目部的资金状况，合理调度资金，减少资金使用费和其他不必要的费用支出。项目部的其他部门和班组也要相应地精心设置和组织，力求工程施工中的每个环节和部门都能为项目管理的实施提供保证，为增收节支尽责尽职。

2）技术措施

采取先进的技术措施，走技术与经济相结合的道路，确定科学合理的施工方案和工艺技术，以技术优势来取得经济效益是降低项目成本的关键。首先，制定先进合理的施工方案和施工工艺，合理布置施工现场，不断提高工程施工工业化、现代化水平，以达到缩短工期、提高质量、降低成本的目的。其次，在施工过程中大力推广各种降低消耗、提高工效的新工艺、新技术、新材料、新设备和其他能降低成本的技术革新措施，提高经济效益。最后，加强施工过程中的技术质量检验制度和力度，严把质量关，提高工程质量，杜绝返工现象和损失，减少浪费。

3）经济措施

① 控制人工费用。控制人工费的根本途径是提高劳动生产率，改善劳动组织结构，减少窝工浪费；实行合理的奖惩制度和激励办法，提高员工的劳动积极性和工作效率；加

强劳动纪律，加强技术教育和培训工作；压缩非生产用工和辅助用工，严格控制非生产人员比例。

② 控制材料费。材料费用占工程成本的比例很大，因此，降低成本的潜力最大。降低材料费用的主要措施是制订好材料采购的计划，包括品种、数量和采购时间，减少仓储量，避免出现完料不尽，垃圾堆里有"黄金"的现象，节约采购费用；改进材料的采购、运输、收发、保管等方面的工作，减少各个环节的损耗；合理堆放现场材料，避免和减少二次搬运和摊销损耗；严格材料进场验收和限额领料控制制度，减少浪费；建立结构材料消耗台账，实时监控材料的使用和消耗情况，制定并贯彻节约材料的各种相应措施，合理使用材料，建立材料回收台账，注意工地余料的回收和再利用。另外，在施工过程中，要随时注意发现新产品、新材料的出现，及时向建设单位和设计院提出采用代用材料的合理建议，在保证工程质量的同时，最大限度地做好增收节支。

③ 控制机械费用。在控制机械使用费方面，最主要的是加强机械设备的使用和管理力度，正确选配和合理利用机械设备，提高机械使用率和机械效率。要提高机械效率必须提高机械设备的完好率和利用率。机械利用率的提高靠人，完好率的提高在于保养和维护。因此，在机械设备的使用和维护方面要尽量做到人机固定，落实机械使用、保养责任制，实行操作员、驾驶员经培训持证上岗，保证机械设备被合理规范的使用，并保证机械设备的使用安全，同时应建立机械设备档案制度，定期对机械设备进行保养维护。另外，要注意机械设备的综合利用，尽量做到一机多用，提高利用率，从而加快施工进度、增加产量、降低机械设备的综合使用费。

④ 控制间接费及其他直接费。间接费是项目管理人员和企业的其他职能部门为该工程项目所发生的全部费用。这一项费用的控制主要应通过精简管理机构，合理确定管理幅度与管理层次，业务管理部门的费用通过实行节约承包来落实，同时对涉及管理部门的多个项目实行清晰分账，落实谁受益谁负担，多受益多负担，少受益少负担，不受益不负担的原则。其他直接费包括临时设施费、工地二次搬运费、生产工具用具使用费、检验试验费和场地清理费等，应本着合理计划、节约为主的原则进行严格监控。

（三）施工资源与现场管理

1. 施工资源管理的任务和内容

施工项目资源，也称施工项目生产要素，是指投入施工项目的劳动力、材料、机械设备、技术和资金等要素。施工项目生产要素是施工项目管理的基本要素，施工项目管理实际上就是根据施工项目的目标、特点和施工条件，通过对生产要素的有效和有序地组织和管理项目，并实现最终目标。施工项目的计划和控制的各项工作最终都要落实到生产要素管理上。生产要素的管理对施工项目的质量、成本、进度和安全都有重要影响。

（1）施工项目资源管理的内容

1）劳动力。当前，我国在建筑业企业中设置施工劳务企业序列，施工总承包企业和专业承包企业的作业人员按合同由施工劳务企业提供。劳动力管理主要依靠施工劳务企业，项目经理部协助管理。施工项目中的劳动力，关键在使用，使用的关键在提高效率，提高效率的关键是如何调动职工的积极性，调动积极性的最好办法是加强思想政治工作和利用行为科学，从劳动力个人的需要与行为的关系的观点出发，进行恰当的激励。

2）材料。建筑材料按在生产中的作用可分为主要材料、辅助材料和其他材料。其中主要材料指在施工中被直接加工，构成工程实体的各种材料，如钢材、水泥、木材、砂、石等。辅助材料指在施工中有助于产品的形成，但不构成实体的材料，如促凝剂、隔离剂、润滑物等。其他材料指不构成工程实体，但又是施工中必需的材料，如燃料、油料、砂纸、棉纱等。另外，还有周转材料（如脚手架材、模板材等）、工具、预制构配件、机械零配件等。建筑材料还可以按其自然属性分类，包括金属材料、硅酸盐材料、电气材料、化工材料等。施工项目材料管理的重点在现场、在使用、在节约和核算。

3）机械设备。施工项目的机械设备，主要是指作为大型工具使用的大、中、小型机械，既是固定资产，又是劳动手段。施工项目机械设备管理的环节包括选择、使用、保养、维修、改造、更新。其关键在使用，使用的关键是提高机械效率，提高机械效率必须提高利用率和完好率。利用率的提高靠人，完好率的提高在于保养与维修。

4）技术。施工项目技术管理，是对各项技术工作要素和技术活动过程的管理。技术工作要素包括技术人才、技术装备、技术规程、技术资料等。技术活动过程指技术计划、技术运用、技术评价等。技术作用的发挥，除决定于技术本身的水平外，极大程度上还依赖于技术管理水平。没有完善的技术管理，先进的技术是难以发挥作用的。施工项目技术管理的任务有四项：①正确贯彻国家和行政主管部门的技术政策，贯彻上级对技术工作的指示与决定；②研究、认识和利用技术规律，科学地组织各项技术工作，充分发挥技术的作用；③确立正常的生产技术秩序，进行文明施工，以技术保证工程质量；④努力提高技术工作的经济效果，使技术与经济有机地结合。

5）资金。施工项目的资金，是一种特殊的资源，是获取其他资源的基础，是所有项目活动的基础。资金管理主要有以下环节：编制资金计划，筹集资金，投入资金（施工项目经理部收入），资金使用（支出），资金核算与分析。施工项目资金管理的重点是收入与支出问题，收支之差涉及核算、筹资、贷款、利息、利润、税收等问题。

（2）施工资源管理的任务

1）确定资源类型及数量。具体包括：①确定项目施工所需的各层次管理人员和各工种工人的数量；②确定项目施工所需的各种物资资源的品种、类型、规格和相应的数量；③确定项目施工所需的各种施工设施的定量需求；④确定项目施工所需的各种来源的资金的数量。

2）确定资源的分配计划。包括编制人员需求分配计划、编制物资需求分配计划、编制施工设备和设施需求分配计划、编制资金需求分配计划。在各项计划中，明确各种施工资源的需求在时间上的分配，以及在相应的子项目或工程部位上的分配。

3）编制资源进度计划。资源进度计划是资源按时间的供应计划，应视项目对施工资源的需用情况和施工资源的供应条件而确定编制哪种资源进度计划。编制资源进度计划能合理地考虑施工资源的运用，这将有利于提高施工质量，降低施工成本和加快施工进度。

4）施工资源进度计划的执行和动态调整。施工项目施工资源管理不能仅停留于确定和编制上述计划，在施工开始前和在施工过程中应落实和执行所编的有关资源管理的计划，并视需要对其进行动态的调整。

2. 施工现场管理的任务和内容

施工现场是指从事工程施工活动经批准占用的施工场地。它既包括红线以内占用的建筑用地和施工用地，又包括红线以外现场附近经批准占用的临时施工用地。施工现场管理就是运用科学的思想、组织、方法和手段，对施工现场的人、设备、材料、工艺、资金等生产要素，进行有计划地组织、控制、协调、激励，来保证预定目标的实现。

（1）施工现场管理的任务

建筑施工现场管理的任务，具体可以归纳为以下几点：

1）全面完成生产计划规定的任务，含产量、产值、质量、工期、资金、成本、利润和安全等。

2）按施工规律组织生产，优化生产要素的配置，实现高效率和高效益。

3）搞好劳动组织和班组建设，不断提高施工现场人员的思想和技术素质。

4）加强定额管理，降低物料和能源的消耗，减少生产储备和资金占用，不断降低生产成本。

5）优化专业管理，建立完善管理体系，有效地控制施工现场的投入和产出。

6）加强施工现场的标准化管理，使人流、物流高效有序。

7）治理施工现场环境，改变"脏、乱、差"的状况，注意保护施工环境，做到施工不扰民。

（2）施工项目现场管理的内容

1）规划及报批施工用地。根据施工项目及建筑用地的特点科学规划，充分、合理使用施工现场场内占地；当场内空间不足时，应同发包人按规定向城市规划部门、公安交通部门申请，经批准后，方可使用场外施工临时用地。

2）设计施工现场平面图。根据建筑总平面图、单位工程施工图、拟定的施工方案、现场地理位置和环境及政府部门的管理标准，充分考虑现场布置的科学性、合理性、可行性，设计施工总平面图、单位工程施工平面图；单位工程施工平面图应根据施工内容和分包单位的变化，设计出阶段性施工平面图，并在阶段性进度目标开始实施前，通过施工协调会议确认后实施。

3）建立施工现场管理组织。一是项目经理全面负责施工过程中的现场管理，并建立施工项目经理部体系。二是项目经理部应由主管生产的副经理、项目技术负责人、生产、技术、质量、安全、保卫、消防、材料、环保、卫生等管理人员组成。三是建立施工项目现场管理规章制度、管理标准、实施措施、监督办法和奖惩制度。四是根据工程规模、技术复杂程度和施工现场的具体情况，遵循"谁生产、谁负责"的原则，建立按专业、岗位、区片划分的施工现场管理责任制，并组织实施。五是建立现场管理例会和协调制度，通过调度工作实施的动态管理，做到经常化、制度化。

4）建立文明施工现场。一是按照国务院及地方建设行政主管部门颁布的施工现场管理法规和规章，认真管理施工现场。二是按审核批准的施工总平面图布置管理施工现场，规范场容。三是项目经理部应对施工现场场容、文明形象管理作出总体策划和部署，分包人应在项目经理部指导和协调下，按照分区划块原则做好分包人施工用地场容、文明形象管理的规划。四是经常检查施工项目现场管理的落实情况，听取社会公众、近邻单位的意见，发现问题及时处理，不留隐患，避免再度发生，并实施奖惩。五是接受政府住房和城乡建设行政主管部门的考评和企业对建设工程施工现场管理的定期抽查、日常检查、考评和指导。六是加强施工现场文明建设，展示和宣传企业文化，塑造企业及项目经理部的良好形象。

　　5）及时清场转移。施工结束后，应及时组织清场，向新工地转移。同时，组织剩余物资退场，拆除临时设施，清除建筑垃圾，按市容管理要求恢复临时占用土地。

下篇 基础知识

六、建筑力学

（一）平面力系及杆件内力

1. 力的基本性质

（1）力的基本概念

力是物体之间相互的作用，其结果可使物体的运动状态发生改变，或使物体发生变形。力总是成对出现的，分为作用力和反作用力。

1）力的三要素

力是矢量，既有大小又有方向。力的大小、方向和作用点称为力的三要素。描述一个力时，要全面表明力的三要素。因为任一要素发生改变时，都会对物体产生不同的效果。力通常用一段带箭头的线段来表示：线段的长度表示力的大小，箭头的指向表示力的方向，线段的起点表示力的作用点。一般习惯用黑体字 F 表示力。在国际单位制中，力的单位为牛顿（N）或千牛顿（kN），$1kN=1000N$。

2）静力学公理

① 作用力与反作用力公理：两个物体之间的作用力和反作用力，总是大小相等，方向相反，沿同一直线，并分别作用在这两个物体上。

② 二力平衡公理：作用在同一物体上的两个力使物体平衡的必要和充分条件是这两个力大小相等，方向相反，且作用在同一直线上。当一个物体只受两个力而保持平衡时，这两个力一定满足二力平衡公理。

③ 加减平衡力系公理：作用于刚体的任意力系中，加上或减去任意平衡力系，并不改变原力系的作用效应。作用在刚体上的力可沿其作用线移动到刚体内的任意点，而不改变原力对刚体的作用效应。

根据力的可传性原理，力对刚体的作用效应与力的作用点在作用线的位置无关。加减平衡力系公理和力的可传性原理都只适用于刚体。

3）力的平行四边形法则

作用于物体上的同一点的两个力，可以合成为一个合力，合力也作用于该点，合力的大小和方向由这两个力为边所构成的平行四边形的对角线来表示（图6-1）。

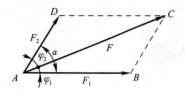

图 6-1   力的平行四边形

一刚体受共面不平行的三个力作用而平衡时，这三个力的作用线必汇交于一点，即满足三力平衡汇交定理。三力平衡汇交定理通常用来确定物体在共面不平行的三个力作用下平衡时其中未知力的方向。

4）约束与约束反力

一个物体的运动受到周围物体的限制时，这些周围物体就称为该物体的约束。

物体受到的力一般可以分为两类：一类是使物体运动或使物体有运动趋势，称为主动力，如重力、水压力等。主动力在工程上称为荷载；另一类是对物体的运动或运动趋势起限制作用的力，称为被动力，被动力称为约束。约束对物体运动的限制作用是通过约束对物体的作用力实现的，通常将这种力称为约束反力，简称反力，约束反力的方向总是与约束所能限制的运动方向相反。

通常主动力是已知的，约束反力是未知的。

（2）受力分析与计算简图

1）物体受力分析及受力图的概念

在进行受力分析时，当约束被人为地解除时，必须在接触点上用一个相应的约束反力来代替。在物体的受力分析中，通常把被研究物体的约束全部解除后单独画出，称为脱离体。把全部主动力和约束反力的图示表示在分离体上，这样得到的图形，称为受力图。

画受力图的步骤如下：首先明确分析对象，画出分析对象的分离简图；然后在分离体上画出全部主动力；最后在分离体上画出全部的约束反力，注意约束反力与约束应相互对应。

2）物体的受力图举例

【例 6-1】   重量为 F_W 的小球放置在光滑的斜面上，并用绳子拉住，如图 6-2（a）所示。画出此球的受力图。

【解】   以小球为研究对象，解除小球的约束，画出分离体，小球受重力（主动力）F_W，同时小球受到绳子的约束反力（拉力）F_{TA} 和斜面的约束反力（支持力）F_{NB}（图 6-2b）。

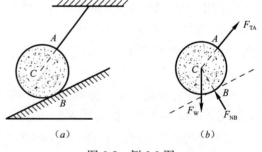

图 6-2   例 6-1 图

【例 6-2】   水平梁 AB 受已知力 F 作用，A 端为固定铰支座，B 端为移动铰支座，如图 6-3（a）所示。梁的自重不计，画出梁 AB 的受力图。

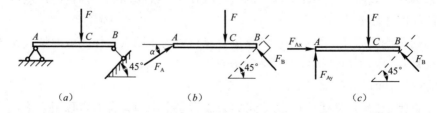

图 6-3   例 6-2 图

　　【解】　取梁为研究对象，解除约束，画出分离体，画主动力 F；A 端为固定铰支座，它的反力可用方向、大小都未知的力 F_A，或者用水平和竖直的两个未知力 F_{Ax} 和 F_{Ay} 表示；B 端为移动铰支座，它的约束反力用 F_B 表示，但指向可任意假设，受力图如图 6-3 (b)、(c) 所示。

　　3）计算简图

　　在对实际结构进行力学分析和计算之前必须对实际结构加以简化，一般用一个简化图形（结构计算简图）来代替实际结构，作为力学计算的基础。

　　（3）平面汇交力系

　　1）力的合成与分解

　　各力的作用线都在同一平面内的力系称为平面力系。在平面力系中，各力的作用线都汇交于一点的力系，称为平面汇交力系；各力作用线互相平行的力系，称为平面平行力系；各力的作用线既不完全平行又不完全汇交的力系，称为平面一般力系。

　　2）平面汇交力系的合成

　　① 力在坐标轴上的投影

　　如图 6-4（a）所示，设力 F 作用在物体上的 A 点，在力 F 作用的平面内取直角坐标系 xOy，从力 F 的两端 A 和 B 分别向 x 轴作垂线，垂足分别为 a 和 b，线段 ab 称为力 F 在坐标轴 x 上的投影，用 F_x 表示。同理，从 A 和 B 分别向 y 轴作垂线，垂足分别为 a' 和 b'，线段 $a'b'$ 称为力 F 在坐标轴 y 上的投影，用 F_y 表示。

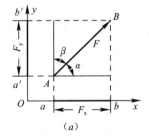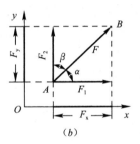

（a）　　　　　　　　　　　　（b）

图 6-4　力在坐标轴上的投影

　　力的正负号规定：力的投影从开始端到末端的指向，与坐标轴正向相同为正；反之，为负。若已知力的大小为 F，它与 x 轴的夹角为 α，则力在坐标轴的投影的绝对值为：

$$F_x = F\cos\alpha \tag{6-1}$$

$$F_y = F\sin\alpha \tag{6-2}$$

　　投影的正负号由力的指向确定。反过来，当已知力的投影 F_x 和 F_y，则力的大小 F 和它与 x 轴的夹角 α 分别为：

$$F = \sqrt{F_x^2 + F_y^2} \qquad \alpha = \arctan\left|\frac{F_y}{F_x}\right| \tag{6-3}$$

　　【例 6-3】　图 6-5 中各力的大小均为 100N，求各力在 x、y 轴上的投影。

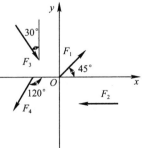

图 6-5　例 6-3 图

【解】 利用投影的定义分别求出各力的投影：

$$F_{1x} = F_1\cos45° = 100 \times \sqrt{2}/2 = 70.7\text{N}$$

$$F_{1y} = F_1\sin45° = 100 \times \sqrt{2}/2 = 70.7\text{N}$$

$$F_{2x} = -F_2 \times \cos0° = -100\text{N}$$

$$F_{2y} = F_2\sin0° = 0$$

$$F_{3x} = F_3\sin30° = 100 \times 1/2 = 50\text{N}$$

$$F_{3y} = -F_3\cos30° = -100 \times \sqrt{3}/2 = -86.6\text{N}$$

$$F_{4x} = -F_4\cos60° = -100 \times 1/2 = -50\text{N}$$

$$F_{4y} = -F_4\sin60° = -100 \times \sqrt{3}/2 = -86.6\text{N}$$

② 平面汇交力系合成的解析法

合力投影定理：合力在任意轴上的投影等于各分力在同一轴上投影的代数和。

数学式表示为：

$$F = F_1 + F_2 + \cdots + F_n \tag{6-4}$$

如果

$$F_x = F_{1x} + F_{2x} + \cdots + F_{nx} = \Sigma F_x \tag{6-5}$$

则：

$$F_y = F_{1y} + F_{2y} + \cdots + F_{ny} = \Sigma F_y \tag{6-6}$$

平面汇交力系的合成结果为一合力。

当平面汇交力系已知时，首先选定直角坐标系，求出各力在 x、y 轴上的投影，然后利用合力投影定理计算出合力的投影，最后根据投影的关系求出合力的大小和方向。

【例 6-4】 如图 6-6 所示，已知 $F_1 = F_2 = 100\text{N}$，$F_3 = 150\text{N}$，$F_4 = 200\text{N}$，试求其合力。

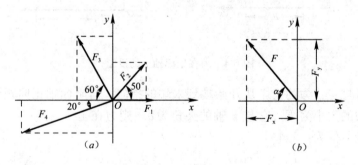

图 6-6 例 6-4 图

【解】 取直角坐标系 xOy。

分别求出已知各力在两个坐标轴上投影的代数和为：

$$F_x = \Sigma F_x = F_1 + F_2\cos50° - F_3\cos60° - F_4\cos20°$$
$$= 100 + 100 \times 0.6428 - 150 \times 0.5 - 200 \times 0.9397 = -98.66\text{N}$$

$$F_y = \Sigma F_y = F_2\sin50° + F_3\sin60° - F_4\sin20°$$
$$= 100 \times 0.766 + 150 \times 0.866 - 200 \times 0.342 = 138.1\text{N}$$

于是可得合力的大小以及与 x 轴的夹角 α：

$$F = \sqrt{F_x^2 + F_y^2}$$
$$= \sqrt{(-98.66)^2 + 138.1^2}$$
$$= 169.7\text{N}$$

$$\alpha = \arctan \left| \frac{F_y}{F_x} \right| = \arctan 1.4 = 54°28'$$

因为 F_x 为负值，而 F_y 为正值，所以合力在第二象限，指向左上方（图 6-6b）。

3）力的分解

利用平行四边形法则可以进行力的分解。通常情况下将力分解为相互垂直的两个分力 F_1 和 F_2，如图 6-7 所示，则两个分力的大小为：

$$F_1 = F\cos\alpha \tag{6-7}$$
$$F_2 = F\sin\alpha \tag{6-8}$$

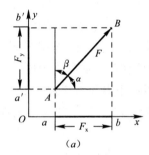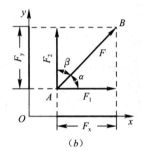

图 6-7　力在坐标轴上的投影

力的分解和力的投影既有根本区别又有密切联系。分力是矢量，而投影为代数量；分力 F_1 和 F_2 的大小等于该力在坐标轴上投影 F_x 和 F_y 的绝对值，投影的正负号反映了分力的指向。

（4）力矩和力偶

1）力矩

① 力矩的概念：从实践中知道，力可使物体移动，又可使物体转动，例如当我们拧螺母时（图 6-8），在扳手上施加一力 F，扳手将绕螺母中心 O 转动，力越大或者 O 点到力 F 作用线的垂直距离 d 越大，螺母将容易被拧紧。将 O 点到力 F 作用线的垂直距离 d 称为力臂，将力 F 与 O 点到力 F 作用线的垂直距离 d 的乘积 Fd 并加上表示转动方向的正负号称为力 F 对 O 点的力矩，用 $M_O(F)$ 表示，即：

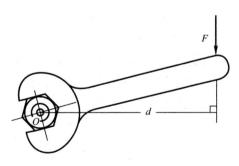

图 6-8　力矩的概念

$$M_O(F) = \pm Fd \tag{6-9}$$

O 点称为力矩中心，简称矩心。力使物体绕矩心逆时针转动时，力矩为正；反之，为负。力矩的单位：牛顿米（N·m）或者千牛米（kN·m）。

②合力矩定理：合力对平面内任意一点之矩，等于所有分力对同一点之矩的代数和。即：

$$若\qquad F=F_1+F_2+\cdots+F_n \qquad (6\text{-}10)$$

$$则\qquad M_O(F)=M_O(F_1)+M_O(F_2)+\cdots+M_O(F_n) \qquad (6\text{-}11)$$

该定理不仅适用于平面汇交力系，而且可以推广到任意力系。

【例 6-5】　如图 6-9 所示每 1m 长挡土墙所受的压力的合力为 F，它的大小为 160kN，方向如图 6-9 所示。求土压力 F 使墙倾覆的力矩。

【解】　土压力 F 可使墙绕点 A 倾覆，故求 F 对点 A 的力矩。采用合力矩定理进行计算比较方便。

$$M_A(F)=M_A(F_1)+M_A(F_2)=F_1\times h/3-F_2 b$$
$$=160\times\cos30°\times4.5/3-160\times\sin30°\times1.5=87\text{kN}\cdot\text{m}$$

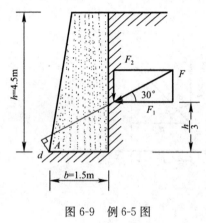

图 6-9　例 6-5 图

2）力偶

①力偶：把作用在同一物体上大小相等、方向相反但不共线的一对平行力组成的力系称为力偶，记为 $(F，F')$。力偶中两个力的作用线间的距离 d 称为力偶臂。两个力所在的平面称为力偶的作用面。

②力偶矩：用力和力偶臂的乘积再加上适当的正负号所得的物理量称之为力偶，记作 $M(F，F')$ 或 M，即：

$$M(F,F')=\pm Fd \qquad (6\text{-}12)$$

力偶正负号表示力偶的转向，其规定与力矩相同。若力偶使物体逆时针转动，则力偶为正；反之，为负。力偶矩的单位与力矩的单位相同。

③力偶的性质

A. 力偶无合力，不能与一个力平衡和等效，力偶只能用力偶来平衡。力偶在任意轴上的投影等于零。

B. 力偶对其平面内任意点之矩，恒等于其力偶矩，而与矩心的位置无关。

④平面力偶的合成：作用在同一物体上的若干个力偶组成一个力偶系，若力偶系的各力偶均作用在同一平面，则称为平面力偶系。

力偶对物体的作用效应只有转动效应，而转动效应由力偶的大小和转向来度量，因此，力偶系的作用效果也只能是产生转动，其转动效应的大小等于各力偶转动效应的总和。可以证明，平面力偶系合成的结果为一合力偶，其合力偶矩等于各分力偶矩的代数和。即：

$$M=M_1+M_2+\cdots+M_n=\Sigma M_i \qquad (6\text{-}13)$$

2. 静定桁架的内力

（1）力的平衡定理

在刚体内，力沿其作用线滑移，其作用效应不改变。如果将力的作用线平行移动到另一位置，其作用效应将发生改变，其原因是力的转动效应与力的位置有直接的关系。

（2）力的平移定理

作用于刚体上的力，可以平移到刚体上任意一点，必须附加一个力偶才能与原力等效，附加的力偶矩等于原力对平移点之矩。

（3）平面力系的平衡

1）平面一般力系的平衡条件：平面一般力系中各力在两个任选的直角坐标轴上的投影的代数和分别等于零，以及各力对任意一点之矩的代数和也等于零。用数学式子表达为：

$$\Sigma F_x = 0$$
$$\Sigma F_y = 0$$
$$\Sigma M_O(F) = 0 \tag{6-14}$$

此外，平面一般力系的平衡方程还可以表示为二矩式和三力矩式。二矩式为：

$$\Sigma F_x = 0$$
$$\Sigma M_A(F) = 0$$
$$\Sigma M_B(F) = 0 \tag{6-15}$$

三力矩式为：

$$\Sigma M_A(F) = 0$$
$$\Sigma M_B(F) = 0$$
$$\Sigma M_C(F) = 0 \tag{6-16}$$

2）平面力系平衡的特例

① 平面汇交力系：如果平面汇交力系中的各力作用线都汇交于一点 O，则式中 $\Sigma M_O(F) = 0$，即平面汇交力系的平衡条件为力系的合力为零，其平衡方程为：

$$\Sigma F_x = 0 \tag{6-17a}$$
$$\Sigma F_y = 0 \tag{6-17b}$$

平面汇交力系有两个独立的方程，可以求解两个未知数。

② 平面平行力系：力系中各力在同一平面内，且彼此平行的力系称为平面平行力系。

设有作用在物体上的一个平面平行力系，取 x 轴与各力垂直，则各力在 x 轴上的投影恒等于零，即 $\Sigma F_x \equiv 0$。因此，根据平面一般力系的平衡方程可以得出平面平行力系的平衡方程：

$$\Sigma F_y = 0 \tag{6-18a}$$
$$\Sigma M_O(F) = 0 \tag{6-18b}$$

同理，利用平面一般力系平衡的二矩式，可以得出平面平行力系平衡方程的另一种形式：

$$\Sigma M_A(F) = 0 \tag{6-19a}$$
$$\Sigma M_B(F) = 0 \tag{6-19b}$$

平面平行力系有两个独立的方程，所以也只能求解两个未知数。

③ 平面力偶系：在物体的某一平面内同时作用有两个或者两个以上的力偶时，这群力偶就称为平面力偶系。由于力偶在坐标轴上的投影恒等于零，因此平面力偶系的平衡条件为：平面力偶系中各个力偶的代数和等于零，即：

$$\Sigma M = 0 \tag{6-20}$$

【例 6-6】 求图 6-10（a）所示简支桁架的支座反力。

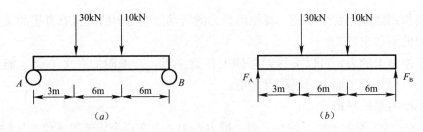

图 6-10 例 6-6 图

【解】

（1）取整个桁架为研究对象。

（2）画受力图（图 6-10b）。桁架上有集中荷载及支座 A、B 处的反力 F_A、F_B，它们组成平面平行力系。

（3）选取坐标系，列方程求解：

$$\Sigma M_B = 0$$
$$= 30 \times 12 + 10 \times 6 - F_A \times 15 = 0$$
$$F_A = (360 + 60)/15 = 28 \text{kN}(\uparrow)$$
$$\Sigma F_y = 0$$
$$F_A + F_B - 30 - 10 = 0$$
$$F_B = 40 - 28 = 12 \text{kN}(\uparrow)$$

校核：$\Sigma M_A = F_B \times 15 - 30 \times 3 - 10 \times 9 = 12 \times 15 - 90 - 90 = 0$

物体实际发生相互作用时，其作用力是连续分布作用在一定体积和面积上的，这种力称为分布力，也叫分布荷载。

单位长度上分布的线荷载大小称为荷载集度，其单位为牛顿/米（N/m），如果荷载集度为常量，即称为均匀分布荷载，简称均布荷载。

对于均布荷载可以进行简化计算：认为其合力的大小为 $F_q = qa$，a 为分布荷载作用的长度，合力作用于受载长度的中点。

（二）杆件的受力和稳定

1. 变形固体基本概念及基本假设

构件是由固体材料制成的，在外力作用下，固体将发生变形，称为变形固体。在进行静力分析和计算时，构件的微小变形对其结果影响可以忽略不计，因而将构件视为刚体，但是在进行构件的强度、刚度、稳定性计算和分析时，则必须考虑构件的变形。

为了使计算简化，往往要把变形固体的某些性质进行抽象化和理想化，做一些必要的假设，同时又不影响计算和分析结果。对变形固体的基本假设主要有：

（1）均匀性假设

即假设固体内部各部分之间的力学性质处处相同。宏观上可以认为固体内的微粒均匀分布，各部分的性质也是均匀的。

（2）连续性假设

即假设组成固体的物质毫无空隙地充满固体的几何空间。

（3）各向同性假设

即假设变形固体在各个方向上的力学性质完全相同。具有这种属性的材料称为各向同性材料。铸铁、玻璃、混凝土、钢材等都可以认为是各向同性材料。

（4）小变形假设

固体因外力作用而引起的变形与原始尺寸相比是微小的，这样的变形称为小变形。由于变形比较小，在固体分析、建立平衡方程、计算个体的变形时，都以原始的尺寸进行计算。

2. 杆件的基本受力形式

（1）杆件

在工程实际中，构件的形状可以是各种各样的，但经过适当的简化，一般可以归纳为四类，即杆、板、壳和块。所谓杆件，是指长度远大于其他两个方向尺寸的构件。杆件的形状和尺寸可由杆的横截面和轴线两个主要几何元素来描述。杆的各个截面的形心的连线叫轴线，垂直于轴线的截面叫横截面。轴线为直线、横截面相同的杆称为等值杆。

（2）杆件的基本受力形式及变形

杆件受力有各种情况，相应的变形就有各种形式。在工程结构中，杆件的基本变形有以下四种：

1）轴向拉伸与压缩（图 6-11a、b）：这种变形是在一对大小相等、方向相反、作用线与杆轴线重合的外力作用下，杆件产生长度的改变（伸长与缩短）。

2）剪切（图 6-11c）：这种变形是在一对相距很近、大小相等、方向相反、作用线垂直于杆轴线的外力作用下，杆件的横截面沿外力方向发生的错动。

3）扭转（图 6-11d）：这种变形是在一对大小相等、方向相反、位于垂直于杆轴线的平面内的力偶作用下，杆的任意两横截面发生的相对转动。

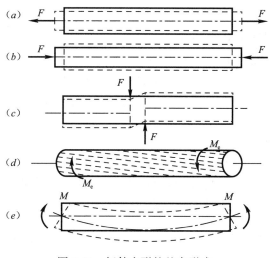

图 6-11　杆件变形的基本形式

4) 弯曲（图 6-11e）：这种变形是在横向力或一对大小相等、方向相反、位于杆的纵向平面内的力偶作用下，杆的轴线由直线弯曲成曲线。

3. 杆件强度的概念

所谓强度，就是构件在外力作用下抵抗破坏的能力。对杆件来讲，就是结构杆件在规定的荷载作用下，保证不因材料强度发生破坏的要求，称为强度要求。即必须保证杆件内的工作应力不超过杆件的许用应力，满足公式：

$$\sigma = N/A \leqslant [\sigma] \tag{6-21}$$

4. 杆件刚度和稳定的基本概念

（1）刚度

刚度是构件抵抗变形的能力。结构杆件在规定的荷载作用下，保证其变形不能过大，以满足正常的使用，限制过大变形的要求即为刚度要求。应满足公式：

$$f \leqslant [f] \tag{6-22}$$

拉伸和压缩的变形表现为杆件的伸长和缩短，用 ΔL 表示，单位为长度。

剪切和扭转的变形一般较小。

弯矩的变形表现为杆件某一点的挠度和转角，挠度用 f 表示，单位为长度，转角用 θ 表示，单位为度。当然，也可以求出整个构件的挠度曲线。

梁的挠度变形主要由弯矩引起，叫弯曲变形，通常我们都是计算梁的最大挠度，简支梁在均布荷载作用下梁的最大挠度作用在梁中，且 $f_{max} = \dfrac{5ql^4}{384EI}$。

由上述公式可以看出，影响弯曲变形（位移）的因素为：

1) 材料性能：与材料的弹性模量 E 成反比。

2) 截面大小和形状：与截面惯性矩 I 成反比。

3) 构件的跨度：与构件的跨度 L 的 2、3 或 4 次方成正比，该因素影响最大。

（2）稳定性

稳定性就是构件保持原有平衡状态的能力。平衡状态一般分为稳定平衡和不稳定平衡。两种平衡状态的转变关系如图 6-12 所示。

图 6-12　两种平衡状态的转变关系

因此对于受压杆件，要保持稳定平衡状态，就要满足所受最大压力 F_{max} 小于临界压力 F_{cr}。临界力 F_{cr} 计算公式如下：

$$F_{cr} = \frac{\pi^2 E I_{min}}{L^2} \tag{6-23}$$

（3）截面的几何性质

构件的截面形状与构件的承载能力有着直接的关系。与截面尺寸和形状有关的几何量，称为平面图形的几何性质。

5. 应力、应变的基本概念

（1）内力的概念

构件内各粒子间都存在着相互作用力。当构件受到外力作用时，形状和尺寸将发生变化，构件内各个截面之间的相互作用力也将发生变化，这种因为杆件受力而引起的截面之间相互作用力的变化称为内力。

内力与构件的强度（是否破坏的问题）、刚度（变形大小的问题）紧密相关。要保证构件的承载能力必须控制构件的内力。

（2）应力的概念

内力表示的是整个截面的受力情况。在质地相同、粗细不同的两根绳子上分别悬挂重量相同的物体，则细绳将可能被拉断，而粗绳不会被拉断，这说明构件是否破坏不仅与内力的大小有关，而且与内力在整个截面的分布情况有关。内力的分布通常用单位面积上的内力大小来表示，我们将单位面积上的内力称为应力。它是内力在某一点的分布集度。

应力根据其与截面之间的关系和对变形的影响，可分为正应力和切应力两种。

垂直于截面的应力称为正应力，用 σ 表示；相切于截面的应力称为切应力，用 τ 表示。

在国际单位制中，应力的单位是帕斯卡，简称帕（Pa），$1Pa=1N/m^2$。

工程实际中应力的数值较大，常以千帕（kPa）、兆帕（MPa）或吉帕（GPa）为单位。

（3）应变的概念

1）线应变

杆件在轴向拉力或压力作用下，沿杆轴线方向会伸长或缩短，这种变形称为纵向变形；同时，杆的横向尺寸将减小或增大，这种变形称为横向变形。其纵向变形为：

$$\Delta l = l_1 - l \tag{6-24}$$

为了避免杆件长度的影响，用单位长度的变形量反映变形的程度，称为线应变。纵向线应变用符号 ε 表示。

$$\varepsilon = \Delta l/l = (l_1 - l)/l \tag{6-25}$$

2）切应变

在一对剪切力作用下，截面将产生相互错动，形状变为平行四边形，这种由于角度变化而引起的变形称为剪切变形。直角的改变量称为切应变，用符号 γ 表示。切应变 γ 的单位为弧度。

（4）虎克定律

实验表明，应力和应变之间存在着一定的物理关系，在一定条件下，应力与应变成正比，这就是虎克定律。

用数学公式表达为：

$$\sigma = E\varepsilon \tag{6-26}$$

式中比例系数 E 称为材料的弹性模量，它与构件的材料有关，可以通过试验得出。

七、建筑构造与建筑结构

（一）建 筑 构 造

1. 民用建筑的基本构造

民用建筑主要由基础、墙体（柱）、屋顶、门与窗、地坪、楼板层、楼梯等七个主要构造部分组成（图 7-1），它们的使用功效既直接影响到建筑功能，也关系到建筑的安全。建筑除了上述的主要构造组成部分之外，往往还有其他的次要构造，如阳台、雨篷、台阶、散水、通风道等。

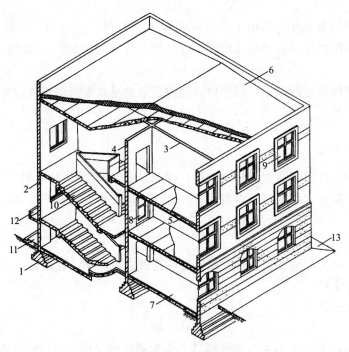

图 7-1　民用建筑的构造组成

1—基础；2—外墙；3—内横墙；4—内纵墙；5—楼板；6—屋顶；

7—地坪；8—门；9—窗；10—楼梯；11—台阶；12—雨篷；13—散水

（1）常见基础的构造

地基是指基础底面以下一定深度范围内的土壤或岩体，承担基础传来的建筑全部荷载，是建筑得以立足的根基。基础是建筑物在地下的扩大部分，承担建筑上部结构的全部荷载，并把这些荷载有效地传给地基（图 7-2）。

基础要有足够的强度和整体性，同时还要有良好的耐久性以及抵抗地下各种不利因素的能力。地基的强度（俗称地基承载力）、变形性能直接关系到建筑的使用安全和整体的稳定性。地基承载力与土的物理、化学特性关系密切。地基可以分成天然地基和人工地基两类。

按照基础的受力状态，可以分为无筋扩展基础、扩展基础。按照基础的形态，可以分为独立基础、条形基础、井格式基础、筏形基础、箱形基础和桩基础等。

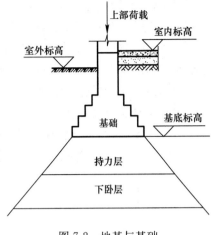

图 7-2　地基与基础

砖及毛石基础属于典型的无筋扩展基础，抗压强度高而抗拉、抗剪强度低。为了保证基础的安全，就要使基础的挑出宽度 b 与基础工作部分的高度 h 之间的比例控制在一定的范围之内，通常用刚性角 α 来控制，基础的放大角度不应超过刚性角。

钢筋混凝土基础属于扩展基础，利用设置在基础底面的钢筋来抵抗基底的拉应力。具有良好的抗弯和抗剪性能，可在上部结构荷载较大、地基承载力不高以及具有水平力等荷载的情况下使用。

桩基础是当前普遍采用的一种基础形式，具有施工速度快、土方量小、适应性强等优点。

（2）墙体与地下室构造

1）墙的分类

墙体按照承重能力可以分为承重墙和非承重墙；按照砌墙材料可以分为砖墙、砌块墙、石墙、混凝土墙、幕墙等；按照墙体在建筑中的位置和走向可以分为外墙和内墙，纵墙与横墙；按照墙体的施工方式和构造可以分为叠砌式、板筑式、装配式。

2）墙的构造要求

具有足够的强度和稳定性，符合热工方面的要求，具有足够的防火能力，具有良好的物理性能。

3）墙的承重方案

依照墙体与上部水平承重构件（包括楼板、屋面板、梁）的传力关系，有四种不同的承重方案：横墙承重、纵墙承重、纵横墙混合承重、墙与柱混合承重。

4）砌块墙的细部构造

传统的砌块墙是以普通黏土砖作为砌墙材料，用砂浆组合成砌体。受自身存在的缺陷影响，由于普通黏土砖不适应我国建筑节能的技术要求，已经逐步退出建筑市场，新型砌块应用日益普及。随着我国推进装配式建筑技术，当墙板以装配式建筑部品的形式用于建筑时，墙体的构造也将随之发生变化。

① 散水：又称散水坡，是沿建筑物外墙底部四周设置的向外倾斜的斜坡，作用是控制基础周围土壤的含水率，改善基础的工作环境。散水的宽度一般为 600～1000mm，表面坡

度一般为3%～5%。散水应当采用混凝土、砂浆等不透水的材料做面层，采用混凝土或碎砖混凝土做垫层，土壤冻深在600mm以上的地区，应在垫层下面设置300mm左右砂垫层。

② 墙身防潮层：是为了防止地下土壤中的潮气进入建筑地下部分材料的孔隙内形成毛细水并沿墙体上升，逐渐使地上部分墙体潮湿，导致建筑的室内环境变差及墙体破坏而设置的构造。防潮层分为水平防潮层和垂直防潮层，常见的是水平防潮层。

水平防潮层应设置在首层地坪结构层（如混凝土垫层）厚度范围之内的墙体之中。当首层地面为实铺时，防潮层的位置通常选择在－0.060m处，以保证隔潮的效果（图7-3a）。防潮层的位置关系到防潮的效果，位置不当，就不能完全地隔阻地下的潮气（图7-3b、c）。

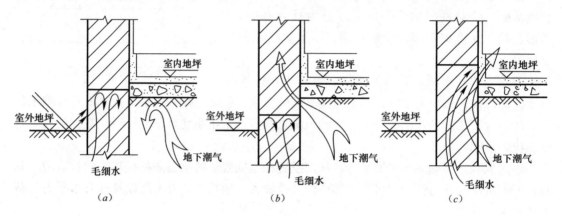

图 7-3 防潮层的位置
(a) 位置适当；(b) 位置偏低；(c) 位置偏高

防潮层主要有三种常见的构造做法：卷材防潮层、砂浆防潮层、细石混凝土防潮层。

当室内地面出现高差或室内地面低于室外地面时。由于地面较低一侧房间墙体的另外一侧为潮湿土壤。在此处除了要分别按高差不同在墙内设置两道水平防潮层之外，还要对两道水平防潮层之间的墙体做防潮处理，即垂直防潮层。

③ 勒脚：是在建筑外墙靠近室外地面部分的构造，目的是防止雨水侵蚀这部分墙体，保护墙体不受外界因素的侵害，同时也有美化建筑立面的功效。目前多采用在墙体表面用防水性能好、耐久性好、观感好的材料做饰面的方式。勒脚的高度至少在600mm以上。

④ 窗台：有内外之分。外窗台的作用主要是排除上部雨水，保证窗下墙的干燥，同时也对建筑的立面具有装饰作用，有悬挑和不悬挑两种。悬挑窗台常用砖砌或采用预制钢筋混凝土，挑出尺寸应不小于60mm。外窗台上表面应向外形成一定坡度，并用不透水材料做面层，且要做好滴水。采暖地区建筑窗下设置暖气时应设内窗台，内窗台的窗台板一般采用预制水磨石板或预制钢筋混凝土板制作，装修标准较高的房间也可以在木骨架上贴天然或人造石材。

⑤ 门窗过梁：目的是承担墙体洞口（通常是门窗洞口）上传来的荷载，并把这些荷载传递给洞口两侧的墙体。过梁以钢筋混凝土过梁最为常见。

钢筋混凝土过梁分成现浇和预制两种，根据上部荷载及过梁的跨度来选定截面高度和强度，当过梁兼做圈梁时，应在洞口范围内加设受力钢筋。过梁在墙体的搁置长度一般不小于240mm，过梁的高度应符合砌块的皮数尺寸的模数。钢筋混凝土过梁的截面形式有矩形和 L 形两种：矩形截面的过梁，一般用于内墙或南方地区的抹灰外墙（俗称混水墙）。L 形截面的过梁，多在严寒或寒冷地区外墙中采用，主要是避免在过梁处产生热桥。按照热工原理，L 形过梁的缺口应面向室外（图 7-4）。

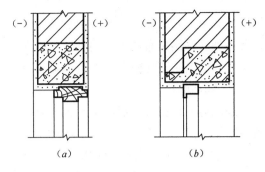

图 7-4　混凝土过梁
(a) 矩形截面；(b) L 形截面

另外还有钢筋砖过梁和砖拱过梁，前者多用于施工过程中的施工洞，后者已较少采用。

⑥ 圈梁：是沿外墙及部分内墙设置的水平、闭合的梁，具有增强建筑的整体刚度和整体性的作用。圈梁对于防止由于地基不均匀沉降及地震引起的墙体开裂效果明显。

圈梁一般采用钢筋混凝土材料，其宽度宜与墙体厚度相同。当墙厚 d>240mm 时，圈梁的宽度可以比墙体厚度小，但应大于或等于 $2/3d$。圈梁的高度一般不小于 120mm，通常与砌块的皮数尺寸相配合。圈梁应当连续、封闭地设置在同一水平面上。当圈梁被门窗洞口（如楼梯间窗洞口）截断时，应在洞口上方或下方设置附加圈梁。附加圈梁与圈梁的搭接长度不应小于二者垂直净距的 2 倍，也不应小于 1m。

⑦ 通风道：是墙体中常见的竖向孔道，作用是为了排除卫生间、厨房的污浊空气和不良气味，可以保证冬季无法开窗换气地区建筑人流集中房间的换气次数。

通风道的组织方式可以分为每层独用、隔层共用和子母式三种，目前多采用子母式通风道。子母式通风道由一大一小两个孔道组成，大孔道（母通风道）直通屋面，小孔道（子通风道）一端与大孔道相通，一端在墙上开口，具有截面简洁、通风效果好的优点。

⑧ 构造柱：是提高砌块墙体抗震能力和稳定性的有效手段，有数据表明，构造柱可以使墙体的抗剪强度提高 10％～30％。我国《建筑抗震设计规范》GB 50011—2010 对多层砌体房屋设置构造柱的构造要求做出了明确的规定。

⑨ 复合墙体：为了适应我国建筑节能的技术政策要求，减少建筑全寿命周期内的碳排放量，目前在建筑中广泛采用复合外墙体，这是一条改善外墙体热工性能的可行途径。复合外墙主要有中填保温材料外墙、外保温外墙和内保温外墙三种。

A. 中填保温材料复合墙体：把砌筑墙体分为内外两层，在其中填塞岩棉等保温材料，并进行拉结。优点是保温材料暗设在墙内，不与室内外空气接触，保温的效果比较稳定；缺点是施工过程繁琐而且不易监控，墙体被保温材料分割成两个界面，墙体的稳定性和结构强度受到了一定影响，且拉结部分存在热桥的现象。

B. 内保温复合墙体：在外墙的内表面设置保温板，进而达到保温的目的。优点是保温材料设置在墙体的内侧，保温材料不受外界因素的影响，保温效果可靠；缺点是冷热平衡界面比较靠内，当室外温度较低时容易在结构墙体内表面与保温材料外表面之间形成冷凝水，而且保温材料占室内的面积较多，存在"垫桥"现象。

C. 外保温复合墙体：在结构墙体的外面设置保温板（目前多用聚苯板），以达到保温的目的。优点是保温材料设置在墙体的外侧，冷热平衡界面比较靠外，保温的效果好；缺点是保温材料设置在外墙的外表面，如果罩面材料选择不当或施工工艺存在问题，将会使保温的效果大打折扣，甚至会引起墙面及保温板发生龟裂或脱落。随着聚合物砂浆的应用以及各种纤维网格布的大量涌现，外保温墙面的工艺及安全性得到了显著提高，外保温外墙是现代建筑采用比较普遍的复合墙形式，尤其适合在寒冷及严寒地区使用。

5）隔墙的构造

隔墙通常根据其材料和施工方式不同进行分类，主要可以分成砌筑隔墙、立筋隔墙和条板隔墙。隔墙应满足自重轻、厚度薄、具有良好的物理性能、便于装拆的构造要求。

① 砖砌隔墙：属于砌筑隔墙，分为 1/4 砖厚和 1/2 砖厚两种，1/2 砖砌隔墙较为常见。1/2 砖砌隔墙又称半砖隔墙，砌墙用的砂浆强度应不低于 M5。当墙体的长度超过 5m 或高度超过 3m 时，应当采取加固措施，一般不允许直接砌在楼板上，而是要由承墙梁支承，目前实体砌筑隔墙已基本淘汰。

② 砌块隔墙：也属于砌筑隔墙，可以直接砌在楼板上，不必再设承墙梁。目前采用较多的砌块有：炉渣混凝土砌块、陶粒混凝土砌块、加气混凝土砌块等。由于加气混凝土防水、防潮的能力较差，在潮湿环境应慎用，或在潮湿一侧表面做防潮处理。

③ 轻钢龙骨石膏板隔墙：属于立筋隔墙。采用薄壁型钢做骨架，用纸面石膏板做罩面。具有自重轻、占地小、表面装饰较方便的特点，应用广泛。石膏板的厚度有 9mm、10mm、12mm、15mm 等数种。石膏板用自攻螺钉与龙骨连接，钉的间距约 200～250mm，钉帽应压入板内约 2mm，以便于刮腻子和饰面。为了避免开裂，板的接缝处应加贴盖缝条。

轻钢骨架由上槛、下槛、横龙骨、竖龙骨组成。组装骨架的薄壁型钢是工厂生产的定型产品，并配有组装需要的各种连接构件。竖龙骨的间距小于等于 600mm，横龙骨的间距小于等于 1500mm。当墙体高度在 4m 以上时，还应适当加密（图 7-5）。

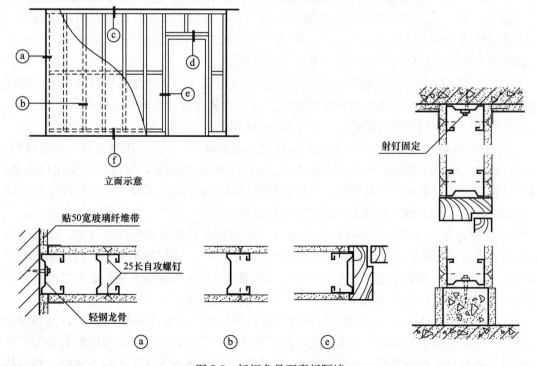

图 7-5　轻钢龙骨石膏板隔墙

④ 水泥玻璃纤维空心条板隔墙：也属于条板隔墙。板长度在 2400~3000mm，宽度一般为 600mm，厚度 60~80mm，用粘结砂浆或特制胶粘剂进行粘结安装。

6）幕墙的一般构造

幕墙可以作为墙体的外装饰，也可以作为建筑的围护结构。面板分为玻璃、金属板和石材，可以根据建筑立面不同进行选择，其中以玻璃幕墙最为常见。

玻璃幕墙可以分为有框式、点式、全玻璃幕墙，并要满足以下构造要求：

① 结构的安全性：要保证幕墙与建筑主体（支撑体系）之间既要连接牢固，又要有一定的变形空间（包括结构变形和温度变形），以保证幕墙的使用安全。图 7-6 是幕墙节点的举例。

② 防雷与防火：一般要求形成自身防雷体系，并与主体建筑的防雷装置有效连接。多数幕墙的后侧与主体建筑之间存在一定的缝隙，对隔火、防烟不利，通常需要在幕墙与楼板、隔墙之间的缝隙内填塞岩棉、矿棉或玻璃丝棉等阻燃材料，并用耐热钢板封闭。

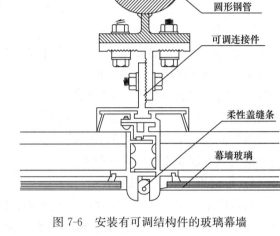

圆形钢管

可调连接件

柔性盖缝条

幕墙玻璃

图 7-6　安装有可调结构件的玻璃幕墙

③ 通风换气问题：幕墙的通风换气可以用开窗的方法解决，也可以在幕墙的上下位置预留进出气口，利用空气热压原理来通风换气。

7）地下室防潮及防水构造

地下室通常由墙体、底板、顶板、门窗和采光井等部分组成。地下室墙体材料应当防潮或防水，并要具有足够的耐久性，同时要有足够的侧向强度。地下室的底板通常采用混凝土或钢筋混凝土现浇，承受的地下水压力较大，需要进行认真细致的防水或防潮处理。

① 防潮构造：当地下水的常年设计水位和最高水位均在地下室底板标高之下，而且地下室周围没有其他因素形成的滞水时，地下室不受地下水的直接影响，墙体和底板只受无压水和土壤中毛细管水的影响，此时只需做防潮处理。首先要在地下室墙体外表面抹 20mm 厚 1：2 防水砂浆，地下室的底板也应做防潮处理，然后把地下室墙体外侧周边用透水性差的土壤分层回填夯实。

② 防水构造：当设计最高地下水位高于地下室底板标高时，地下室底板和部分墙体就会受到地下水的侵袭。地下室墙体受到地下水侧压力影响，底板则受到地下水浮力的影响，此时就需要做防水处理。根据使用要求，地下室防水分成 4 个级别。地下室防水的构造方案有隔水法、降排水法、综合法等三种。

A. 隔水法：是利用各种材料的不透水性来隔绝地下室外围水及毛细管水渗透的方法，目前采用得较多。构造方案主要有卷材防水和构件自防水两种。

B. 排水法：多用于使用要求较低的地下室，分为外排法和内排法。外排法适用于地下水位高于地下室底板，而且采用防水设计在技术和经济上不划算的情况。一般在建筑四周地下设置永久性降水设施（如盲沟排水），使地下水渗入地下陶管内排至城市排水干线；内排水法适用于常年水位低于地下室底板，但最高水位高于地下室底板（≤500mm）的情况。

C. 综合法：一般在防水要求较高的地下室采用，即在做隔水法防水的同时，还要在地下室中设置内部排水设施。

（3）楼板的构造

楼板层一般由面层、结构层和顶棚层等几个基本层次组成。面层又称楼面或地面，是楼板上表面的完成面；结构层是建筑的水平承重构件，主要包括板、梁等，并起到划分建筑内部竖向空间、防火、隔声的作用；顶棚层是楼板层下表面的构造层，也是室内空间上部的装修面层。某些有特殊的使用要求的房间地面还需要设置附加层。附加层通常设置在面层和结构层之间，主要有隔声层、防水层、保温或隔热层等。

楼板根据所使用材料的不同，主要可以分为木楼板、钢筋混凝土楼板、压型钢板组合楼板。目前，钢筋混凝土楼板应用最为广泛，压型钢板组合楼板主要用于大空间民用建筑和大跨度工业厂房中，木楼板已基本被淘汰。

钢筋混凝土楼板按照施工方式的不同，主要可以分为现浇整体式钢筋混凝土楼板、预制装配式钢筋混凝土楼板两种类型。

1）现浇钢筋混凝土楼板构造

目前广泛采用，具有整体性好、刚度大、抗震能力强的优点，但耗费模板量大、属于湿作业、施工和养护周期较长。现浇钢筋混凝土楼板主要可以分为板式楼板、梁板式楼板、井式楼板和无梁楼板。

① 板式楼板：将楼板现浇成一块整体平板，并用承重墙体支撑。这种楼板的底面平整、便于施工、传力过程明确，适用于平面尺寸较小的房间。按照板式楼板的支撑情况和受力特点，可以分为单向板和双向板（图7-7）。

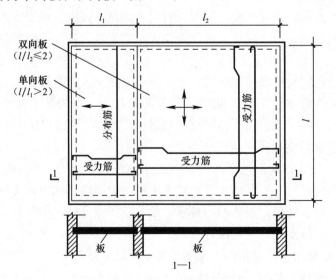

图7-7　板式楼板

②　梁板式楼板：当房间的平面尺寸较大时，为了使楼板结构的受力和传力更为合理，可以在板下设梁来作为板的支座。这时，楼板上的荷载先由板传给梁，再由梁传给墙或柱。这种由板和梁组成的楼板称为梁板式楼板，也叫肋形楼板（图7-8）。

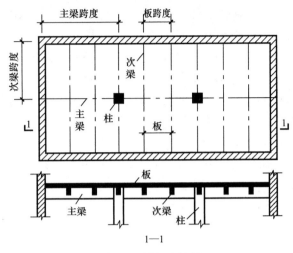

图7-8　梁板式楼板

梁板式楼板既可以在一个方向设梁，也可以在纵横两个方向设梁，当两个方向都设梁时，有主梁和次梁之分。主梁由承重墙或柱支撑；次梁垂直于主梁布置，由主梁支撑。

③　井字楼板：对平面尺寸较大且平面形状为方形或接近于方形的房间，可将两个方向的梁等距离布置，并采用相同的梁高，形成井字形的梁格，它是梁式楼板的一种特殊布置形式。井字楼板的梁通常采用正交正放的布置方式，梁格分布规整，具有较好的装饰性。井字楼板的梁还可以采用正交斜放或斜交斜放的布置方式，但比较少见。

④　无梁楼板：楼板层不设梁，而是直接将板面荷载传递给柱子。无梁楼板通常设有柱帽，以增加板在柱上的支承面积。无梁楼板的柱网应尽量按方形网格布置，跨度在6～8m左右较为经济。

2）预制装配式钢筋混凝土楼板构造

预制装配式钢筋混凝土楼板具有节省模板、施工速度快、有利于工业化生产的优点。但传统的预制钢筋混凝土楼板体量小，板缝多、装配化程度低、整体性较差、存在板缝易于开裂的质量通病，尤其不利于抗震，目前已经基本被淘汰。随着装配式建筑技术的推广，新型预制装配式钢筋混凝土楼板的应用将日益广泛，目前多采用整间板等大体量叠合楼板。这种楼板综合了现浇楼板和预制楼板的优点，适于装配化的施工，应用效果较好。

按照预制装配式钢筋混凝土楼板外观可以分为实心平板、槽形板、空心板三种类型。

①　实心平板：也称实心板，板的上下表面平整、制作工艺简单，但隔声效果较差，自重也大，比较适于在面积较小的房间或走廊使用。实心平板的跨度一般不超过3.0m，板宽多为500～900mm，板厚为80～100mm。

②　槽形板：两侧设有边肋，是一种梁板合一的构件，力学性能好，有预应力和非预应力两种类型。为了提高板的刚度，通常在板的两端设置端肋封闭。如果板的跨度较大，

还应在板的中部增设横向加劲肋。槽形板多用作屋面板，根据板的结构设计，搁置的方式有两种：一种是正置（肋向下搁置），另一种是倒置（肋向上搁置）。

③ 空心板：空心板将楼板中部沿纵向抽孔形成空心，也是一种梁板合一的构件。空心板孔的断面形式有圆形、椭圆形、矩形等几种，以圆孔板最为常见。空心板上下表面平整，隔声效果较实心平板和槽形板好，是预制板中应用最广泛的一种板型。

④ 板的搁置要求：楼板搁置在墙上时，支撑长度一般不小于 100mm；搁置在梁上时，支撑长度一般不小于 80mm。搁置前应先在墙顶面用厚度不小于 10mm 的水泥砂浆坐浆，板端缝内需用细石混凝土或水泥砂浆灌实。空心板在安装前应在板的两端用砖块或混凝土堵孔，以防板端在搁置处被压坏，同时也可避免板缝灌浆时细石混凝土流入孔内。板的端缝处理一般是用细石混凝土灌缝，使之相互连接，还可将板端外露的钢筋交错搭接在一起，或加设钢筋网片，并用细石混凝土灌实；板的侧缝起着协调板与板之间共同工作的作用，为了加强楼板的整体性，不产生纵向通缝，侧缝内应用细石混凝土灌实。

3）楼地面防水的基本构造

民用建筑存在一些用水频繁的房间，如厕所、盥洗室、淋浴室、实验室等，为了避免渗漏水的现象，需要做好楼地面的排水和防水。

① 地面排水：为排除室内地面的积水，地面应有一定坡度，一般为 1%～1.5%，并导向地漏。为防止积水外溢，影响其他房间，有水房间地面应比相邻房间的地面低 10～20mm。

② 地面防水：楼板应为现浇钢筋混凝土，对于防水要求较高的房间，还应在楼板与面层之间设置防水层，并沿周边向上卷起至少 150mm。当遇到门洞口时，还应将防水层向外延伸 250mm 以上。同时需要对穿越楼地面的竖向管道进行泛水处理。

（4）垂直交通设施的一般构造

垂直交通设施主要包括楼梯、电梯与自动扶梯。楼梯是连通各楼层的重要通道，是楼房建筑不可或缺的交通设施，应满足人们正常时交通，紧急时安全疏散的要求；电梯和自动扶梯是现代建筑常用的垂直交通设施；有些建筑中还设置有坡道和爬梯，它们也属于建筑的垂直交通设施。楼梯是由楼梯段、楼梯平台以及栏杆组成的（图 7-9）。

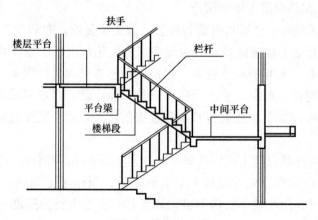

图 7-9　楼梯的组成

楼梯段由若干个踏步构成，人们行走时脚踏的水平面称为踏面，与踏面垂直的平面称为踢面，我国规定每段楼梯的踏步数量应在 3～18 步的范围之内。楼梯平台是两段楼梯转折处的水平构件，主要是为了支撑楼梯段、解决楼梯段的转折，同时也可以供人们休息。设置楼梯栏杆和扶手主要是为了确保人们的通行安全和扶持方便。

楼梯的允许坡度范围通常在 23°～45°，通常把楼梯坡度控制在 38°以内，一般认为 30°左右是楼梯的适宜坡度。坡度大于 45°时称为爬梯，一般只是在通往屋顶、电梯机房等非公共区域时采用。当坡度小于 23°时，把其处理成斜面就可以解决通行的问题，此时称为坡道。

楼梯段和平台是楼梯的行走通道，是楼梯的主要功能构件，需要重点关注。

楼梯段的宽度是根据通行人数的多少（设计人流股数）和建筑的防火要求确定的。通常情况下，作为主要通行用的楼梯，其梯段宽度应至少满足两个人相对通行（即梯段宽度≥2 股人流）。我国规定，在计算通行量时每股人流按 0.55＋（0～0.15）m 计算，其中 0～0.15m 为人在行进中的摆幅。非主要通行的楼梯，应满足单人携带物品通过的需要。

楼梯平台的净宽度应大于等于楼梯段的净宽，并且不小于 1.2m。

两段楼梯之间的空隙，称为楼梯井。楼梯井一般是为楼梯施工方便和安置栏杆扶手而设置的，其宽度一般在 100mm 左右。

楼梯有多种分类方法。按楼梯材料可分为钢筋混凝土楼梯、钢楼梯、木楼梯及组合材料楼梯；按楼梯在建筑中位置可分为室内楼梯和室外楼梯；按楼梯的使用性质可分为主要楼梯、辅助楼梯及消防楼梯；按楼梯间的平面形式可分为开敞楼梯间、封闭楼梯间及防烟楼梯间；按楼梯的平面形式主要可分成单跑直楼梯、双跑直楼梯、双跑平行楼梯、三跑楼梯、双分平行楼梯、双合平行楼梯、转角楼梯、双分转角楼梯、交叉楼梯、剪刀楼梯、螺旋楼梯等。

1）钢筋混凝土楼梯的构造

① 现浇钢筋混凝土楼梯构造：楼梯段、平台与楼板层整体浇筑在一起，整体性好、承载力高、刚度大，施工时不需要大型起重设备。但楼梯段支模比较复杂、耗费的模板多，需要一定的养护时间、施工进度慢、施工程序较复杂。

现浇钢筋混凝土楼梯分为板式和梁式楼梯两种类型：

A. 板式楼梯：梯段分别与上下两端的平台梁整浇在一起，并由平台梁支承梯段的全部荷载。此时梯段相当于是一块斜放的现浇钢筋混凝土板，平台梁是支座（图 7-10a），有时为了保证平台下过道的净空高度，取消平台梁，这种楼梯称为折板式楼梯（图 7-10b）。

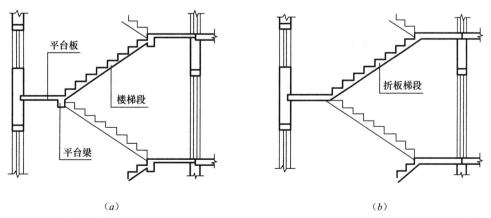

（a）　　　　　　　　　　　　　　　（b）

图 7-10　板式楼梯

（a）板式；（b）折板式

B. 梁式楼梯：梯段与楼梯斜梁整浇在一起，梯段由斜梁支撑，斜梁由上下两端的平台梁支承。此时楼梯段的宽度相当于现浇斜板的跨度，平台梁的间距等于斜梁的跨度（约等于斜梁的水平投影长度）。当楼梯间侧墙具备承重能力时，往往在楼梯段靠承重墙一侧不设斜梁，而由墙体支承楼梯段，此时踏步板一端搁置在斜梁上，另一端搁置在墙上（图7-11a）；当楼梯间侧墙为非承重墙或楼梯两侧临空时，斜梁设置在梯段的两侧（图7-11b）；有时斜梁设置在梯段的中部，形成踏步板向两侧悬挑的受力形式（图7-11c）。

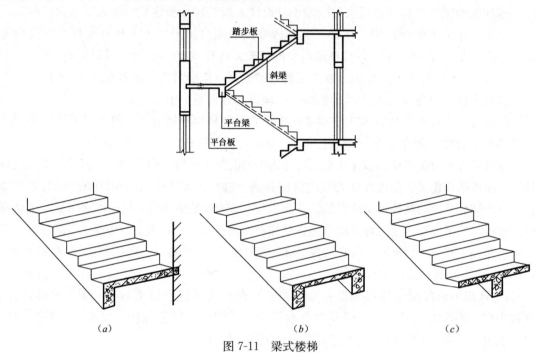

图 7-11　梁式楼梯

(a) 梯段一侧设斜梁；(b) 梯段两侧设斜梁；(c) 梯段中间设斜梁

② 预制装配式钢筋混凝土楼梯：由于楼梯段的尺寸受水平和垂直两个方向尺度的影响，而且楼梯的平面形式多种多样，不易形成批量规模，因此目前一般建筑中应用不多，但在装配式建筑中大量应用。根据组成的构件尺寸及装配的程度，可以分成小型构件装配式和中、大型构件装配式两种类型。在装配式建筑中通常采用大型构件装配式楼梯，一般为"干式连接"的构造方式。

A. 小型构件装配式楼梯：具有构件尺寸小，重量轻，构件生产、运输、安装方便的优点。但也存在着施工难度大、施工进度慢、往往需要现场湿作业配合的不足。小型构件装配式楼梯主要有墙承式楼梯、悬臂楼梯、梁承式楼梯三种类型，目前比较少见。

B. 中型、大型构件装配式楼梯：一般是把楼梯段和平台板作为基本构件。构件的规格和数量少，装配容易、施工速度快，但需要有相当的吊装设备进行配合。楼梯段可以预制成板式、梁式，平台板可以预制成带平台梁或不带平台梁两种。

2）楼梯的细部构造

踏步面层应当平整光滑，耐磨性好。常见的踏步面层有水泥砂浆、水磨石、铺地面砖、各种天然石材等。为了保证人们在楼梯行走过程中不易滑跌，通常要在踏步前缘设置防滑措施，这对人流集中建筑的楼梯显得更加重要。

栏杆多采用金属材料制作，如钢材、铝材、铸铁花饰等。用相同或不同规格的金属型材拼接、组合成不同的图案，使之在确保安全的同时，又能起到装饰作用。栏杆的垂直构件必须要与楼梯段有牢固、可靠的连接。随着锚固技术水平的提升，连接方式也趋于多样。

扶手是楼梯与人体频繁接触的部位，应当用优质硬木、金属型材（铁管、不锈钢、铝合金等）、工程塑料及天然石材等材料制作。室外楼梯不宜使用木扶手，以免淋雨后变形和开裂。不论何种材料的扶手，其表面必须光滑、圆顺，便于使用者扶持。

3）坡道及台阶构造

为了解决室内外高差带来的垂直交通问题，需要设置台阶或坡道。台阶和坡道与建筑入口关系密切，具有较强的装饰功能，美观和质感要求较高。

① 台阶：平面形式和尺寸应当根据建筑功能及周围基地的情况进行选择，部分大型公共建筑经常把行车坡道与台阶合并成为一个构件，使车辆可以驶近建筑入口，为使用者提供了更大的方便。

台阶坡度宜平缓些，并应采用防滑面层。公共建筑踏步的踏面宽度不应小于300mm，踢面高度应为100～150mm。室内台阶的踏步数不应少于2个，当高差不足以设置台阶时，应用坡道连接。

台阶可以分为实铺和架空两类。实铺台阶是普遍采用的构造形式，其构造与室内地坪基本相同，一般包括基层、垫层和面层（图7-12a）。在严寒地区，为保证台阶不受土壤冻涨影响，应把台阶下部一定深度范围内的原土换掉，并设置砂垫层（图7-12b）。架空台阶的整体性好，通常在台阶尺度较大、步数较多或土壤冻涨严重时采用。

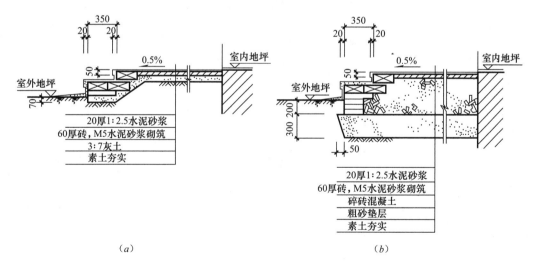

图7-12　实铺台阶

（a）不受冻涨影响的台阶；（b）考虑冻涨影响的台阶

② 坡道：按照用途的不同，可以分成行车坡道和轮椅坡道两类。

A. 行车坡道：是为了解决车辆进出或接近建筑而设置的，分为普通行车坡道（图7-13a）与回车坡道（图7-13b）两种。普通行车坡道布置在有车辆进出的建筑入口处；回车坡道通常与台阶踏步组合在一起，一般布置在某些大型公共建筑的入口处。

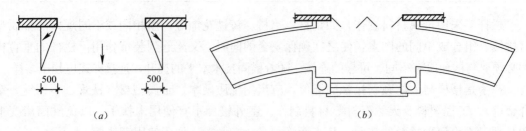

图 7-13 行车坡道

(a) 普通行车坡道；(b) 回车坡道

　　B. 轮椅坡道：是为使残疾人能平等地参与社会活动而设置的，是目前大多数公共建筑必备的交通设施之一。由于轮椅坡道是供残疾人使用的，因此有一些特殊的规定，需要按照有关的设计规范执行。

　　4）电梯与自动扶梯

　　① 电梯：分类方式较多，按照电梯的用途分类可以分为乘客电梯、病床电梯、客货电梯、载货电梯、杂物电梯；按照电梯的拖动方式可以分为交流拖动（包括单速、双速、调速）电梯、直流拖动电梯、液压电梯；按照电梯的消防要求可以分为普通乘客电梯和消防电梯。

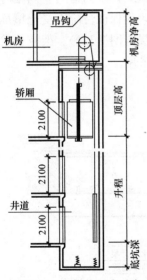

图 7-14 电梯的组成示意

　　电梯由井道、机房和轿厢三部分组成（图 7-14）。其中轿厢及拖动装置等设备是由电梯厂生产的，并由专业公司负责安装。其规格、尺寸、载重量等指标是土建工程确定电梯机房和井道布局、尺寸和构造的依据。

　　电梯井道是电梯轿厢运行的通道，井道内部设置电梯导轨、平衡配重等电梯运行配件，并在相关楼层设有电梯出入口。井道可供单台电梯使用，也可供两台电梯共用。

　　电梯机房通常设在电梯井道的顶部，个别时候也有把电梯机房设在井道底层的。机房的平面及竖向尺寸主要依据生产厂家提出的要求确定，应满足布置牵引机械及电控设备的需要，并留有足够的管理、维护空间，同时要把室内温度控制在设备运行的允许范围之内。

　　② 自动扶梯：由电机驱动，踏步与扶手同步运行，停机时可当作临时楼梯使用。自动扶梯的角度有 27.3°、30°、35°，其中 30°是优先选用的角度。宽度有 600mm（单人）、800mm（单人携物）、1000mm、1200mm（双人）几种规格。自动扶梯的载客能力很高，一般为 4000～10000 人/h。自动扶梯一般设在室内，也可以设在室外。自动扶梯的布置方式主要有并联排列、平行排列、串联排列、交叉排列等形式。

　　（5）门与窗的构造

　　门窗与建筑使用舒适性和节能关系密切，同时也是室内装修的重要组成部分。门窗的分类方式差不多，主要可以按照所用材料、开启方式进行分类。如：按照所用材料主要分为木门窗、钢门窗、铝合金门窗、塑料门窗等；按照开启方式主要分为平开门窗、自由门窗、推拉门窗等。门的开启方式要比窗多一些，如：上翻门、下滑门、折叠门、卷帘门、旋转门等。

门在建筑中的作用主要是正常通行和安全疏散、隔离与围护、装饰建筑空间、间接采光和实现空气对流。门的洞口尺寸要满足人流通行、疏散以及搬运家具设备的需要，同时还应尽量符合建筑模数协调的有关规定。门的最小宽度应能满足一个人随身携带一件物品通过，一般应在 900～1000mm 之间，人流集中房间门的宽度应通过计算确定。当门洞的宽度较大时，可以采用双扇门或多扇门，单扇门的宽度一般在 1000mm 之内。门洞的高度一般不小于 2000mm，当门洞高度较大时，通常设上亮子。

窗在建筑中的作用主要是采光和日照、通风、围护、装饰建筑空间。窗的尺寸主要是根据房间采光和通风的要求来确定，同时也要考虑建筑立面造型和结构方面的要求。窗扇的尺寸不宜过大，在大多数情况下都是在一个窗洞里面由若干个窗扇组合而成的。平开窗扇的宽度一般不超过 600mm，高度一般不超过 1500mm，当窗洞高度较大时，可以加设亮窗。

门通常由门框、门扇、门用五金零件组成（图 7-15）。门框是门扇与墙体之间的连接构件，应当在洞口中镶嵌牢固；门扇根据用材及镶嵌材料的不同分成不同的种类，如全木门扇、全玻璃门扇、半玻璃门扇、百叶门扇、金属门扇、塑料门扇等；门用五金零件主要有门轴、拉手、插销等。

窗一般是由窗框、窗扇、五金零件组成。窗框是窗扇与墙体的连接构件，由上框、下框、边框及中横框、中竖框组成；窗扇是窗的主体部分，窗扇分成开启扇和固定扇两种，由上冒头、下冒头、边框、窗芯（窗棂）、镶嵌材料（玻璃、窗纱、百叶）组成；五金零件包括铰链、插销、风钩等。图 7-16 是窗的组成示意图。

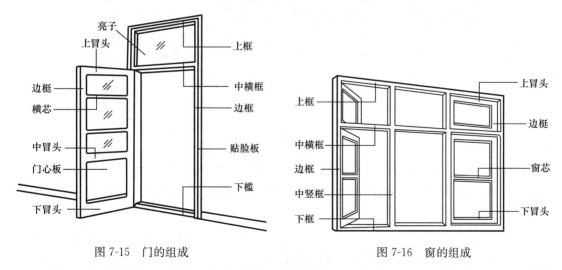

图 7-15　门的组成　　　　　　　　图 7-16　窗的组成

目前，木窗及钢窗已经基本退出建筑市场，塑钢窗和铝合金窗广泛应用。一般建筑普遍应用塑钢门窗，而铝合金门、木门则多在装饰水平较高的建筑中采用。

1）塑钢门窗的基本构造

① 主要特点：具有良好的热工性能和密闭性能，防火性能好、耐潮湿、耐腐蚀，其外观和加工精度也能满足一般民用建筑的要求，适应我国建筑节能技术需要，优点突出，

目前广泛应用。塑料窗通常采用聚氯乙烯（PVC）与氯化聚乙烯共混树脂为主材，加入一定比例的添加剂，经挤压加工形成框料型材。塑料型材的导热系数与松木的导热系数基本相同，但由于 PVC 型材的内部密闭空腔具有良好的阻热性能，因此制成门窗之后的导热系数约为木门窗的 1/4，铝合金门窗的 1/14。

② 基本构造：塑料门窗通常只设单层框。对门窗的热工性能要求较高时，可以在单层门窗扇上设置间距 8～10mm 的双层玻璃，以解决保温隔热的问题。双层玻璃一般采用 3mm 或 4mm 厚的平板玻璃，事先用铝制密封条包围四周并粘结封闭牢固，玻璃之间应注入惰性气体或干燥空气，然后整体安装在门窗扇上。在严寒地区，可以采用三层玻璃。

为了增加塑料型材的刚度，可以在塑料型材内腔中镶入增加抗压弯作用的钢衬或加强筋，然后通过切割、钻孔、熔接等工艺制成窗框，因此塑料窗又称为塑钢窗。塑料型材应为多腔体（一般至少为三腔结构——密闭的排水腔、隔离腔和增强腔），一般情况下，塑料型材框扇外壁厚度不小于 2.5mm。图 7-17 为塑料窗节点构造举例。

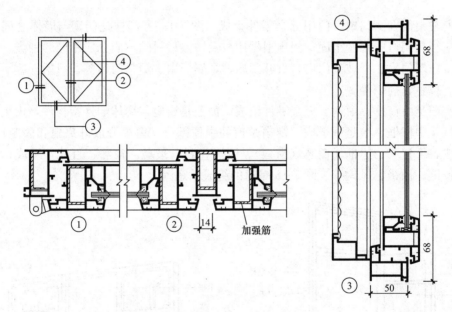

图 7-17   塑料窗的节点构造举例

③ 彩色塑钢窗：为了改变塑钢门窗颜色单一的局面，目前我国开始生产彩色塑钢窗。彩色塑钢窗的着色工艺主要有：双色共挤、彩色薄膜塑、喷塑着色三种，目前多采用后者。

④ 铝塑门窗：由于通常塑钢门窗在加工精度和质感方面还不能满足高水平的使用要求，目前有一种在塑料型材外侧包上彩色铝合金饰面型材的做法，其外观漂亮、不褪色，称为铝塑门窗。断桥式铝塑复合门窗代表了当前的先进水平。这种门窗是用塑料型材把室内外两层铝合金面材既隔开又连接成一个整体，构成一种新的隔热铝型材，其保温性能与塑钢门窗相同。具有外形美观、气密性好、隔音效果好、节能效果好的特点。

2）金属门窗的基本构造

金属门窗框料主要有铝合金及型钢（实腹和空腹），由于钢制门窗的加工精度不高，热工性能和观感差，满足不了节能和观感要求，还存在锈蚀的问题，目前在民用建筑中已经很少采用。而铝合金框料的优点较多，是金属门窗的主体。

① 铝合金窗的主要特点：铝合金型材属于薄壁结构，它与钢制门窗相比具有自重轻、强度高、外形美观、色彩多样、加工精度高、密封性能好、耐腐蚀、易保养的优点。但铝合金门窗型材的热工性能稍差，而且造价也偏高。铝合金框料的系列名称是以框的厚度尺寸来区分的，如框料厚度构造尺寸为 50mm 宽，即称为 50 系列；框料厚度构造尺寸为 90mm 宽，即称为 90 系列。

② 铝合金门窗的基本构造：铝合金门窗的开启方式较多，常见的有平开、地弹簧、滑轴平开、上悬式平开、上悬式滑轴平开、推拉等。图 7-18 是铝合金推拉窗构造的举例。

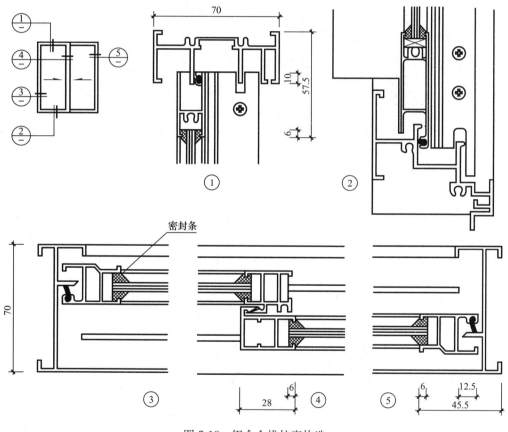

图 7-18　铝合金推拉窗构造

铝合金门的开启方式多采用地弹簧自由门，有时也采用推拉门。

铝合金门窗玻璃的固定有用空心铝压条和专用密封条两种方法，由于采用空心铝压条会直接影响窗的密封性能，而且也不够美观，目前已经基本被淘汰。

3）门窗与建筑主体的连接构造

根据安装程序的不同，门窗框与墙的连接方式可以分为立口和塞口两种。立口是先立框，后砌墙的施工方式，具有门窗框与墙体连接紧密、牢固的优点，但在施工时需要不同工种相互配合、衔接，现场作业量较大，对施工进度略有影响；塞口是先在墙体中预留洞口，后塞入框的施工方式，具有施工速度快，主体施工时不易破坏门窗的优点，但窗框与墙体连接的紧密程度稍差，处理不好容易形成"热桥"。

① 塑钢门窗与墙体的连接：框料与墙体一般通过固定铁件连接，也可以用射钉，塑料及金属膨胀螺栓固定。在寒冷地区，为了使框料和墙体的连缝封堵严密，需要在安装完门窗框之后，要用泡沫塑料发泡剂嵌缝填实，并用玻璃胶封闭。图 7-19 是门窗框与墙体连接构造的举例。

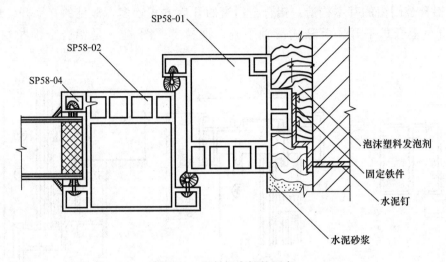

图 7-19　塑料门窗框的固定

② 铝合金门窗与墙体的连接：框料与墙体的连接主要有采用预埋铁件、燕尾铁脚、金属膨胀螺栓、射钉固定等方法（图 7-20），但在砖墙中不宜采用射钉的方法固定窗框。铝合金窗框和墙体之内一般也需密封，其方法与塑料窗相同。

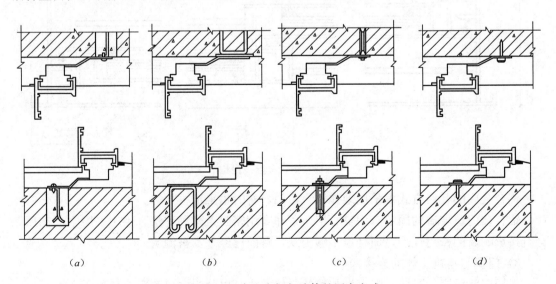

图 7-20　铝合金窗框与墙体的固定方式
（a）预埋铁件；（b）燕尾铁脚；（c）金属膨胀螺栓；（d）射钉

③ 木门窗与墙体的连接：当框与墙体的连接采用"立口"时，可以使门窗的上下槛外伸，同时每间隔1m左右在边框外侧安置木砖，利用它们与墙体连接；当采用"塞口"时，一般是在墙体中预埋木砖，然后用钉子与框固定。木框与墙体接触部位及预埋的木砖均应事先做防腐处理，外门窗还要用毛毡或其他密封材料嵌缝。

（6）屋顶的基本构造

屋顶又称屋盖，是建筑最上层的围护和覆盖构件，具有承重、围护的功能，同时又是建筑立面的重要组成部分。屋顶应具有良好的围护功能，可靠的结构安全性，美观的艺术形象，施工和保养便捷，保温（隔热）和防雨性能可靠；自重轻、耐久性好、经济合理。

为了保证屋面雨水的及时排除，所有的屋面均应有大小不同的坡度。屋面坡度越小，屋顶的构造空间就越小，自重也轻，建筑造价也会低一些。但屋面坡度不同，对屋面防水材料和构造的要求也不一样：当采用单块面积小、接缝多的屋面材料时，为了避免由于雨水集存而形成压力，导致屋面渗漏，应当使屋面的坡度大些；当采用单块面积大、接缝少、防水性能好的屋面材料时，由于这些材料具有良好的防渗能力，就可以使屋面的坡度小一些。

屋面坡度的形成一般有材料找坡和结构找坡两种方法：一是材料找坡，材料找坡又称垫置坡度，是在水平设置的屋盖结构层上采用轻质材料垫置出屋面排水坡度；二是结构找坡，结构找坡又称搁置坡度，是利用屋盖结构层顶部的自然形状来实现屋面的排水坡度，然后再做防水层。

1）屋顶的类型

① 按照屋顶的外形分类：通常分为平屋顶、坡屋顶和曲面屋顶等三种类型。平屋顶的屋面坡度比较平缓，通常不超过5％（常用坡度为2％～3％），主要是为了满足排水的基本需要，对屋面防水材料的要求较高；坡屋顶的屋面坡度一般在10％以上，可分为单坡、双坡、四坡等多种形式，造型十分丰富；曲面屋顶往往在大空间建筑中应用，传统的曲面屋顶有拱、穹顶等。

② 按照屋面的防水材料分类：通常可以分为柔性防水屋面、刚性防水屋面、构件自防水屋面和瓦屋面。

2）屋顶的排水与防水构造

① 无组织排水：是指在屋盖的周边形成挑出的屋檐，雨水在自重的作用下由屋脊流向屋檐，然后脱离屋檐自由落地的排水方式。无组织排水具有排水速度快、檐口部位构造简单、造价低廉的优点；但排水时会在檐口处形成水帘，落地的雨水四溅，对建筑勒脚部位影响较大，寒冷地区冬季檐口挂冰存在安全隐患。这种排水方式适合于周边比较开阔、低矮（一般建筑高度不超过10m）的次要建筑。

② 有组织排水：是指屋面雨水在自重的作用下，顺着屋面排水的坡向由高向低流，并汇集到事先设计好的天沟中，然后经过雨水口、雨水管等排水装置被引至地面或地下排水管线的一种排水方式。雨水的排除过程是在事先规划好的途径中进行的，克服了无组织排水的缺点，目前在城市建筑中广泛采用。但排水速度比无组织排水慢、构造比较复杂、造价也高。

按照雨水下落的途径，有组织排水分为外排水和内排水两种形式。

③ 平屋顶的防水构造

A. 刚性防水屋面：采用防水砂浆或掺入外加剂的细石混凝土（防水混凝土）作为防水层。其优点是施工方便、构造简单、造价低、维护容易、可以作为上人屋面使用；缺点是由于防水材料属于刚性，伸展性能较差，对变形反应敏感，处理不当容易产生裂缝，施工要求较高。尤其不易解决温差引起的变形，不宜在寒冷地区应用。

刚性防水屋面一般分为防水层、隔离层、找平层和结构层等 4 个构造层次：防水层以防水砂浆和防水细石混凝土最为常见；隔离层的作用是避免或减少温度变形对防水层的不利影响；找平层多做在预制钢筋混凝土板顶面，一般抹 20mm 厚 1∶3 水泥砂浆；结构层宜采用刚度大、变形小的现浇或预制混凝土屋面板，以减轻或避免结构变形对防水层的影响。

B. 柔性防水屋面：采用各种防水卷材作为防水层。其优点是柔韧性好、对变形的适应能力强、防水性能可靠、适于在不同的气候地区使用，但构造比较复杂、施工精度要求较高、耐久性稍差。我国长期使用沥青防水卷材作为柔性屋面的防水层，但由于沥青卷材的延展性能、耐久性能和施工环境较差，已经趋于被淘汰。目前大量采用常用改性沥青防水卷材、高分子化合物防水卷材作为屋面的防水材料。

柔性防水屋面一般分为保护层、防水层、找平层和结构层等 4 个主要构造层次：保护层的作用是保护防水卷材免受阳光辐射的侵害，多为浅色的细砂或反光涂料。采用沥青类防水卷材时，可在最上层表面撒上一层加热至 85～100℃ 的粒径为 3～6mm 的粗砂（俗称绿豆砂），也可以采用铝银粉涂料作为卷材的保护层。上人屋面一般铺设预制混凝土块材或其他硬质保护层；防水层的做法较多，如高分子防水卷材、沥青类防水卷材、高聚物改性沥青卷材等。高分子防水卷材一般采用以氯丁胶和丁基酚醛树脂为主要成分的胶粘剂，也可以选用以氯丁橡胶乳液制成的胶粘剂。沥青类防水卷材由油毡和沥青胶交替粘结而成的整体防水覆盖层，一般防水等级的建筑平屋顶铺两层油毡，加上下三层沥青胶（二毡三油），在重要部位或严寒地区，通常做三毡四油。高聚物改性沥青卷材可以根据卷材不同分别采用冷贴法、热熔法和自贴法进行施工；找平层一般是在屋面结构层或及保温层上做 15～30mm 厚 1∶3 水泥砂浆，并在变形的敏感部位（如屋面板支座处、板缝之间和檐口部位）预留分仓缝；结构层应具有足够的刚度，各种类型的钢筋混凝土楼板均适合做油毡防水屋面的结构层。

④ 坡屋顶的防水构造

A. 彩色压型钢板屋面：近年普遍应用，它既可以作为单一的屋面覆盖构件，也可以同时兼有保温功能，具有自重轻、构造简单、色彩丰富、防水及保温性能好的优点。

彩钢板分为单一彩钢板与复合彩钢板（夹芯彩钢板）两种，后者是在两层压型钢板之间加设一层保温材料（如聚苯板）。这种板材一般用配套的型钢檩条支撑，其跨度可达 3～4m。彩钢板的接缝处理是保证屋面工作效果的关键，一般是用与板材配套的压盖条、封口条进行封堵，并用专用胶填缝嵌固。图 7-21 是复合彩钢板接缝处构造的举例。

B. 沥青瓦屋面：又称为橡皮瓦，是一种具有良好装饰效果的屋面防水材料，目前在城市建筑和景区建筑中广泛应用。

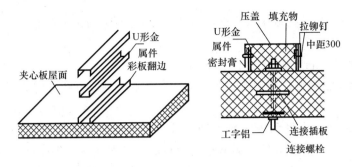

图 7-21　复合彩钢板接缝构造

沥青瓦是用沥青类材料将多层胎纸粘结起来，然后再在其表面粘贴上彩色石屑，质感较好，适用于屋面坡度较大的情况。一般要事先在坡屋顶上做卷材防水层，然后把沥青瓦按照设计好的铺贴方案顺序铺设，并用钉直接铺钉在屋面上。由于沥青瓦所用的沥青类材料软化点较低，经过一段时间之后，在高温的作用下底层沥青就会与屋面卷材粘结在一起，形成一个整体。

C. 小青瓦（筒瓦）屋面：多在中国传统风格的建筑中使用。瓦的尺寸和规格较多。铺设时一般采用木望板、苇箔等作为基层，上铺灰泥，然后在灰泥上把瓦分行正、反铺盖，也可以采用把瓦冷摊在挂瓦条上的做法。

现代的坡屋顶建筑一般是在钢筋混凝土斜板上铺设筒瓦，瓦片的固定方式有粘结和挂设两种。当防水等级较高时，应当在钢筋混凝土坡屋面上加设卷材防水层，并用现浇配筋混凝土构造层覆盖。

D. 平瓦屋面：平瓦又称机制平瓦，一般由黏土烧制而成，是我国北方传统民居采用较多的一种屋面形式。平瓦屋面有两种铺设方法：一是冷摊瓦屋面。这是一种比较简易的铺设方法，其基层只有木椽条，上钉挂瓦条，然后直接挂瓦（图 7-22a）；二是木望板平瓦屋面（图 7-22b）。要在檩条或椽子上铺一层 20mm 厚的平口毛木板（俗称望板），板上平行于屋脊铺设一层油毡，在其上沿流水方向设置顺水条，并利用顺水条固定油毡。设置顺

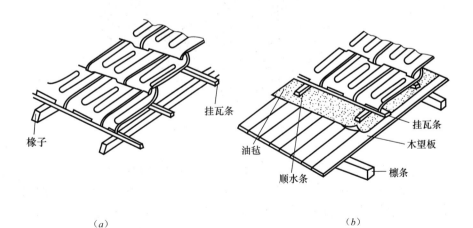

(a)　　　　　　　　　　　　　　　　(b)

图 7-22　平瓦屋面

(a) 冷摊瓦屋面；(b) 木望板平瓦屋面

水条的目的是防止少量从瓦缝中渗下的雨水流入屋盖内部。在顺水条上再钉挂瓦条，用于挂瓦。

3）屋顶的保温与隔热构造

① 平屋顶的保温构造：平屋顶的保温构造主要解决好以下两个构造问题：

A. 保温材料的选择：优先选择质量轻、孔隙多、导热系数小的保温材料，通常可分为散料、现场浇筑的拌合物和板块料三种。散料式保温材料主要有膨胀珍珠岩、膨胀蛭石、炉渣等；现场浇筑式保温层是用散料为骨料，与水泥或石灰等胶结材料加适量的水进行拌合，现场浇筑而成，具有良好的可塑性，还可以用来替代找坡层，但施工较繁琐，一般需要在保温层中设置通气口来散发潮气及冷凝水；板块式保温材料主要有聚苯板、加气混凝土板、泡沫塑料板、膨胀珍珠岩板、膨胀蛭石板等。板式材料具有施工速度快、保温效果好、避免了湿作业的优点，在当前工程中应用的最为普遍。

B. 保温层的位置：最为常见的位置是保温层设在结构层与防水层之间，由于保温层位于低温一侧（结构层上面），保温效果好并且符合热工原理。由于保温层摊铺在结构层之上，施工方便，构造也简单（图7-23）。为了防止室内空气中的水蒸气随热气流上升侵入保温层，应在保温层下面设置隔汽层；也可以将保温层设置在防水层上面，这种做法又称为"倒置式保温屋面"，对保温材料有特殊的要求，应当使用具有吸湿性低、耐气候性强的憎水材料作为保温层，并在保温层上加设钢筋混凝土、卵石、砖等较重的覆盖层；还可以把保温层与结构层结合在一起，成为一个构件，这种保温做法比较少见。

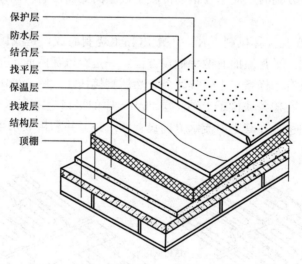

图7-23 保温层在结构层与防水层之间的构造层次

② 平屋顶的隔热构造：要比保温构造简单一些，造价也低，主要有以下三种方法：

A. 设置架空隔热层：在屋顶设置架空的隔热间层，并在屋顶四周留出通风面，利用空气的流动带走辐射热量，进而降低屋顶内表面的温度，隔热效果较好。架空隔热层既可以采用预制的隔热板，也可以采用预制钢筋混凝土平板，搁置在砖垛上架空（图7-24）。

B. 利用实体材料隔热：利用表观密度大的材料的蓄热性、热稳定性好和传导过程时间延迟的特性来达到隔热目的，如大阶砖或混凝土板实铺屋面、堆土种植屋面和蓄水屋面等。

C. 利用材料反射降温隔热：在屋顶用浅颜色的砾石、混凝土做面层，或在屋面刷白色涂料或银粉等的办法，将大部分太阳辐射热反射出去，进而达到降低屋顶温度的目的。这种做法隔热效果一般，仅在一些简易建筑中使用。

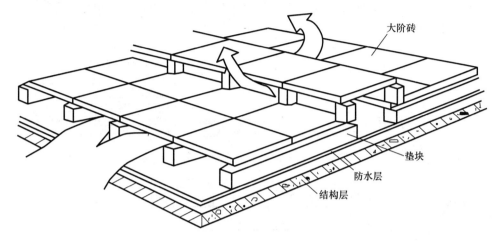

图 7-24　架空通风隔热层

③ 坡屋顶的保温构造：保温材料的选择与平屋顶基本一致，构造要求也相同，主要是保温层放置的位置与平屋顶有所区别。

A. 上弦保温：把保温材料设置在屋架上弦。这种做法可以使整个坡屋顶都被包围在保温层之内，便于利用屋盖体系设置阁楼，但对保温材料要求较高，保温材料用量多，自重也大。

B. 下弦保温：在有吊顶的坡屋顶中常用。一般在吊顶的次搁栅上铺板，然后再摊铺保温层。保温材料可选用无机散状材料，如矿渣、膨胀珍珠岩、膨胀蛭石、锯末等，下面最好用油毡或油纸做一道隔汽层。保温材料用量少，但顶棚系统与室内不在同一个温度区。

C. 构件自保温：目前多使用复合彩钢板作为屋面的防水和保温复合构件，一般不再另作吊顶棚。这种做法构造简单，施工速度快，日后的维修量也不大，但存在彩钢板老化和撞击噪声的问题，多用于室内装饰标准较低的建筑。

④ 坡屋顶的隔热构造：坡屋顶自身的隔热的能力远高于平屋顶。在炎热地区，为了使屋面具有隔热的功效，通常把坡屋顶做成双层屋面（设置"黑天棚"或带架空层的双层坡屋面），并在檐口处或顶棚中（一般在山墙设窗或在屋面设置老虎窗）设置进风口，在屋脊处设排风口，利用屋顶内外的热压差和迎背风的压力差，组织空气对流，形成屋顶的自然通风，带走室内的辐射热，改善室内气候环境（图 7-25）。

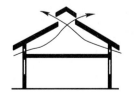

图 7-25　坡屋顶的隔热构造

4）平屋顶的细部构造

① 刚性防水屋面的细部构造

A. 泛水构造：凡是防水层与垂直墙面的交接处，如女儿墙、山墙，通风道、楼梯间及电梯室出屋面等部位均要做泛水处理，高度一般不小于 250mm，如条件允许时一般都做得稍高一些。图 7-26 是刚性防水屋面外檐沟泛水构造的举例。图 7-27 是刚性防水屋面女儿墙泛水构造的举例。

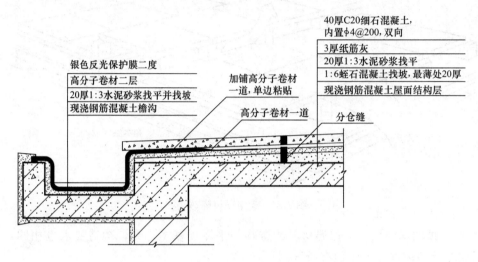

图 7-26　刚性防水屋面外檐沟泛水构造

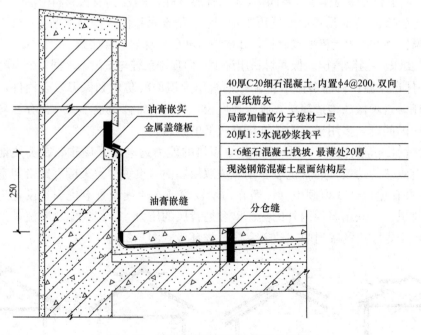

图 7-27　刚性防水屋面女儿墙泛水构造

B. 分仓缝构造：应设置在预期变形较大的部位（如装配式结构面板的支承端、预制板的纵向接缝处、屋面的转折处、屋面与墙交接处），间距一般应控制在 6m 以内，严寒地区缝的间距应当适当减小，分仓缝处的钢筋网片应断开。

C. 雨水口构造：直管式雨水口适用于外檐沟排水，在放置套管后，还要加铺一道卷材防水层，卷材应铺入套管内壁深度不小于100mm，并在其表面涂玛琋脂，再用环形筒嵌入套管，将卷材压紧，防水层与雨水口接缝处应当用油膏嵌缝（图7-28）；弯管式雨水口适用于女儿墙排水，雨水管由弯管和箅子两部分组成，弯管置于女儿墙的预留孔洞中，在安装弯管前，下面应加铺卷材防水层，与弯曲管搭接长度不小于100mm，然后再浇注刚性防水层，防水层与弯管交接处应当用油膏嵌缝（图7-29）。

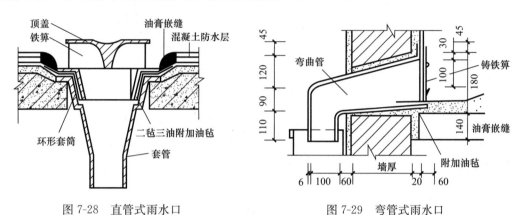

图 7-28　直管式雨水口　　　　　　　图 7-29　弯管式雨水口

② 柔性防水屋面的细部构造

A. 泛水构造：常见的做法是先用水泥砂浆或轻质混凝土在垂直面与屋面交界处做成半径大于50mm的圆弧或75°的斜面，并加铺一层防水卷材。图7-30是常见泛水构造的举例，女儿墙的泛水构造也可以参照执行。

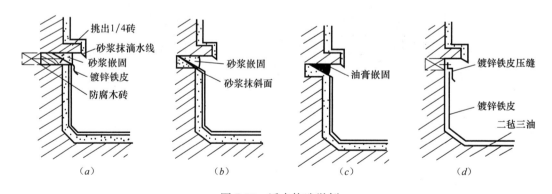

图 7-30　泛水构造举例
（a）铁皮压毡；（b）砂浆嵌固；（c）油膏嵌固；（d）加镀锌铁皮

B. 檐口构造：关键是要处理好卷材的收头。自由排水屋面的檐口通常用油膏嵌缝、粘结，然后在上面洒绿豆砂作为保护层（图7-31a），也可用镀锌铁皮做包檐（图7-31b）。

5）坡屋顶的细部构造

① 檐口构造

A. 挑檐：通常用于自由排水，有时也用于降水量小的地区低层建筑的有组织排水。

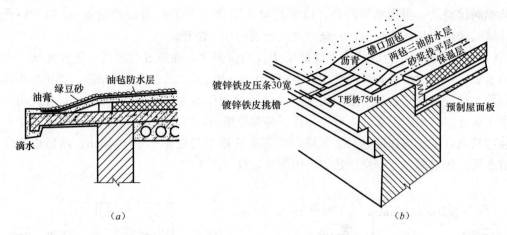

图 7-31　自由排水屋面檐口构造

(a) 油膏嵌缝压毡；(b) 镀锌铁皮包檐

当檐口出挑较小时，可用砖在檐口处逐皮外挑，外伸长度不大于墙厚的 1/2。当檐口挑出较大时可以用屋面板出挑檐口（长度不宜大于 300mm），或在檐口墙外加一檩条（檐檩），也可以利用已有椽子直接挑出。图 7-32 是平瓦屋面檐口构造的举例。

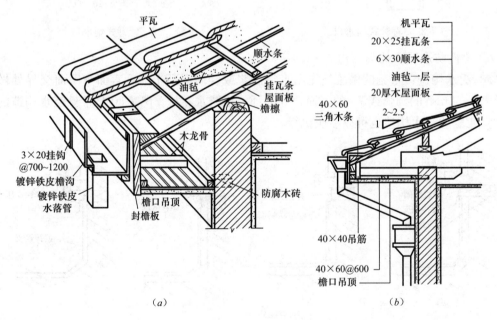

图 7-32　平瓦屋面檐口构造

(a) 檐口的剖切透视；(b) 檐口构造

B. 包檐：包檐是在檐口外墙上部砌出压檐墙或女儿墙，将檐口包住，在包檐内设天沟，天沟内先用镀锌铁皮放在木底板上，铁皮一边伸入油毡层下，一边在靠墙处做泛水。

② 山墙檐口构造

A. 悬山：悬山通常是把檩条挑出山墙，用木封檐板将檩条封住，用 1∶2 水泥石灰麻刀砂浆做披水线，将瓦封住。

B. 硬山：硬山是把山墙升起后包住檐口，女儿墙与屋面交接处应作泛水处理，通常用砂浆粘贴小青瓦做成泛水或用铁皮进行处理，也可用水泥石灰麻刀砂浆抹成泛水。

（7）变形缝的构造

变形缝是一种人工构造缝，它是在设计阶段就有所安排，并在施工阶段实施的。变形缝包括伸缩缝（温度缝）、沉降缝和抗震缝三种缝型。

1）伸缩缝

① 伸缩缝的作用：伸缩缝又叫温度缝，是为了防止因环境温度变化引起的变形对建筑产生的破坏作用而设置的。当温度变形引起的内力超过建筑某些部位（如建筑的薄弱部位及设置门窗的部位）构件的抵抗能力时，将会在这些部位产生不规则的竖向裂缝，这将影响建筑的正常使用，同时也会使人们产生不安全的感觉。为了避免这种现象的发生，往往通过设置伸缩缝的办法来设防。

② 伸缩缝的设置原则：一是应尽量设置在建筑的中段，当设置几道伸缩缝时，应使各温度区的长度尽量均衡；二是以伸缩缝为界，把建筑分成两个独立的温度区。在结构和构造上要完全独立，屋顶、楼板、墙体和梁柱要成为独立的结构与构造单元。由于基础埋置在地下，基本不受气温变化的影响，因此仍然可以连在一起；三是应尽量设置在建筑横墙对位的部位，并采用双横墙双轴线的布置方案，这样可以较好地解决伸缩缝处的构造问题。

③ 伸缩缝的细部构造

伸缩缝的宽度一般为 20～30mm。细部构造主要应处理好以下三个部位：

A. 墙体伸缩缝：伸缩缝的缝型主要有平缝、错口缝和企口缝三种。平缝的密闭效果稍差，适合在四季温差不大的地区采用。错口缝和企口缝的密闭效果好，适合在四季温差较大的地区采用。为了提高伸缩缝的密闭和美观程度，同时保证缝宽的自由变化，通常在缝口处填塞保温及防水性能好的弹性材料（沥青丝、木丝板、橡胶条、聚苯板和油膏等）。外墙外表面的缝口一般要用薄金属板或油膏进行盖缝处理，外墙内表面及内墙的缝口一般要用装饰效果较好的木条或金属条盖缝。

B. 楼地面伸缩缝：主要是解决地面防水和顶棚的装饰问题，缝内也要采用弹性材料做嵌固处理。地面的缝口一般应当用金属、橡胶或塑料压条盖缝，顶棚的缝口一般要用木条、金属压条或塑料压条盖缝。

C. 屋面伸缩缝：主要是解决防水和保温的问题，对美观的要求不高。重点是要解决好泛水和顶部防水盖板的构造问题，其构造与屋面的防水构造类似。

2）沉降缝

① 沉降缝的作用：导致建筑发生不均匀沉降的因素比较复杂，不均匀沉降的存在，将会在建筑构件的内部产生剪切应力，当这种剪切应力大于建筑构件的抵抗能力时，会在沉降的部位产生裂缝，并对建筑的正常使用和安全带来影响，设置沉降缝可以有效地避免建筑不均匀沉降带来的破坏作用。

② 沉降缝的设置原则：沉降缝的设置标准没有伸缩缝的量化程度高，主要根据地基情况、建筑自重、结构形式的差异、施工期的间隔等因素来确定。要用沉降缝把建筑分成在结构和构造上完全独立的若干个单元。除了屋顶、楼板、墙体和梁柱在结构与构造上要

完全独立之外，基础也要完全独立。因为沉降缝在构造上已经完全具备了伸缩缝的特点，因此沉降缝可以代替伸缩缝发挥作用，反之则不行。

③ 沉降缝的细部构造：缝的宽度与地基的性质、建筑预期沉降量的大小以及建筑高低分界处的共同高度有关，一般不小于 30mm。

沉降缝嵌缝材料的选择及施工方式与伸缩缝的构造基本相同，盖缝材料和基本构造也与伸缩缝相同。但由于沉降缝主要是为了解决建筑的竖向变形问题，因此在盖缝材料的固定方面与沉降缝有较大的不同，要为沉降缝两侧建筑的沉降留有足够的自由度。图 7-33 是沉降缝构造的举例。

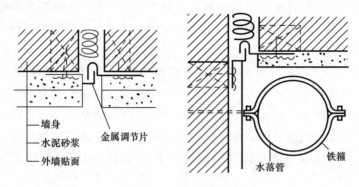

墙身
水泥砂浆
外墙贴面
金属调节片
水落管
铁箍

图 7-33　沉降缝的构造

由于沉降缝的基础必须要断开，这就给该位置的基础构造带来了特殊的技术问题，需要认真和妥善地处理。目前常用的构造方法有：设置双墙偏心基础、设置双墙交叉排列基础、设置挑梁基础。

3）抗震缝

① 抗震缝的作用：提高建筑的抗震能力，避免或减少地震对建筑的破坏作用而设置的一种构造措施，也是目前行之有效的建筑抗震措施之一。

② 抗震缝的设置原则：在地震设防烈度为 7～9 度的地区，当建筑立面高差较大、建筑内部有错层且高差较大、建筑相邻部分结构差异较大时，要设置抗震缝。

③ 抗震缝的构造：缝的宽度与地震烈度、场地类别、建筑的功能等因素有关。由于抗震缝的缝宽较大，构造处理相当复杂，确保盖缝条的牢固性以及对变形适应能力。地震发生时，建筑的底部分受地震的影响较小，因此抗震缝的基础一般不需要断开。

2. 民用建筑的一般装饰构造

（1）装饰的分类

装饰可以按照以下原则分类：按照所处的环境可以分为室内装饰和室外装饰；按照部位可以分为地面装饰、墙面装饰和顶棚装饰。还可以按照施工的工艺和面层材料的不同分类。

（2）地面的一般装饰构造

1）地面装饰的基本要求

坚固耐磨、热工性能好、具有一定的弹性、隔声能力强、满足特殊房间的要求，如防水、防潮等。

2）地面装饰的分类

地面装饰一般是依据面层所用的材料来命名的，根据面层施工方法的不同，地面装饰可分为四种类型：整体地面、块材地面、卷材地面和涂料地面。

3）常见的地面装饰构造

① 整体地面：用现场浇注或涂抹的施工方法做成的地面称为整体地面。常见的有水泥砂浆地面、水磨石地面等。

A. 水泥砂浆地面：一般先用 15～20mm 厚 1：3 水泥砂浆打底并找平，再用 5～10mm 厚 1：2 或 1：2.5 的水泥砂浆抹面，用抹子拍出净浆，最后洒上干水泥粉揉光、抹平。它既可以作为完成面使用，也可以作为其他面层的基层。具有造价低、施工方便、适应性好的优点，但观感差、易结露和起灰，耐磨度一般，多用低档建筑或次要房间。

B. 水磨石地面：一般先用 10～15mm 厚 1：3 水泥砂浆打底并找平，然后按设计要求固定分格条，分格条可以用玻璃条、铜条或铝条等，最后用 1：2～1：2.5 水泥砂浆抹面。浇水养护后用磨光机磨光，再用草酸清洗，并打蜡保护。装饰性能好、耐磨性好、表面光洁、不易起灰，但施工要求较高。

② 块材地面：是指利用各种块材铺贴而成的地面，按面层材料不同有陶瓷类板块地面、石板地面、木地面等。

A. 陶瓷类板块地面：常用的材料有缸砖、陶瓷锦砖、釉面陶瓷地砖、瓷土无釉砖、玻化砖等，铺贴方式一般先用 1：3 水泥砂浆作粘结层，按事先设计好的顺序铺贴面层材料，最后用干水泥粉或填缝剂嵌缝。这种地面具有表面致密光洁、耐磨、耐腐蚀、吸水率低、不变色的特点，但造价偏高。

B. 石板地面：石板地面包括天然石材地面和人造石材地面两种材料。天然石材主要是大理石和花岗石，人造石材主要有预制水磨石板、人造大理石板等。铺贴时的工艺要求较高，一般需预先试铺，合适后再正式粘贴。通常是在垫层或结构层上先用 20～30mm 厚 1：3～1：4 干硬性水泥砂浆找平，再用 5～10mm 厚 1：1 水泥砂浆铺贴，并用干水泥粉或水泥浆擦缝。在首层地面也可以采用泼浆的铺法。

C. 木地板：木地板主要分为实木、复合及实木复合三种。实木地板具有观感好、弹性好、不起灰、不返潮、易清洁、热工性能好的优点，但耐火性差、易腐朽、吸潮易变形，且造价较高。人工复合木地面克服了天然材料木地面的缺陷，目前广泛应用，但某些低端产品存在环保问题。实木复合地板综合了实木与复合地板的优点，具有很好的发展前景。

木地板按构造方式有空铺式和实铺式两种，空铺木地面耗费木料多、占用空间大，目前已经基本不用。实铺木地面铺设方法较多，目前多采用铺钉式和直铺式做法。

D. 塑料地板：具有脚感舒适、防滑、易清洁、美观的优点，但由于板材较薄，对基层的平整度要求极高。塑料地板是用聚氯乙烯树脂为原料，有硬质、半硬质和软质三种。塑料地板采用胶粘的方法铺贴，常用的胶粘剂有氯丁胶、水泥胶、乳白胶等。

（3）墙面的一般装饰构造

墙面装饰是建筑装修的重要组成部分，对建筑室内外的形象影响极大。墙面装饰包括外墙饰面和内墙饰面两部分，它们既有共性的要求，也有需要特殊处理的问题。

1）墙面装饰的基本要求

装饰效果好、便于维护，适应建筑的使用功能要求，适应环境因素的影响，经济可靠、便于实施。

2）墙面装饰的分类

按照部位可分为室外装饰和室内装饰；按材料及施工方式可以分为抹灰类、贴面类、涂料类、裱糊类和铺钉类。

3）墙面的一般装饰构造

① 抹灰类墙面：是传统和基础的饰面做法，既可以作为墙体的完成面，又可以作为其他装修做法的基层。具有材料来源广泛，施工操作简便，造价低廉的优点，在墙面装修中普遍应用。抹灰类墙面在施工时一般要分层操作，普通抹灰分底层和面层两遍成活；对一些标准较高的中高级抹灰，要在底层和面层之部增加一个中间层，即三遍成活，总厚度一般控制在 15～20mm。在室内抹灰中，对人群活动频繁、易受碰撞或有防水、防潮要求的墙面，常采用 1：3 水泥砂浆打底，1：2 水泥砂浆，高约 1.5m 的墙裙。对于易被碰撞的内墙阳角，宜用 1：2 水泥砂浆做护角，高度不应小于 2m，每侧宽度不应小于 50mm（图 7-34）。

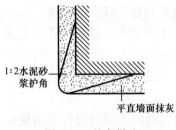

1：2水泥砂浆护角

平直墙面抹灰

图 7-34 护角做法

② 贴面类墙面：是目前采用最多的一种墙面装饰做法，有粘贴、绑扎、悬挂等多种工艺。它具有耐久、装饰效果好、容易养护与清洗等优点。常用的饰面材料有花岗石板和大理石板等天然石板，面砖、瓷砖、陶瓷锦砖和玻璃制品等人造板材。

A. 面砖：是目前室内外墙面装修普遍采用的饰面材料，一般分挂釉和不挂釉两种，表面的色彩与质感也多种多样。铺贴面砖一般用水泥砂浆作为粘结材料，应先将墙面清洗干净，然后将面砖放入水中浸泡一段时间，去除表面的水分之后就可以粘贴。先抹 15mm 厚 1：3 水泥砂浆打底找平，再抹 5mm 厚 1：1 水泥细砂砂浆作为粘贴层。

B. 陶瓷锦砖：陶瓷锦砖又名马赛克，是用优质陶土烧制而成的小块瓷砖，并在出厂时拼接粘贴在一张背纸上，有挂釉和不挂釉两种。陶瓷锦砖既可以用于内墙面，也可用于外墙面，它质地坚硬、色泽柔和，具有造价较低，观感好的优点，但清洗比较麻烦。铺贴时将纸面朝外整块粘贴在 1：1 水泥细砂砂浆上，注意对缝找平，待砂浆凝结后，淋水浸湿，然后去除背纸，用白水泥粉或填缝剂嵌缝即可。

C. 石板墙面装修：石板墙面根据施工工艺的不同分为湿挂法和干挂法两种。

湿挂法需要先在主体墙面固定用 $\phi 8～\phi 10$ 钢筋制作的钢筋网，再用双股铜线或镀锌钢丝穿过事先在石板上钻好的孔眼（人造石板则利用预埋在板中的安装环），将石板绑扎在钢筋网上。上下两块石板用不锈钢卡销固定。石板与墙之间一般留 30mm 缝隙，上部用定位活动木楔做临时固定，校正无误后，在板与墙之间分层浇筑 1：2.5 水泥砂浆，每次灌入高度不应超过 200mm。待砂浆初凝后，取掉定位活动木楔，继续上层石板的安装。由于这种施工方法存在板缝漏浆、板材表面容易被砂浆污染、粘结可靠性稍差、施工效率低的缺陷，目前已经较少采用。图 7-35 是湿挂法构造的举例。

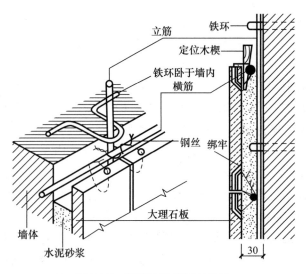

图 7-35　湿挂法粘贴石材构造

　　干挂法需要事先在墙的主体上安装金属支架，并把板材四角部位开出暗槽或粘结连接金属件，然后利用特制的连接铁件把板材固定在金属支架上，并用密封胶嵌缝，饰面板材与主体结构之间一般需要留有 80~10mm 的空隙。干挂法解决了湿挂法存在的质量通病，目前应用广泛。图 7-36 是干挂法构造的举例。

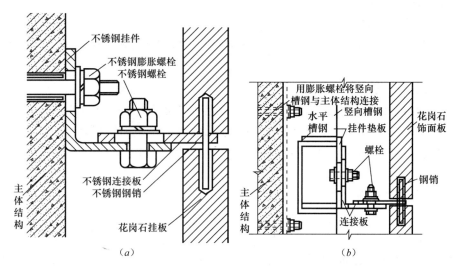

图 7-36　干挂法粘贴石材构造

（a）直接干挂；（b）间接干挂

　　③ 涂刷类墙面：是指利用各种涂料敷设于基层表面而形成完整牢固的膜层，达到装饰墙面作用的一种装修做法。涂料类墙面一般分为刷涂、滚涂和喷涂三种施工方法。用于外墙的涂料除了应具有良好的耐水性、耐碱性外，还应具有良好的耐候性。当外墙施涂的涂料面积过大时，可以设置外墙的分格缝或把墙的阴角处及落水管等处设为分界线，减少涂料色差的影响。涂料可以分为有机和无机两种。

　　A. 无机涂料：分为普通无机涂料和无机高分子涂料。普通无机涂料主要有石灰浆、大白浆、可赛银浆等；无机高分子涂料有 JH80-1 型、JH80-2 型、JHN84-1 型、F832 型、LH-82 型、HT-1 型等。具有耐水、耐酸碱、耐冻融、装修效果好的特点，但价格较高。

B. 有机涂料：有溶剂型涂料、水溶性涂料和乳液涂料三类。溶剂型涂料有传统的油漆涂料、苯乙烯内墙涂料、聚乙烯醇缩丁醛内（外）墙涂料、过氯乙烯内墙涂料等；水溶性涂料有聚乙烯醇水玻璃内墙涂料、聚合物水泥砂浆饰面涂层、改性水玻璃内墙涂料、108 内墙涂料、ST-803 内墙涂料、JGY-821 内墙涂料、801 内墙涂料等；乳液涂料又称乳胶漆，常见的有乙丙乳胶涂料、苯丙乳胶涂料等。

④ 裱糊类墙面：是将各种墙纸、墙布、织锦等卷材类的装饰材料裱糊在墙面上的一种装修做法。常用的装饰材料有 PVC 塑料壁纸、复合壁纸、草编壁纸、玻璃纤维墙布等。

⑤ 铺钉类墙面：是将各种天然或人造薄板镶钉在墙面上的装修做法，其构造与骨架隔墙相似，由骨架和面板两部分组成。施工时先在墙面上立骨架（墙筋），然后在骨架上铺钉装饰面板，骨架分木骨架和金属骨架两种。骨架间及横档的距离一般根据面板的尺度而定。室内墙面装修用面板，一般采用硬木条板、胶合板、纤维板、石膏板及各种吸声板等。硬木条板装修是将各种截面形式的条板密排竖直镶钉在横撑上。胶合板、纤维板等人造薄板可用圆钉或木螺钉直接固定在木骨架上，板间留有 5～8mm 缝隙，以保证面板有微量伸缩的可能，也可用木压条或铜、铝等金属压条盖缝。

（4）顶棚的一般装饰构造

1）顶棚装饰的基本要求

满足装饰和空间的要求，具有可靠的技术性能，具有良好的物理功能，提供设备所需的空间。

2）顶棚装饰的分类

按照顶棚与主体结构关系，可分为直接顶棚和吊顶棚；按照施工工艺不同，可分为抹灰类顶棚、贴面类顶棚、裱糊类顶棚和装配式顶棚；按照面层材料不同，一般可分为石膏板顶棚、金属板顶棚、木质顶棚等；按照承载能力，可分为上人顶棚和不上人顶棚。

3）顶棚常见的装饰构造

① 直接顶棚：是在主体结构层下表面直接进行装饰处理的顶棚，具有构造简单、节省空间的优点。抹灰顶棚是最常见的直接顶棚，它通常是用 1∶3∶9 混合砂浆抹灰，一般是两遍成活。如果大模板混凝土拆模后的平整度可以满足顶棚的观感要求，往往不另外抹灰，而是直接刮腻子，然后进行罩面装饰。另外还有直接铺钉饰面板顶棚，它也属于直接顶棚。

② 吊顶棚：具有装饰效果好、变化多、可以改善室内空间比例、适应视听要求较高的厅堂要求以及方便布置设备管线的优点，在室内装饰要求较高的民用建筑中广泛采用。

A. 轻钢龙骨吊顶：这种吊顶一般是由吊杆、轻钢骨架和罩面板构成，有时为了满足设置照明、空调设备和检修的要求，还要设置一些特殊的构造，图 7-37 是轻钢龙骨吊顶的举例。

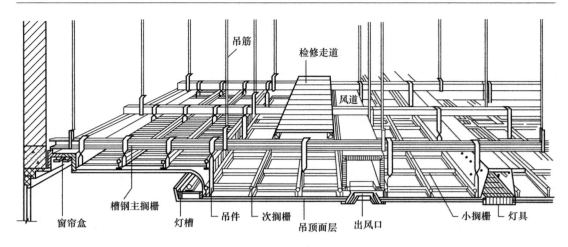

图 7-37　轻钢龙骨吊顶示意

B. 矿棉吸声板吊顶：这种吊顶的吊杆及格栅选材和构造与轻钢龙骨吊顶基本相同。矿棉吸声板的厚度一般在 9～25mm，形状多为正方形，少数为矩形。吸声板的搁置方法有两种：一种是把吸声板直接搁置在 T 形龙骨上，铝合金龙骨外露，俗称"明架"做法；另外一种是事先在吸声板侧面切割出暗缝，然后把龙骨嵌入暗缝内，龙骨不外露，俗称"暗架"做法。

另外还有金属方板吊顶和开敞式吊顶，前者多用于厨房和卫生间，后者多用于商业建筑。

3. 单层工业厂房的基本构造

（1）单层工业厂房的结构类型

单层工业厂房在结构和构造方面与民用建筑区别较大，目前主要有砖混结构、排架结构和刚架结构三种形式。

1）砖混结构单层厂房

这种结构形式主要适用于跨度较小、高度较小而且厂房内部无吊车或吊车的起重量较小的单层厂房。当厂房的跨度大于 15m，厂房的高度大于 9m，吊车起重量达到 5t 时就不宜采用。

2）排架结构单层厂房

利用排架柱和屋架（屋面大梁）一起组成排架，再通过纵向连接构件的连系作用构成厂房的整体结构系统。排架柱和屋架通常为预制，既可以采用钢筋混凝土也可以采用型钢制作，墙体仅起围护作用。排架结构厂房可以设置起重量较大的吊车（图 7-38）。

3）刚架结构单层厂房

刚架结构单层厂房是把柱子和屋架（屋面梁）通过刚性连接的方式形成一个整体构件，适用于内部无吊车或吊车起重量较小的单层厂房。随着近年来彩色压型钢板、彩色夹心板等新型屋面与墙体材料在建筑工程的广泛应用，刚架结构单层厂房也日渐增多。

（2）排架结构单层厂房的基本构造

1）基础

通常采用柱下独立基础。当厂房的钢筋混凝土柱子采用现浇施工时，基础和柱子是整浇在一起的；如果厂房采用预制柱时，一般采用独立杯形基础。

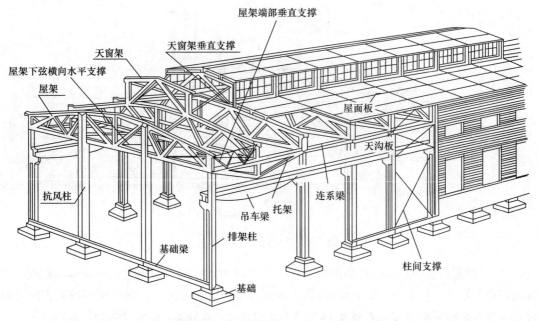

图 7-38 排架结构单层工业厂房示意

2) 排架柱

排架柱是单层工业厂房最重要的结构构件，它承担屋面荷载、吊车荷载和部分墙体荷载，同时还要承担风荷载和吊车产生的水平荷载。当厂房设置桥式或梁式吊车时，为了支撑吊车梁，需要在排架柱的上段适当部位设置牛腿。以牛腿的顶面为界，排架柱可以分为上柱和下柱两个部分。上柱主要承担屋盖系统的荷载，下柱除了承担上柱传来的荷载之外，还要承担吊车荷载。

3) 屋盖系统

单层厂房屋盖系统的构成比一般的民用建筑复杂得多，而且承担的任务也不完全一样。主要包括屋架（屋面梁）、屋面板、屋盖支撑体系等（图 7-38）。

① 屋架和屋面梁：是排架体系的重要组成部分。它们除了承担全部的屋面荷载之外，有时还要承担单轨悬挂吊车的荷载。屋面梁一般采用钢筋混凝土制作，多为预应力钢筋混凝土屋面大梁。屋架在单层厂房中应用广泛，形式也很多，如三角形屋架、梯形屋架、拱形屋架、折线形屋架等（图 7-39）。

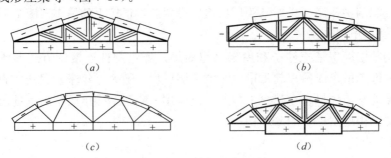

图 7-39 屋架形式与轴力分布

(a) 三角形屋架；(b) 梯形屋架；(c) 拱形屋架；(d) 折线形屋架

屋盖系统的结构形式分为无檩体系和有檩体系。有檩体系是把屋面板搁置在檩条上，檩条搁置在屋架（屋面梁）上，构件的种类和数量较多，屋面板的规格较小，多属于轻质屋面（图 7-40a）；无檩体系是把屋面板直接搁置在屋架（屋面梁）上，构件的种类和数量较少，屋面板的规格较大，属于重型屋面（图 7-40b）。通常情况下，厂房屋盖系统优先采用无檩体系，当有泄爆的要求时才采用有檩体系。

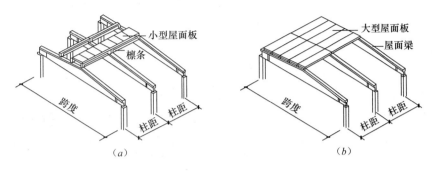

图 7-40　屋盖的结构
(a) 有檩体系；(b) 无檩体系

② 屋面板：是单层厂房屋面的覆盖构件，由于厂房屋面的面较大，屋面板的选择就显得更为重要。单层厂房可选用的屋面板种类较多，其中以预应力钢筋混凝土大型屋面板、彩色压型钢板、水泥波形瓦最为常见。

③屋盖支撑系统：是排架结构单层厂房的重要构件之一，承担着把屋盖系统各主要承重构件联系在一起的任务，对保证厂房纵向整体刚度具有关键作用。支撑分为屋盖支撑和柱间支撑，屋盖支撑包括横向水平支撑、纵向水平支撑、垂直支撑和纵向水平系杆等几部分。

4）基础梁

单层厂房通常由排架柱或钢架承担地面以上全部荷载，墙体只起围护作用。为了减少墙体的施工量，同时保证围护墙体能与厂房主体骨架一起沉降，一般用设置在墙体底部的基础梁承担墙体的荷载。基础梁的长度与柱距相同，搁置在杯形基础的杯口上，由基础支撑。基础梁的顶面的标高一般为 $-0.050 \sim -0.060$m，以便于在其上设置防潮层。在寒冷地区，为了防止土壤冻胀对基础梁的破坏，需要在基础梁的周围铺设一定厚度的砂或炉渣等松散材料。

5）连系梁和圈梁

① 连系梁：是设置在厂房排架柱之间的水平连系构件，长度与柱距相同，主要作用是保证厂房纵向刚度。连系梁往往要设置多道，通常设在排架柱的顶端、侧窗上部及牛腿处。连系梁分为设在墙内和不在墙内两种，设在墙内的连系梁还担负着承担上部墙体的任务，又称为"墙梁"。连系梁与柱子在构造上要有可靠的连接，以保证能够传递纵向荷载，连接的方式主要有焊接和螺栓连接两种形式（图 7-41）。

② 圈梁：是单层厂房常见的构件，通常不承担上部墙体荷载，因此圈梁与柱子的连接与连系梁不同。圈梁可以现浇，也可以预制（但要在两端事先留出拉结钢筋），并在与柱子交接处同预留钢筋绑扎，然后现浇混凝土。

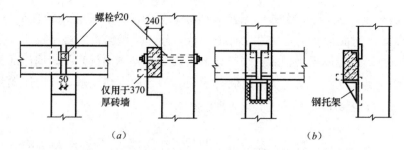

图 7-41 连系梁与柱子的连接

(a) 螺栓连接；(b) 焊接

6）吊车梁

桥式吊车和部分梁式吊车需要依托吊车梁来支撑和行走。吊车梁搁置在排架柱的牛腿上，承担吊车起重、运行和制动时产生的各种荷载。吊车梁可以用钢筋混凝土或型钢制作，受力分析比较复杂。钢筋混凝土吊车梁的断面多采用"T"、"工"形或变截面的鱼腹梁；钢制吊车梁多采用"工"形截面。吊车梁除了承担吊车荷载之外，还担负着传递厂房纵向荷载，保证厂房纵向刚度任务，是厂房中重要的纵向结构构件。

7）抗风柱

设置抗风柱的目的是保证山墙在风荷载作用下的自身稳定。为了改善抗风柱的受力状态，柱的顶端应与屋盖系统连接。因为抗风柱承受的主要是水平荷载，与排架柱的沉降量差异较大，因此抗风柱与屋盖系统宜为弹性连接，形成既能够传递水平力，又能够实现竖向位移的弹性支座（图 7-42）。

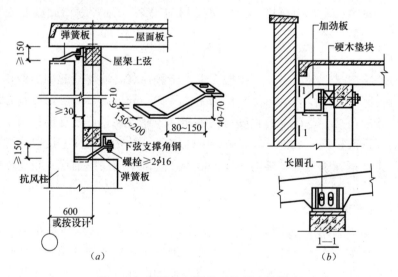

图 7-42 抗风柱与屋盖系统的连接构造

(a) 用弹簧板连接；(b) 用长螺栓孔连接

8）墙体

墙体在厂房中往往只起围护作用，再加上厂房在热工方面的要求不高，因此厂房的墙体不论在构造、表面装饰和细部处理，还是在承重方面都显得比民用建筑简单得多。目前厂房墙体所用的材料主要有砌筑和板材墙体两种类型。

① 砌筑墙体：是用砖或其他砌块作为砌墙材料，所用砂浆和组砌原则与民用建筑相同。室内部分一般不做抹灰处理，而是直接刮平缝刷白即可。由于单层厂房外墙没有室内横墙和楼板的拉结与支撑，为了保证墙体的稳定性，就要把柱子作为保证墙体稳定的依托，应当用拉结钢筋与柱子连接牢固（图7-43）。

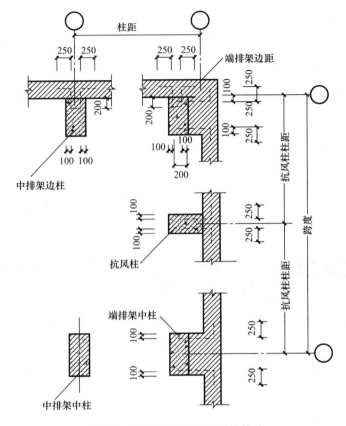

图 7-43　砌体墙与柱子的连接构造

② 板材墙体：为了适应单层厂房装配程度高、施工进度快的要求，目前在许多大型单层厂房中广泛采用板材墙体墙板。墙板包括保温墙板、不保温墙板、通透墙板等多种类型。具有自重轻、抗震性能好、施工速度快、现场湿作业量小的优点。墙板的布置主要有横向布置、竖向布置和混合布置三种形式，它们各有所长，应根据工程具体情况合理选用。墙板的连接构造是必须要解决好的构造问题，目前有柔性连接和刚性连接两种形式。

9）大门

单层厂房的大门与民用建筑有较大不同。大门的位置、数量、尺度和开启方式均要根据生产的工艺流程、通过车辆的种类和尺度进行选择。大门的种类有很多，如平开、推拉、上翻、折叠等开启方式，要根据厂房的生产特性、气候条件进行选择。

10）侧窗和天窗

① 侧窗：由于大多数厂房对室内热工的要求要低于民用建筑，因此侧窗的选材和构造一般要比民用建筑简单，严寒地区厂房一般只在距室内地面3m的范围内设置双层窗，

上部则为单层窗。但对于恒温、恒湿以及洁净车间的侧窗，其热工性能和密闭性的要求就非常高。

为了保证车间内部的照度，往往需要设置尺寸较大的侧窗。为了躲开吊车梁对侧窗的遮挡，侧窗一般分为两段设置（设有吊车梁的高度范围内一般不设置侧窗），即侧窗和高侧窗。由于厂房侧窗的面积较大，在一个窗洞内往往设置数樘窗，这些窗的开启方式和层数可能有多种，把它们组合在一起，并用拼樘互相连接，称为组合窗。

② 天窗：是单层厂房常见的采光和通风的设施之一，主要解决中间跨或跨中的采光问题，当厂房有较高的通风要求时，往往也要通过设置天窗来解决。天窗的种类很多，主要有上升式（包括矩形、梯形、M 形）天窗、下沉式（包括横向下沉、纵向下沉、点式）天窗和平天窗等多种形式（图 7-44），它们适用的情况不一样，使用的效果不同，构造各异。

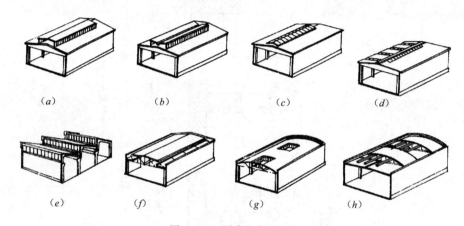

图 7-44　不同形式的天窗

(a) 矩形天窗；(b) M 形天窗；(c) 三角形天窗；(d) 采光带；(e) 锯齿形天窗；
(f) 两侧下沉式天窗；(g) 中井式天窗；(h) 横向下沉式天窗

(3) 轻钢结构单层厂房的基本构造

轻钢结构单层厂房的骨架一般为刚架结构，围护结构一般为金属薄板。轻钢结构具有建筑自重轻、结构和构造简单、标准化和装配程度高、施工进度快、构件互换和可重复利用程度高等优点，目前在现代工业企业中广泛应用，多用于机电类生产车间和仓储建筑。

1) 轻钢结构单层厂房的基本组成

轻钢结构单层厂房的主体结构是刚架，刚架的类型很多，可以根据厂房的空间要求进行选择。轻钢结构单层厂房一般由轻钢骨架、连接骨架檩条系统、支撑墙板和屋面的檩条系统、金属墙板、金属屋面板、门窗、天窗等组成。

2) 轻钢结构单层厂房的外墙

轻钢结构单层厂房的外墙多采用彩色压型钢板，这种板材是将厚度为 0.4～1.0mm 的薄钢板辊压成波形断面。需要在钢板表面进行防锈和涂饰处理，使其具有不同的色彩，并能提高使用寿命。一般情况下，彩色压型钢板的使用寿命约为 10～30 年。

复合夹芯板一般采用聚苯乙烯泡沫板、矿棉板、聚氨酯泡沫塑料板、岩棉板等作为芯材，具有热工性能好、自重轻、耐腐蚀、观感好、施工速度快和耐久性好的优点，特别适合在严寒及寒冷地区使用。

复合夹芯板通过自攻螺钉或铆钉与檩条连接，可以水平布置，也可以垂直布置。板之间的水平缝一般为错口（图7-45）；垂直缝的缝型与板的布置方式有关：当板为横向布置时，一般为平缝（图7-46）；当板为垂直布置时，多为企口缝或错口缝。

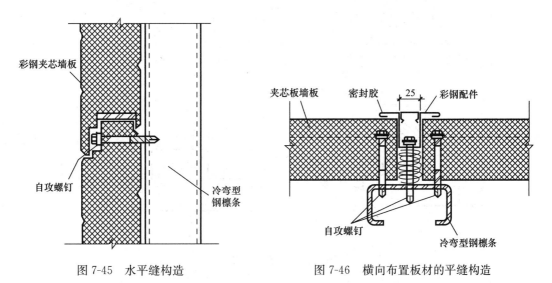

图 7-45　水平缝构造　　　　　　　　图 7-46　横向布置板材的平缝构造

3）轻钢结构单层厂房的屋面

目前，彩色压型钢板已成为有檩体系轻钢结构单层厂房普遍采用的屋面覆盖构件。彩色压型钢板屋面的自重一般仅为 $0.10 \sim 0.18 kN/m^2$，具有自重轻、美观、耐久、标准化和装配化程度高的的优点。当屋面有保温要求时，往往采用复合夹芯板。

（二）建 筑 结 构

1. 基础

（1）地基和基础的基本概念

建筑物上部结构的荷载通过下部结构最终都会传到地下土层或岩层上，这部分起支撑作用的土体或岩体就是地基。将建筑物所承受的各种作用传递到地基上的下部承重结构称为基础。

（2）常见基础的结构形式

1）无筋扩展基础

无筋扩展基础系指由砖、毛石、混凝土或毛石混凝土、灰土和三合土等材料组成的墙下条形基础或柱下独立基础，如图7-47所示。

无筋扩展基础材料都是脆性材料，有较好的抗压性能，但抗拉、抗剪强度很低。为保证基础的安全，必须限制基础内的拉应力和剪应力不超过基础材料强度的设计值。基础设计时，通过基础构造的限制来实现这一目标，即基础的外伸宽度与基础高度的比值应小于规范规定的台阶宽高比的允许值。由于此类基础几乎不可能发生挠曲变形，俗称为刚性基础。

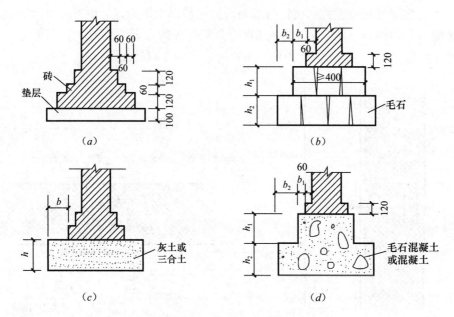

图 7-47   无筋扩展基础

无筋扩展基础的高度，应符合下式要求（图 7-48）：

$$H_0 \geqslant (b-b_0)/2\tan\alpha \tag{7-1}$$

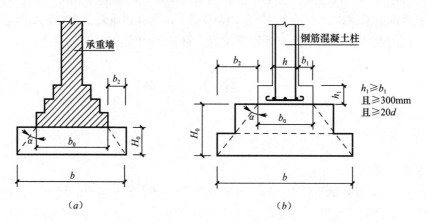

图 7-48   无筋扩展基础构造示意

2）扩展基础

扩展基础是指柱下钢筋混凝土独立基础和墙下钢筋混凝土条形基础，如图 7-49 所示。这种基础抗弯和抗剪性能良好，特别适用于"宽基浅埋"或有地下水时。

扩展基础应满足以下构造要求：

① 锥形基础的边缘高度不宜小于 200mm；阶梯形基础的每阶高度宜为 300~500mm。

② 垫层的厚度不宜小于 70mm；垫层混凝土强度等级应为 C10。

③ 扩展基础底板受力钢筋的最小直径不宜小于 10mm；间距不宜大于 200mm，也不宜小于 100mm。

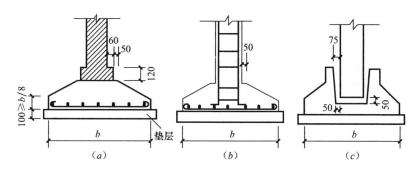

图 7-49　扩展基础

（a）钢筋混凝土条形基础；（b）现浇独立基础；（c）预制杯形基础

④ 钢筋混凝土强度等级不应小于 C20。

⑤ 基础内部受力钢筋的配置应当通过计算确定，并要满足有关的构造要求。

⑥ 现浇柱的基础，其插筋数量、直径以及钢筋种类应与柱内纵向受力钢筋相同，插筋的锚固长度应满足上述要求。当符合下列条件之一时，可将四角的插筋伸至底板钢筋网上，其余插筋锚固在基础顶面下 l_a 或 l_{aE} 处，如图 7-50 所示。

3）桩基础

桩基础由桩和承台两部分组成，如图 7-51 所示。桩在平面上可以排成一排或几排，所有桩的顶部由承台连成一个整体并传递荷载，上部结构修建在承台上。桩基础的作用是将上部结构传来的外力通过承台由桩传到较深的地基持力层中，承台将各桩连成一个整体共同承受荷载，并将荷载较均匀地传给各个基桩。

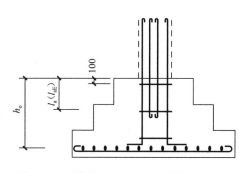

图 7-50　现浇柱的基础中的插筋构造示意

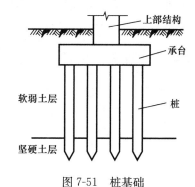

图 7-51　桩基础

由于桩基础的桩尖通常都进入到了比较坚硬的土层或岩层，因此，桩基础具有较高的承载力和稳定性，具有良好的抗震性能，是减少建筑物沉降与不均匀沉降的良好措施。

① 桩的分类

A. 按施工方式分类：可分为预制桩和灌注桩；

B. 按桩身材料分类：可分为混凝土桩、钢桩（型钢和钢管桩）、组合桩（采用两种材料组合而成的桩，如钢管桩内填充混凝土或上部为钢管桩，下部为混凝土桩）；

C. 按桩的使用功能分类：可分为竖向抗压桩、水平受荷桩、竖向抗拔桩、复合受荷桩；

D. 按桩的承载性状分类：可分为摩擦桩、端承摩擦桩、端承桩和摩擦端承桩；

E. 按成桩方法分类：挤土桩、部分挤土桩、非挤土桩；

F. 按承台底面的相对位置分类：高承台桩、低承台桩；

G. 按桩径的大小分类：小桩（直径≤250mm）、中等直径桩（直径在250~800mm）、大直径桩（直径≥800mm）。

② 桩的构造要求

A. 摩擦型桩的中心距不宜小于桩身直径的3倍，扩底灌注桩的中心距不宜小于扩底直径的1.5倍；当扩底直径大于2m时，桩端净距不宜小于1m；

B. 扩底灌注桩的扩底直径不宜大于桩身直径的3倍；

C. 预制桩的混凝土强度等级不低于C30，灌注桩不低于C20，预应力桩不低于C40；

D. 打入式预制桩的最小配筋率不小于0.8%，静压预制桩的最小配筋率不小于0.6%，灌注桩的最小配筋率不小于0.2%~0.65%（小直径取大值）；

E. 桩顶嵌入承台的长度不小于50mm。桩顶主筋应伸入承台内，其锚固长度对于HPB235级钢筋不小于30倍主筋直径。

③ 承台构造要求

A. 承台的宽度不小于500mm；

B. 承台厚度不小于300mm；

C. 承台的配筋，对于矩形承台其钢筋应按双向均匀通长配置，钢筋直径不小于10mm，间距不小于200mm；对于三桩承台，钢筋应按三向板带均匀配置，且最里面的三根钢筋围成的三角形应在柱截面范围内；

D. 承台混凝土的强度等级不低于C20。

2. 现浇钢筋混凝土楼盖

现浇钢筋混凝土楼盖是指在现场整体浇筑的钢筋混凝土楼盖。其优点：整体刚性好，抗震性强，防水性能好，结构布置灵活，所以常用于对抗震、防渗、防漏和刚度要求较高以及平面形状复杂的建筑。其缺点：养护时间长，施工速度慢，耗费模板多，施工受季节影响大。

（1）分类与适用范围

现浇楼盖按楼板受力和支承条件的不同，分为肋形楼盖、无梁楼盖和井字楼盖。

（2）板基本要求

① 板厚：由于板的混凝土用量占整个楼盖的50%~70%，因此从经济角度考虑，应使板厚尽可能接近构造要求的最小值，同时为了使板具有一定的刚度，要求连续板的板厚满足表7-1的要求。

② 板的配筋方式：连续板中受力钢筋的弯起点和截断点一般应按弯矩包络图及抵抗弯矩图确定。

钢筋混凝土梁、板截面尺寸　　　　　　　　　　　　　　表 7-1

构件种类	截面高度 h 及跨度 l 比值	附　注
悬臂板	$\dfrac{h}{l} \geqslant \dfrac{1}{12}$	单向板 h 不小于下列值： 　一般屋面：60mm 　民用建筑楼面：60mm 　工业建筑楼面：70mm 　行车道下的楼板：80mm
简支单向板	$\dfrac{h}{l} \geqslant \dfrac{1}{35}$	
两端连续单向板	$\dfrac{h}{l} \geqslant \dfrac{1}{40}$	
多跨连续次梁	$\dfrac{h}{l} = \dfrac{1}{18} \sim \dfrac{1}{12}$	梁的高宽比（h/b） 一般取 2.0～3.0 并以 50mm 为模数
多跨连续主梁	$\dfrac{h}{l} = \dfrac{1}{15} \sim \dfrac{1}{10}$	
单跨简支梁	$\dfrac{h}{l} = \dfrac{1}{14} \sim \dfrac{1}{8}$	

③ 构造钢筋的构造要求

A. 嵌固于墙内板的板面附加钢筋：为避免沿墙边产生板面裂缝，应在支承周边配置上部构造钢筋。其直径大于等于 8mm，间距小于等于 200mm；沿板的受力方向配置的上部构造钢筋，其截面面积不宜小于该方向跨中受力钢筋截面面积的 1/3，沿非受力方向配置的上部构造钢筋，可根据经验适当减少。

B. 嵌固在砌体墙内的板应符合图 7-52 的要求。

C. 楼板孔洞边配筋要求：当 b（或 d）≤300mm 时，符合图 7-53（a）的要求；当 300mm≤b（或 d）≤1000mm 时，符合图 7-53（b）的要求；当 b（或 d）＞1000mm 时，或孔洞周边有较大集中荷载时，应在洞边设肋梁（图 7-53c）。

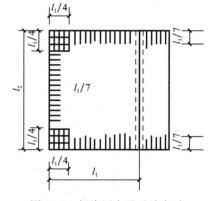

图 7-52　板嵌固在承重墙内时板边的构造钢筋

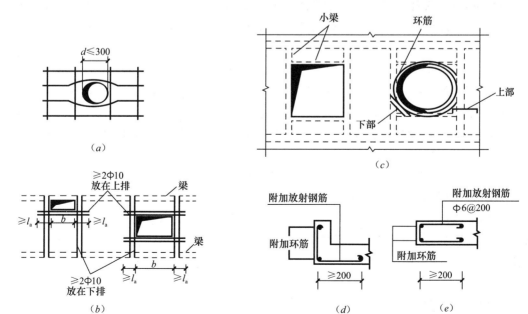

图 7-53　板上开洞的配筋方法

④ 主梁的构造要求

主梁的一般构造要求与次梁相同,但主梁纵向受力钢筋的弯起和截断点的位置,应通过在弯矩包络图上画抵抗弯矩图来确定,并应满足有关构造要求;主梁伸入墙内的长度一般大于等于 370mm;附加箍筋应符合图 7-54 的要求。

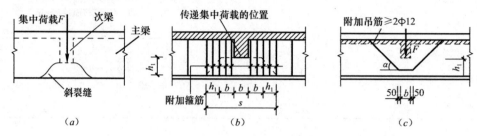

图 7-54　主梁腹部局部破坏情形及附加横向钢筋布置

3. 钢结构

（1）钢结构的适用范围与基本知识

钢结构是以钢板、型钢、薄壁型钢制成的构件,通过焊接、铆接、螺栓连接等方式而组成的结构,与其他材料的结构相比,具有如下的特点:钢材强度高,结构自重轻;塑性、韧性好;材质均匀;工业化程度高;可焊性好;耐腐蚀性差;耐火性差;在低温和其他条件下,可能发生脆性断裂等。

钢结构主要应用于大跨度结构、重型厂房结构、受动力荷载作用的厂房结构、多层、高层和超高层建筑、高耸结构、板壳结构和装配式结构。

建筑行业中常见的钢材型号有 Q235 钢、Q345 钢和 Q390 钢。

（2）钢结构构件的连接与受力

钢结构是由钢构件经连接而成的结构,因此连接在钢结构中占有很重要的位置,它直接关系钢结构的安全和经济。连接应有足够的强度,连接构件之间应保持正确的相互位置。

1）钢结构连接的种类及其特点

常见的连接方式有焊接连接、铆钉连接和螺栓连接,其中以焊接连接最为普遍。

① 焊接（图 7-55a）:优点是对几何形体适应性强,构造简单,不削弱截面,省材省工,易于自动化,工效高;缺点是焊接残余应力大且不易控制,焊接变形大对材质要求高,焊接程序严格,质量检验工作量大。

② 铆钉连接（图 7-55b）:简称铆接。优点是传力可靠,韧性和塑性好,质量易于检查,抗动力荷载好;缺点是费钢、费工。

③ 螺栓连接（图 7-55c）:优点是装卸便利,设备简单;缺点是螺栓精度低时不宜受剪,螺栓精度高时加工和安装难度较大。采用高强度螺栓可以解决普通螺栓的缺点,但造价较高。

2）连接方式

① 焊缝连接方式

A. 按焊缝的形式分为:对接焊缝和直角焊缝（图 7-56）。对接焊缝的形式较多（图 7-57）。

为防止熔化金属流淌，必要时可在坡口下加垫板，变厚度板或变宽度板对接，在板的一面或两面切成坡度不大于 1∶4 的斜面，以避免应力集中。建筑工程中一般采用的角焊缝形式为直角焊缝，直角焊缝按照作用力和焊缝关系，可分为侧焊缝（图 7-58*a*）、端焊缝（图 7-58*b*）、斜焊缝（图 7-58*c*）。

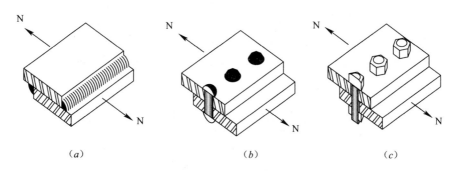

图 7-55　钢结构的连接方式

(*a*) 焊接；(*b*) 铆接；(*c*) 螺栓连接

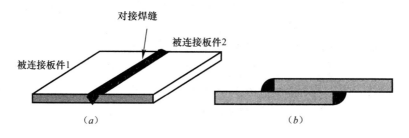

图 7-56　焊缝的种类

(*a*) 对接焊缝；(*b*) 直角焊缝

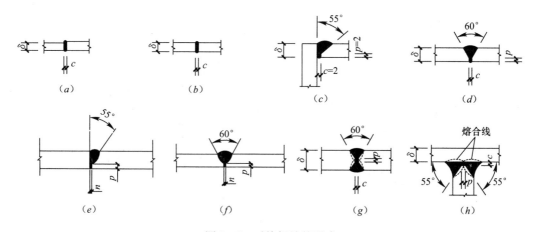

图 7-57　对接焊缝的形式

(*a*)、(*b*) I 形；(*c*) 单边 V 形；(*d*) V 形；(*e*) 单边 U 形；(*f*) U 形；(*g*) X 形；(*h*) K 形

直角焊缝的构造如图 7-59 所示：$h_e = 0.7 h_f$，h_e 总是 45° 斜面上的最小高度。

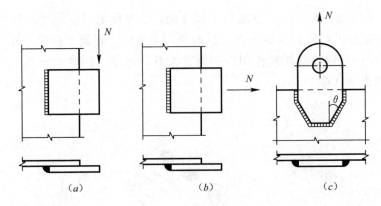

图 7-58 直角角焊缝的种类

(a) 侧焊缝；(b) 端焊缝；(c) 斜焊缝

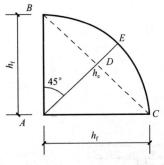

图 7-59 直角焊缝的构造

h_f—焊脚尺寸；h_e—焊缝有效厚度

B. 对接焊缝按受力与焊缝方向分为：直缝（作用力方向与焊缝方向正交）、斜缝（作用力方向与焊缝方向斜交）。

C. 角焊缝按受力与焊缝方向分为：侧缝（作用力方向与焊缝长度方向平行，见图 7-58a）、端缝（作用力方向与焊缝长度方向垂直，见图 7-58b）、斜缝（作用力与焊缝长度方向倾斜，见图 7-58c）。

D. 按施工位置分为：俯焊、立焊、横焊、仰焊。其中以俯焊施工位置最好，所以焊缝质量也最好，仰焊最差。

② 螺栓连接方式

A. 排列方式：螺栓在构件上排列应简单、统一、整齐而紧凑，通常分为并列和错列两种形式（图 7-60）。并列比较简单整齐，所用连接板尺寸小，但由于螺栓孔的存在，对构件截面削弱较大。错列可以减小螺栓孔对截面的削弱，但螺栓孔排列不如并列紧凑，连接板尺寸较大。

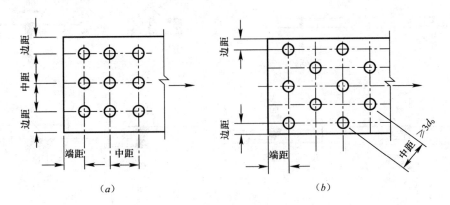

图 7-60 螺栓的排列

B. 构造要求主要有以下三个方面：一是受力要求：在受力方向螺栓的端距过小时，钢材有剪断或撕裂的可能。各排螺栓距和线距太小时，构件有沿折线或直线破坏的可能。

对受压构件，当沿作用方向螺栓间距过大时，被连板间易发生鼓曲和张口现象。二是构造要求：螺栓的中距及边距不宜过大，否则钢板间不能紧密贴合，潮气侵入缝隙使钢材锈蚀。三是施工要求：要保证一定的空间，便于转动螺栓扳手拧紧螺母。

3）钢构件的受力

钢结构构件主要包括钢柱和钢梁，其中钢柱的受力形式主要有轴向拉伸或压缩和偏心拉压，钢梁的受力形式主要有拉弯和压弯组合受力。

① 轴向受力构件（主要为钢柱）

A. 轴向受力构件的应用和截面选择：轴向受力构件主要应用于主要承重结构、平台、支柱、支撑等。可选择的截面形式如图 7-61～图 7-64 所示。

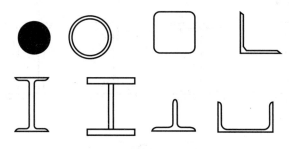

图 7-61　热轧型钢截面选择

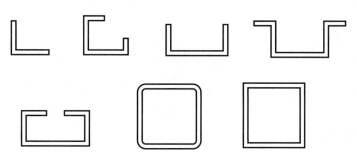

图 7-62　冷弯薄壁型钢截面选择

图 7-63　实腹式组合截面选择

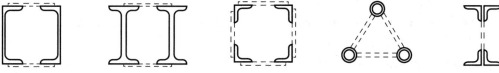

图 7-64　格构式组合截面选择

对截面形式选择的依据为：能提供强度所需要的截面积、制作比较简便、便于和相邻的构件连接以及截面开展而壁厚较薄。

B. 轴心受压构件的强度：强度计算与轴心受拉一样，一般其承载力由稳定控制。

② 弯剪受力构件的应用和强度计算（主要为钢梁）

A. 梁的类型和强度：梁的类型按制作方式分为型钢梁和组合梁（图 7-65）。

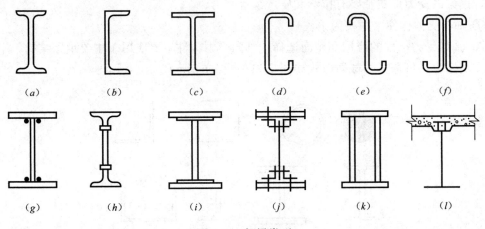

图 7-65 钢梁类型

B. 按梁截面沿长度有无变化分为等截面梁和变截面梁。梁的极限承载能力应考虑弯、剪、扭及综合效应。

C. 梁的正应力：

单向弯曲时：
$$\sigma = \frac{M_x}{\gamma_x W_{nx}} \leqslant f \tag{7-2}$$

双向弯曲时：
$$\sigma = \frac{M_x}{\gamma_x W_{nx}} + \frac{M_y}{\gamma_y W_{ny}} \leqslant f \tag{7-3}$$

D. 梁的剪应力：
$$\tau = \frac{VS}{It_w} \leqslant f_v \tag{7-4}$$

式中　S——计算剪应力处以上毛截面对中和轴的面积矩；

　　　f_v——钢材的抗剪强度设计值。

E. 梁的局部压应力：

局部压应力作用
$$\sigma_c = \frac{\psi F}{t_w l_z} \leqslant f \tag{7-5}$$

式中　ψ——集中荷载增大系数，对重级工作制吊车梁取 $\psi=1.35$，其他取 $\psi=1.0$；

　　　l_z——压应力分布长度。

③ 拉弯、压弯构件的应用和强度计算（主要包括钢柱和屋架上、下弦杆）

A. 拉弯、压弯构件的应用

拉弯构件主要应用于钢屋架受节间力下弦杆，其受力简图如图 7-66 所示。

压弯构件应用于厂房框架柱、多高层建筑框架柱、屋架上弦，其受力简图如图 7-67 所示。

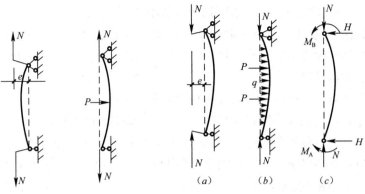

图 7-66　拉弯构件受力简图　　　　图 7-67　压弯构件受力简图

B. 拉弯、压弯构件的强度计算

单向压弯（拉弯）构件强度极限状态：

$$\frac{N}{A_n} + \frac{M}{\gamma_x W_{nx}} \leqslant f \qquad (7-6)$$

式中　A_n——净截面面积；

　　　　W_{nx}——净截面对 x 轴的抵抗矩；

　　　　f——钢材抗压（拉）承载力设计值。

双向压弯（拉弯）构件强度极限状态：

$$\frac{N}{A_n} \pm \frac{M_x}{\gamma_x W_{nx}} \pm \frac{M_y}{\gamma_y W_{ny}} \leqslant f \qquad (7-7)$$

式中　W_{ny}——净截面对 y 轴的抵抗矩；

　　　　γ_x、γ_y——截面塑性发展系数。

4. 砌体结构

砌体结构的优点：容易就地取材，造价低廉；良好的耐火性和较好的耐久性；受环境气候和施工条件的影响较小；良好的隔声、隔热和保温性能；采用配筋砌体可提高强度，改善延性和抗震性能。但与钢结构和混凝土结构相比，砌体强度较低，结构自重大；砌体的砌筑施工劳动量大；砌体的抗拉和抗剪强度较抗压强度更低，因此无筋砌体抗震性能较差；制造黏土砖耗用黏土，占用耕地，不利于环保。

（1）砌体材料种类及强度等级

1）块材

块材是砌体的主要组成部分，通常占砌体总体积的78%以上。我国目前的块材主要有以下几类：

① 砖

A. 烧结普通砖：烧结普通砖简称普通砖，指以黏土、页岩、煤矸石、粉煤灰为主要原料，经过焙烧而成的实心的或孔洞率不大于规定值且外形尺寸符合规定的砖。

烧结普通砖可分为烧结黏土砖、烧结页岩砖、烧结煤矸石砖、烧结粉煤灰砖等。全国统一规定这种砖的尺寸为 240mm×115mm×53mm，习惯上称标准砖。烧结普通砖的强度等级有 MU30、MU25、MU20、MU15 和 MU10 五个等级。

B. 非烧结硅酸盐砖：非烧结硅酸盐砖是指以硅酸盐材料、石灰、砂石、矿渣、粉煤灰等为主要材料压制成型后经蒸汽养护制成的实心砖。常用的有蒸压灰砂砖、蒸压粉煤灰砖、炉渣砖、矿渣砖等。

蒸压灰砂砖简称灰砂砖，是以石灰和砂为主要原料，经坯料制备、压制成型、蒸压养护而成的实心砖，其强度等级有 MU25、MU20、MU15 和 MU10。

蒸压粉煤灰砖简称粉煤灰砖，又称烟灰砖，是以粉煤灰、石灰为主要原料，掺配适量的石膏和集料，经坯料制备、压制成型、高压蒸汽养护而成的实心砖，有 MU20、MU15、MU10 和 MU7.5 四个强度等级。

炉渣砖亦称煤渣砖，以炉渣为主要原料，掺配适量的石灰、石膏或其他集料制成。

矿渣砖以未经水淬处理的高炉炉渣为主要原料，掺配适量的石灰、粉煤灰或炉渣制成。

C. 烧结多孔砖：烧结多孔砖简称多孔砖，是指以黏土、页岩、煤矸石或粉煤灰为主要原料，经焙烧而成的具有竖向孔洞（孔洞率不小于 25%，孔的尺寸小而数量多）的砖。其长度为 290mm、240mm、190mm，宽度为 240mm、190mm、180mm、175mm、140mm、115mm，高度为 90mm。型号有 KM1、KP1 和 KP2 三种。烧结多孔砖主要用于承重部位，其强度等级划分为 MU30、MU25、MU20、MU15 和 MU10。

② 砌块

指除普通砖和黏土空心砖及石材以外的块材。

砌块尺寸较大，可分为小型、中型和大型三类。高度在 180~350mm 的一般称为小型砌块，便于手工砌筑，使用上也较灵活。高度在 350~900mm 的一般称为中型砌块。高度大于 900mm 一般称为大型砌块。

砌块一般用混凝土或水泥炉渣浇制而成，也可用粉煤灰蒸养而成，主要有混凝土空心砌块、加气混凝土砌块、水泥炉渣空心砌块、粉煤灰硅酸盐砌块。砌块的强度等级分为 MU20、MU15、MU10、MU7.5 和 MU5 五级。

③ 石材

石材抗压强度高，抗冻性、抗水性及耐久性均较好，通常用于建筑物基础、挡土墙等，也可用于建筑物墙体。砌体中的石材应选用无明显风化的天然石材。石材的强度等级共分七级：MU100、MU80、MU60、MU50、MU40、MU30 和 MU20。

石材按加工后的外形规则程度分为料石和毛石两种。

A. 料石：料石分为细料石、半细料石和粗料石。细料石通过细加工，外形规则，叠砌面凹入深度不应大于 10mm，截面的宽度、高度不应小于 200mm，且不应小于长度的 1/4；半细料石的规格尺寸同细料石，但叠砌面凹入深度不应大于 15mm；粗料石的规格尺寸同细料石，但叠砌面凹入深度不应大于 20mm。

B. 毛石：指形状不规则，中部厚度不小于 200mm 的石材。

2）砂浆

砌体中砂浆的作用是将块材连成整体，从而改善块材在砌体中的受力状态，使其应力均匀分布，同时因砂浆填满了块材间的缝隙，也降低了砌体的透气性，提高了砌体的防水、隔热、抗冻等性能。

按配料成分不同，砂浆分为以下几种：

① 水泥砂浆：主要特点是强度高，耐久性和耐火性好，但其流动性和保水性差，操作性差。在强度等级相同的条件下，采用水泥砂浆砌筑的砌体强度要比用其他砂浆低。水泥砂浆常用于地下结构或经常受水侵蚀的砌体部位。

② 水泥混合砂浆：包括水泥石灰砂浆、水泥黏土砂浆，其强度较高，且耐久性、流动性和保水性均较好，便于施工，容易保证施工质量，常用于地上砌体，是最常用的砂浆。

③ 非水泥砂浆：有石灰砂浆、黏土砂浆、石膏砂浆。石灰砂浆强度较低，耐久性也差，流动性和保水性较好，通常用于地上砌体。黏土砂浆强度低，可用于临时建筑或简易建筑。石膏砂浆硬化快，可用于不受潮湿的地上砌体。

④ 混凝土砌块砌筑砂浆：由水泥、砂、水以及根据需要掺入的掺合料和外加剂等组成，按一定比例采用机械拌合制成，专门用于砌筑混凝土砌块的砌筑砂浆，简称砌块专用砂浆，其强度等级用 Mb 表示。

砂浆的强度等级共有 M15、M10、M7.5、M5 和 M2.5 五级。

（2）砌体结构构件的承载力

1）无筋受压砌体承载力计算

影响砌体抗压承载力的因素如下：

① 砌体的抗压强度。

② 偏心距（$e=M/N$）：当其他条件相同时，随着偏心距的增大，截面应力分布变得愈来愈不均匀；并且受压区愈来愈小，甚至出现受拉区；其承载力愈来愈小；截面从压坏可变为水平通缝过宽而影响正常使用，甚至被拉坏。

③ 高厚比 β：砌体的高厚比 β 是指砌体的计算高度 H_0 与对应于计算高度方向的截面尺寸之比，$\beta \leqslant 3$ 时为短柱，$\beta > 3$ 时为长柱。当矩形截面两个方向计算高度相等时，轴压柱 $\beta=H_0/b$；偏心受压柱（单向偏心受压沿长边 h 偏心）：偏心方向 $\beta=H_0/h$，垂直偏心方向 $\beta=H_0/b$。对于墙体 $\beta=H_0/h$（h 指墙厚）。随着高厚比的增加，构件承载力将降低；对于轴压短柱，纵向弯曲很小，可以忽略，不考虑高厚比影响。

④ 砂浆强度等级：对于长柱，若提高砂浆强度等级，可以减少纵向弯曲，减少应力不均匀分布。

《砌体结构设计规范》GB 50003 给出了单向偏心受压的高厚比及偏心距、砂浆强度等级对纵向受力构件承载力影响系数 φ。

当 $\beta \leqslant 3$ 时
$$\varphi = \frac{1}{1+12\left(\dfrac{e}{h}\right)^2} \tag{7-8}$$

当 $\beta > 3$ 时
$$\varphi = \frac{1}{1+12\left[\dfrac{e}{h}+\sqrt{\dfrac{1}{12}\left(\dfrac{1}{\varphi_0}-1\right)}\right]^2} \tag{7-9}$$

式中　e——轴向力的偏心距；

　　　h——矩形截面的轴向力偏心方向的边长；

φ_0——轴心受压构件的稳定系数，$\varphi_0=1/(1+\alpha\beta^2)$；

α——与砂浆强度等级有关的系数，当砂浆强度等级大于或等于 M5 时，$\alpha=0.0015$；当砂浆强度等级等于 M2.5 时，$\alpha=0.002$；当砂浆强度等级 f_2 等于 α_0 时，$\alpha=0.009$；

β——构件的高厚比。

2）承载力计算公式（$e\leqslant0.6y$）

$$N\leqslant N_u=\varphi f A \qquad (7\text{-}10)$$

应用式（7-10）时应注意以下两点：

① 当为偏心受压时，除计算偏心方向计算承载力外，还应计算垂直偏心方向承载力，即按轴压考虑，特别是当 h 较大，e 较小，b 较小时，在短边方向可能先发生轴压破坏。

② 由于各类砌体在强度达到极限时变形有较大差别，因此在计算 φ 时，高厚比还应进行修正，乘以砌体高厚比修正系数 γ_β，即 $\beta=\gamma_\beta H_0/h$，γ_β 值见表 7-2。

砌体高厚比修正系数　　　　　　　　　　表 7-2

砌体材料类别	γ_β
烧结普通砖、烧结多孔砖	1.0
混凝土及轻骨料混凝土砌块	1.1
蒸压灰砂砖、蒸压粉煤灰砖、细料石、半细料石	1.2
粗料石、毛石	1.5

【例 7-1】 已知某单向偏心受压柱（沿长边偏心），截面尺寸 $b\times h=370\text{mm}\times620\text{mm}$，柱计算高度 $H_0=5\text{m}$（两方向相等），承受轴向压力设计值 $N=108\text{kN}$，弯矩设计值 $M=15\text{kN}\cdot\text{m}$，采用 MU10 烧结普通砖、M5 混合砂浆（$f=1.5\text{N/mm}^2$），试验算该砌体的承载力。

【解】

计算偏心方向的承载力：

$e=M/N=139\text{mm}<0.6y=186\text{mm}$，满足要求。

$\beta=\gamma_\beta H_0/h=8>3$，$e/h=139/620=0.024$，由式（7-9）得：

$\varphi_0=1/(1+\alpha\beta^2)=0.912$

$\varphi=0.459$

$A=0.37\times0.62=0.23\text{m}^2<0.7\text{m}^2$，所以砌体强度 f 应乘以调整系数 $\gamma_a=A+0.7=0.93$。

$N_u=\varphi f A=147\text{kN}>N=108\text{kN}$

所以偏心方向的承载力满足要求。

验算垂直弯矩方向的承载力：

$\beta=\gamma_\beta H_0/b=1.0\times5000/370=13.5>3$

$\varphi_0=1/(1+\alpha\beta^2)=0.785$

对轴心受压构件，$\varphi = \varphi_0$，故 $\varphi = 0.785$。

$N_u = \varphi f A = 124kN > N = 108kN$

所以垂直偏心方向的承载力满足要求。

（3）受压砌体局部受压面承载力计算

1）受压砌体局部受压强度提高系数 γ

由于局部受压砌体受到竖向压力作用，将产生横向变形，这种变形受到周围砌体的约束作用，使得局部受压砌体处于三向或两向受压状态，所以局部受压砌体的抗压强度有所提高。局部受压强度提高系数 γ 按下式计算：

$$\gamma = 1 + 0.35\sqrt{\frac{A_0}{A_l} - 1} \tag{7-11}$$

式中　A_0——影响砌体局部抗压强度的计算面积；

　　　A_l——局部受压面积。

2）受压砌体局部均匀受压

当作用在局部受压砌体上的竖向压力设计值 N_l 与局部受压面 A_l 的形心重合时，局部受压砌体为均匀受压。局部均匀受压砌体的承载力应满足下列条件：

$$N_l \leqslant \gamma f A_l \tag{7-12}$$

（4）砌体结构的基本构造措施

1）无筋砌体的基本构造措施

砌体结构的构造是确保房屋结构整体性和结构安全的可靠措施。墙体的构造措施主要包括三个方面，即伸缩缝、沉降缝和圈梁。刚弹性和弹性方案房屋，圈梁应与屋架、大梁等构件可靠连接。钢筋混凝土圈梁的宽度宜与墙厚相同，当墙厚 $h \geqslant 240mm$ 时，其宽度不宜小于 $2h/3$。圈梁高度不应小于 $120mm$。纵向钢筋不应少于 $4\phi10$，绑扎接头的搭接长度按受拉钢筋考虑，箍筋间距不应大于 $300mm$。

2）配筋砌体构造

① 网状配筋砌体

为了使网状配筋砌体安全可靠地工作，除满足承载力要求外，还应满足以下构造要求：

A. 网状配筋砌体体积配筋率不宜小于 0.1%，且不应大于 1%。钢筋网的间距不应大于 5 皮砖，不应大于 $400mm$。配筋率过小，强度提高不明显；配筋率过大，破坏时，钢筋不能充分利用。

B. 钢筋的直径 $3 \sim 4mm$（连弯网式钢筋的直径不应大于 $8mm$）。钢筋直径过细，由于锈蚀降低承载力；钢筋过粗，增大灰缝厚度，对砌体受力不利。

C. 网内钢筋间距不应大于 $120mm$ 且不应小于 $30mm$。钢筋间距过小，灰缝中的砂浆难以密实均匀；间距过大，钢筋的砌体横向约束作用不明显。为保证钢筋与砂浆有足够的粘结力，网内砂浆强度不应低于 $M7.5$，灰缝厚度应保证钢筋上下各有 $2mm$ 砂浆层。

② 组合砌体

组合砌体由砌体和面层混凝土（或面层砂浆）两种材料组成，故应保证它们之间有良好的整体性和工作性能。具体要求如下：

A. 面层水泥砂浆强度等级不宜低于 M10，面层厚度 30～45mm。竖向钢筋宜采用 HPB235，受压钢筋一侧的配筋率不宜小于 0.1%。

B. 面层混凝土强度等级宜采用 C20，面层厚度大于 45mm，受压钢筋一侧的配筋率不应小于 0.2%，竖向钢筋宜采用 HPB235 级钢筋，也可用 HRB335 级钢筋。

C. 砌筑砂浆强度等级不宜低于 M7.5。竖向钢筋直径不应小于 8mm，净间距不应小于 30mm，受拉钢筋配筋率不应小于 0.1%。箍筋直径不宜小于 4mm 及大于等于 0.2 倍受压钢筋的直径，并不宜大于 6mm，箍筋的间距不应小于 120mm，也不应大于 500mm 及 $20d$。

D. 当组合砌体一侧受力钢筋多于 4 根时，应设置附加箍筋和拉结筋。对于截面长短边相差较大的构件（如墙体等），应采用穿通构件或墙体的拉结筋作为箍筋，同时设置水平分布钢筋，以形成封闭的箍筋体系。水平分布钢筋的竖向间距及拉结筋的水平间距均不应大于 500mm。

八、建筑设备

（一）建筑给水排水

1. 建筑给水排水的分类与组成

（1）建筑给水系统

1）建筑室内给水系统的分类

按用途不同，建筑给水系统可以分为生活给水系统、生产给水系统和消防给水系统。

2）建筑室内给水系统的组成

通常情况下，建筑室内给水系统由水源、引入管、水表节点、建筑内水平干管、立管和支管、配水装置与附件、增压和贮水设备及给水局部处理设施组成。

① 引入管：又称进户管，是室外给水接户管与建筑室内给水干管相连接的管段。引入管一般埋地敷设，穿越建筑物外墙或基础。引入管受地面荷载、冰冻线的影响，一般埋设在室外地坪下 0.7m。给水干管一般在室内地坪下 0.3～0.5m，引入管进入建筑后立即上返到给水干管埋设深度，以避免多开挖土方（图 8-1）。

② 水表节点：是安装在引入管上的水表及其前后设置的阀门和泄水装置的总称。

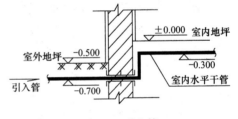

图 8-1　引入管

③ 给水管道系统：指输送给建筑物内部用水的管道系统整体。由给水管、管件及管道附件组成。按所处位置和作用，分为给水干管、给水立管和给水支管（图 8-2）。

④ 管道附件：指用以输配水、控制流量和压力的附属部件与装置。按用途可以分为配水附件和控制附件。

⑤ 增压和贮水设备：在给水系统中设置水泵、气压给水设备和水池、水箱等增压和贮水设备，以满足建筑的用水要求。

⑥ 给水局部处理设施：当有些建筑对给水的水质要求很高，超出我国现行生活饮用水卫生标准时或因其他原因造成水质不能满足卫生要求时，需要设置一些设备及配套构筑物进行给水深度处理。

（2）建筑排水系统

1）建筑排水系统的分类

按所排除的污（废）水性质，建筑排水系统可分生活废水排水系统、工业废水排水系统。

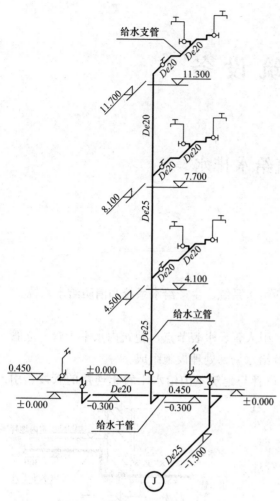

给水支管

De20 De20
11.300
De20
7.700
De25
4.100
De25

给水立管

0.450
±0.000
De20
给水干管
0.450
±0.000 −0.300 −0.300 ±0.000
De25
−1.300
Ⓙ

图 8-2 建筑室内给水管道系统图

2) 建筑排水系统的组成

建筑排水系统一般由污（废）水收集器、排水管道、通气管道系统、清通设备、提升设备等部分组成。

① 污（废）水收集器：用来收集污（废）水的器具，如室内的卫生器具、生产设备收水器等。

② 排水管道：由器具排水管（连接卫生器具和横支管之间的一段短管，除座式大便器、地漏外，其间包括存水弯）、有一定坡度的横支管、立管、横干管和排出到室外的排出管等组成。

③ 通气管道系统：作用是把管道内产生的有害气体排至大气中去，保证室内的环境卫生；减轻管道内废气对管道的锈蚀，延长使用寿命；在排水时向排水管道补给空气，使水流畅通。

④ 清通设备：检查口和清扫口属于清通设备，室内排水管道一旦堵塞可以方便疏通，因此在排水立管和横支管上的相应部位都应设置清通设备。

⑤ 提升设备：地下建筑及建筑地下部分的污、废水不能自流排至室外检查井，需设污、废水提升设备，如污水泵。

2. 建筑给水排水常用管材

（1）建筑给水常用管材

根据制造工艺和材质的不同，管材有很多品种。按材质分为黑色金属管（钢管、铸铁管）、有色金属管（铜管、铝管）、非金属管（混凝土管、钢筋混凝土管、塑料管）、复合管（钢塑管、铝塑管）等。

（2）建筑排水常用管材

1）塑料管：包括 PVC-U（硬聚氯乙烯）管、UPVC 隔声空壁管、UPVC 芯层发泡管、ABS 管等多种管材，适用于建筑高度不大于 100m、连续排放温度不大于 40℃、瞬时排放温度不大于 80℃的生活污水系统、雨水系统，也可用作生产排水管。

2）排水铸铁管：管壁较给水铸铁管薄，不能承受高压，常用于建筑生活污水管、雨水管等，也可用作生产排水管。排水铸铁管连接方式多为承插式，常用的接口材料有普通水泥接口、石棉水泥接口、膨胀水泥接口等。

3）钢管：用作卫生器具排水支管及生产设备振动较大的地点、非腐蚀性排水支管上，管径小于或等于50mm的管道，可采用焊接或配件连接。

3. 常见的建筑给水排水系统

（1）常见的给水系统

给水方式是指建筑室内给水系统的给水方案。常用给水方式有以下几种：

1）直接给水方式

当室外管网的水压、水量能经常满足用水要求，建筑室内给水无特殊要求时，可以利用室外管网的水压直接供水（图8-3）。这种给水方式的优点是给水系统简单、投资少、安装维修方便、充分利用室外管网水压、供水较为安全可靠。缺点是系统内部无储备水量，当室外管网停水时，室内系统立即断水。

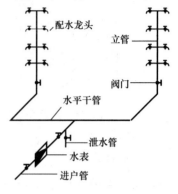

图8-3　直接给水方式

2）单设水箱给水方式

这种给水方式是将建筑室内给水系统与室外给水管网直接连接，并利用室外管网压力供水，同时设高位水箱调节流量和压力（图8-4）。当一天内室外管网大部分时间内能满足建筑用水要求，仅在用水高峰由于室外管网压力降低而不能保证建筑物上层用水时，采用此种方式。这种给水方式的优点是系统比较简单、投资较省、充分利用室外管网的供水压力、节省电耗，系统具有一定的储备水量、供水安全可靠性较好。缺点是系统设置高位水箱，增加了建筑物的结构荷载，并会对建筑立面处理造成一定影响。

3）设水泵给水方式

当室外管网水压经常不足时，利用水泵进行加压后向室内给水系统供水（图8-5）。室外给水管网允许直接吸水时，室外给水管网的压力不小于100kPa（从地面算起）。水泵直接从室外管网吸水时，应绕水泵设旁通管，并在旁通管上设阀门，当室外管网水压较大时，可停泵直接向室内系统供水。当水泵直接从外网吸水而造成室外管网压力大幅度波动，影响其他用户用水时，则不允许水泵直接从室外管网吸水，而必须设置断流水池。

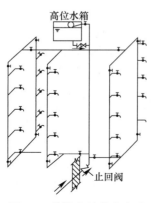

图8-4　单设水箱给水方式

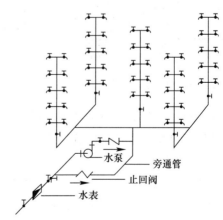

图8-5　设水泵给水方式

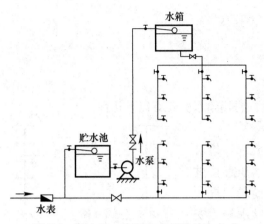

图 8-6　设水池、水泵和水箱的给水方式

4）设水池、水泵和水箱的给水方式

当室外给水管网水压经常性不足，而且不允许水泵直接从室外管网吸水和室内用水不均匀时，常采用该种给水方式（图 8-6）。水泵从贮水池吸水，经加压后送给系统用户使用。当水泵供水量大于系统用水量时，多余的水充入水箱贮存；当水泵供水量小于系统用水量时，则由水箱出水，向系统补充供水，以满足室内用水要求。此外，贮水池和水箱又起到了储备一定水量的作用，使供水的安全可靠性更好。

5）设气压给水设备供水方式

当室外给水管网水压经常不足，而用水水压允许有一定的波动，又不宜设置高位水箱时，可以采用气压给水设备升压供水，如地震区、人防工程或建筑立面有特殊要求等建筑的给水系统。该方式就是利用水泵从室外管网或贮水池中抽水加压，利用气压给水罐调节流量和控制水泵运行（图 8-7）。

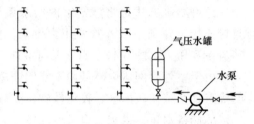

图 8-7　设气压给水设备供水方式

6）分区供水的给水方式

在多层及高层建筑物中，为了充分有效地利用室外管网的压力，节省能源，常常将给水系统分成上、下两个供水区，下区由外网直接供水，上区由升压、贮水设备供水。可将两区的一根或几根立管相连通，在分区处装设阀门，以备下区进水管发生故障或外网水压不足时，打开阀门由高区水箱向下供水（图 8-8）。

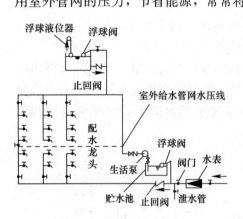

图 8-8　分区供水的给水方式

（2）常见的排水系统

根据排水立管和通气立管的设置情况，建筑内部排水管道系统分为单立管排水系统、双立管排水系统和三立管排水系统。

1）单立管排水系统

单立管排水系统也称内通气系统，这种系统只设一根排气立管，不设专用通气立管。单立管排水系统可分为三种：一是无通气管的单立管排水系统，二是有通气管的普通单立管排水系统，三是特制配件单立管排水系统。

2）双立管排水系统

双立管排水系统（外通气系统），它是由一根排水立管和一根通气立管组成。双立管排水系统利用排水立管进行气流交换，改善管内水流状态，它适用于污、废水合流的各类多层和高层建筑。

3) 三立管排水系统

三立管排水系统（外通气系统），它是由一根生活污水立管、一根生活废水立管和一根通气立管组成，两根排水立管共用一根通气立管。适用于生活污水和生活废水需分别排出室外的各类多层和高层建筑。

（二）建筑供热（暖）、通风与空调

1. 建筑的供热（暖）系统

一个供热系统由热源、供热管网、热用户三个部分组成。热源处主要设备有热水锅炉、循环水泵、补给水泵及水处理设备；室外管网由一条供水管和一条回水管组成；热用户包括采暖用户、生活热水供应用户等。系统中的水在锅炉中被加热到所需要的温度，并用循环水泵作动力使水沿供水管流入各热用户，散热后的回水沿回水管返回锅炉，水不断地在系统中循环流动。系统在运行过程中的漏水量或被用户消耗的水量，由补给水泵把经水处理装置处理后的水由回水管补充到系统内，补水量的多少可通过压力调节阀控制。除污器设在循环水泵吸入口侧，用以清除水中的污物、杂质，避免进入水泵与锅炉内。图 8-9 为区域热水锅炉房集中供热系统的举例。

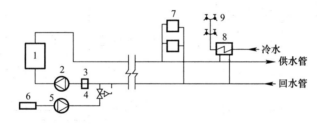

图 8-9　区域热水锅炉房集中供热系统
1—热水锅炉；2—循环水泵；3—除污器；4—压力调节器；5—补给水泵；
6—补水处理装置；7—供暖散热器；8—生活热水加热器；9—水龙头

（1）供热（暖）系统的分类

1) 局部供热系统和集中供热系统

局部供热系统是指热源、供热管道和散热设备三个组成部分在构造上连成一个整体的采暖系统，例如火炉、火炕和火墙，简易散热器采暖、煤气采暖和电热采暖等；集中供热系统是指热源、热用户的散热设备分别设置，热源产生的热量用热媒（热水或蒸汽）通过采暖管道输送至热用户的散热设备的采暖系统。

2) 热风供热系统、热水供热系统以及蒸汽供热系统

热风供热系统是以热空气为热媒，通过风管道把热量输送到需供热的建筑物内；热水供热系统是以热水为热媒，把热量带给散热设备的供热系统，用于建筑供暖称为热水供暖系统。供水温度为 95℃、回水温度为 70℃ 的称为低温热水供暖系统，供水温度高于 100℃ 的称为高温热水供暖系统；以蒸汽为热媒，把热量带给散热设备的供热系统，称为蒸汽供热系统。蒸汽相对压力小于 70kPa 的称为低压蒸汽供热系统，蒸汽相对压力为 70～

300kPa 的称为高压蒸汽供热系统。

(2) 热水供暖系统形式

该系统热能利用率高，输送时无效热损失较小，散热设备不易腐蚀、使用周期长，散热设备表面温度低，符合卫生要求，系统操作方便、运行安全，易于实现供水温度的集中调节，系统蓄热能力高，散热均匀，适于远距离输送，是当前建筑普遍采用的供暖方式。按循环动力的不同，可分为自然循环和机械循环系统。系统中的水若是靠水泵来循环的，称为"机械循环热水供暖系统"；若不是用水泵来循环，而仅靠供水与回水的密度差所形成的压力使水进行循环，称为"自然循环热水供暖系统"。常见供暖形式如下：

1) 上供下回式

上供下回式机械循环热水供暖系统有单管和双管系统两种形式。图 8-10 中左侧为双管式系统，右侧为单管式系统，该系统形式简单，施工方便，造价低，是一种最常用的形式。

2) 双管下供下回式

双管下供下回式系统的供水管和回水管均敷设在所有散热器的下面（图 8-11）。当建筑物设有地下室或平屋顶建筑顶棚下不允许布置供水干管时可采用这种形式，但必须解决好空气的排除问题。

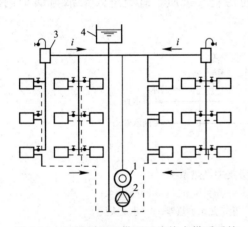

图 8-10　机械循环上供下回式热水供暖系统
1—热水锅炉；2—循环水泵；
3—集气罐；4—膨胀水箱

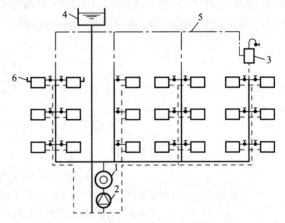

图 8-11　机械循环下供下回式热水供暖系统
1—热水锅炉；2—循环水泵；3—集气罐
4—膨胀水箱；5—空气管；6—放气阀

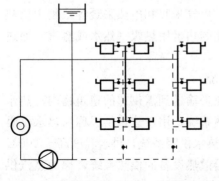

图 8-12　机械循环中供式热水供暖系统

3) 中供式

中供式系统供水干管设在建筑物中间某层顶棚的下面。中供式用于顶层梁下和窗下之间不能布置供水干管时，采用上部的供水干管式系统应考虑排气问题；下部的上供下回式系统，由于层数减少，可以缓和垂直失调问题。图 8-12 是中供式系统的举例。

4) 下供上回（倒流）式

机械循环下供上回式系统的供水干管设在所有

散热器设备的下面，回水干管设在所有散热器上面，膨胀水箱连接在回水干管上。回水经膨胀水箱流回锅炉房，再被循环水泵送入锅炉。图 8-13 是下供上回（倒流）式系统的举例。

5）混合式

如图 8-14 所示，该混合式系统中，Ⅰ区系统直接引用外网高温水，采用下供上回（倒流）的系统形式。经散热器散热后，Ⅰ区的回水温度应满足Ⅱ区的供水温度要求，再引入Ⅰ区，Ⅱ区采用上供下回低温热水采暖形式，Ⅱ区回水水温降至最低后，返回热源。

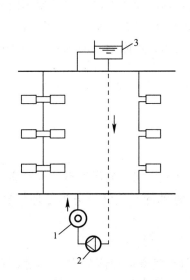
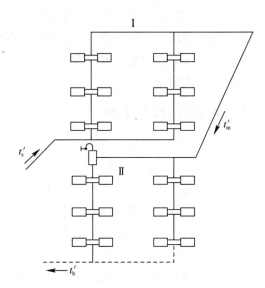

图 8-13　机械循环下供上回式（倒流）式热水供暖系统　　　图 8-14　机械循环混合式热水供暖系统
1—热水锅炉；2—循环水泵；3—膨胀水箱

6）水平单管跨越式

如图 8-15 所示，该系统在散热器支管间连接一条跨越管，热水一部分流入散热器，一部分经跨越管直接流入下组散热器。可以在散热器支管上安装阀门，能够调节散热器的进水流量。

7）低温地板辐射采暖系统

辐射采暖是利用建筑物内部顶棚、墙面、地面或其他表面，主要靠辐射散热方式向房间供应热量的系统，其中低温地板辐射采暖形式应用的最为广泛。地板辐射采暖系统比较常用的加热盘管布置形式有直列式、旋转式、往复式三种。

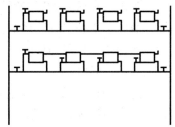

图 8-15　水平单管跨越系统

地板辐射采暖系统便于分户热计量和控制。系统供回水多为双管系统，可在每户的分水器前安装热量表进行分户热计量。还可通过调节分、集水器上的环路控制阀门调节室温。用户还可采用自动温控装置，自行控制室温。低温辐射采暖在美观和舒适感方面都比其他采暖形式优越，但其表面温度应采用较低值，地面的表面温度为 24～30℃。系统中加热管埋设在建筑结构内部，使建筑结构变得复杂，施工难度增大，维护检修也不方便。

地板辐射采暖系统在地面或楼板内埋管时地板结构层厚度：公共建筑大于等于

90mm，住宅大于等于 70mm（不含地面层及找平层）。必须将盘管完全埋设在混凝土层内，管间距为 100～300mm，盘管上部应保持厚度不应小于 30mm 的覆盖层。

低温热水地板辐射采暖系统每一集配装置的分支环路不宜多于 8 个，住宅每户至少应设置一套集配装置。分水器前应设阀门及过滤器，集水器后应设阀门，集水器、分水器上应设放气阀，系统配件应采用耐腐蚀材料。系统的工作压力不宜大于 0.8MPa，超过时应采取相应的措施。

地板辐射采暖加热管的材质和壁厚，应按工程要求的使用寿命、累计使用时间以及系统的运行水温、工作压力等条件确定。现阶段使用较多的管材是交联聚乙烯管，这种管材具有耐腐蚀、抗老化、成本低、地下无接口、不易结垢、水阻力及膨胀系数小等优点，使系统造价大为降低。

2. 建筑的通风与空调

（1）通风与空调的任务

1）建筑通风的任务

在建筑物内消除生产和生活过程中产生的不符合卫生标准的污浊空气（有害气体、灰尘、余热、余湿）对人体及工艺产品的危害，把室外的新鲜空气经适当处理后送到室内，从而保证室内空气的新鲜与洁净。

2）空气调节的任务

为建筑室内创造一定的温度、湿度、清洁度和空气流动速度的空气环境，它是更高一级的通风，它不仅要保证送进室内空气的温度和清洁度符合要求，同时还要保持送入的空气具有一定的温度和流动速度，另外还需要考虑空调系统消声、防振等方面的问题。

（2）通风系统分类

为排风和送风设置的管道及设备等装置分别称为排风系统和送风系统，统称为通风系统。通风系统按空气流动的作用动力分为自然通风、机械通风；按照系统作用范围大小分为全面通风和局部通风。

1）自然通风

这是一种依靠室内外温度差造成的热压或风力作用形成的风压来实现换气的通风形式。它无组织地送排风，具有运行经济、不消耗电能、设备投资省的优点；但不能进行温、湿度处理，进风量易受室外气象条件的影响。

2）机械通风

这是一种利用通风机所产生的抽力或压力，使空气沿着一定的通道进行室内外空气交换的通风方式。它有组织地送排风，可根据需要对进风或排风进行各种处理，便于调节通风量和稳定通风效果；但机械通风需要消耗电能，风机和风道等设备还会占用一部分面积和空间，工程设备费和维护费较大，安装管理较为复杂。

3）全面通风

全面通风是对整个房间进行通风换气，使室内有害物浓度降低到最高容许值以下，同时把污浊空气不断排至室外，所以全面通风也称稀释通风。

4）局部通风

局部通风是利用局部气流改善室内某一污染程度严重或是工作人员经常活动的局部空间的空气条件。局部通风分为局部送风和局部排风两类。

（3）空调系统

空调系统一般由空气处理、空气输送管道、空气分配装置以及自动控制装置所组成（图 8-16）。空调系统通常可按照空气处理设备设置、集中式空调系统处理的空气来源和室内空调负荷所用介质来分类。

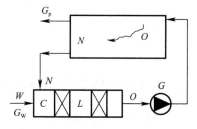

图 8-16　集中空调系统示意

1）按空气处理设备设置情况分为集中式空气调节系统、半集中式空气调节系统、全分散空气调节系统。

① 集中式空气调节系统：是由冷热源、冷热媒管道、空气处理设备、送风管道和风口组成。其中空气处理设备（冷却器、加热器、加湿器、过滤器和风机）设置在一个集中的空调机房内。具有服务面大、处理空气量大、有集中的冷热源、运行可靠、便于集中管理和维修的优点；但是机房占地面积较大，往往只能送出同一个参数的空气，难于满足不同的要求。

② 半集中式空气调节系统：除了设置集中的空调机房外，还设有分散在空调房间内的二次处理装置（诱导系统和风机盘管系统）。主要是在空气进入房间前，对来自集中处理设备的空气进一步补充处理。具有冷热源集中、便于维护和管理、布置灵活、各空调房间能独立调节、互不影响、机组定型化、规格化、易于选择和安装的优点；但是维护工作量大、气源分布受限制。

③全分散空气调节系统：是将冷（热）源设备、空气处理设备和空气输送装置都集中在一个空调机组内。又分为单元式空调器系统、窗式空调器系统、分体空调器系统。产品由工厂定型生产，现场整机安装。空调处理设备全部分散设置在空气调节房间中或邻室内，而没有集中的空调机房。安装方便、使用灵活、节省风道；但是故障率高、日常维护工作量大、噪声大。

2）根据集中式空调系统处理的空气来源分封闭式系统、直流式系统、混合式系统。

① 封闭式系统：处理的空气全部来自空调房间本身，没有室外空气的补充，全部为再循环空气。

② 直流式系统：它所处理的空气全部来自室外，室外空气经处理后送入室内，然后全部排出室外。

③ 混合式系统：所处理的空气部分来自室外，其余空气全部来自空调房间。

3）根据负担室内空调负荷所用介质分为全空气空调系统、全水空调系统、空气-水空调系统、直接蒸发空调系统（冷剂系统）。

① 全空气空调系统：室内的热湿负荷全部由集中处理的空气来承担。

② 全水空调系统：室内的热湿负荷由水作为冷热介质来承担。

③ 空气-水空调系统：由空气和水共同承担空调房间的热湿负荷。

④ 直接蒸发空调系统：将制冷系统的蒸发器直接放在室内来吸收余热余湿。

（三）建筑供电与照明

1. 施工现场临时安全用电的依据

（1）《施工现场临时用电安全技术规范》JGJ 46—2012；

（2）《建筑施工安全检查标准》JGJ 59—2011；

（3）《施工企业安全生产评价标准》JGJ/T 77—2010；

（4）《手持式电动工具的管理使用、检查和维修安全技术规程》GB/T 3787—2006；

（5）《安全防危工程技术规范》GB 50348—2004。

2. 建筑用电工程安全用电基本概念

（1）基本概念

1）电力系统：由电力线路将发电厂、变电所和电力用户联系起来的一个发电、输电、变电、配电和用电的整体。图 8-17 是电力系统示意图，图 8-18 是电力系统方框图。

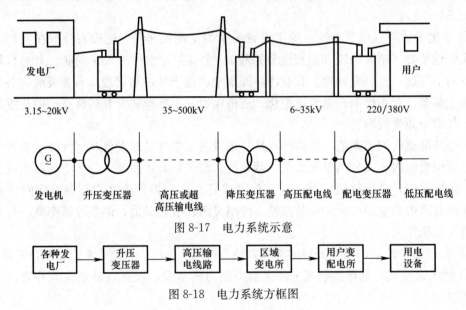

图 8-17　电力系统示意

图 8-18　电力系统方框图

2）建筑供配电系统：由高压及低压配电线路、变电所（包括配电所）和用电设备组成。

3）变电所：是电力系统中对电能的电压和电流进行变换、集中和分配的场所。由高压配电室、低压配电室、变压器室、电容器室、值班室等组成。

4）配电所：是对电能进行接收、分配、控制与保护的场所，它不对电能进行变压。配电所内只有起开闭和分配电能作用的高压配电装置，母线上无主变压器。

5）高压配电所：是担负从电力系统接受电能和分配高压电能任务的场所，对高压进行控制、计量、保护、分配等，主要由高压配电柜组成。

6）低压配电所：是担负从电力系统接受电能，然后分配电能任务的场所，对低压进行控制、计量、保护、分配等，主要由低压配电柜组成。

7）变压器室：是安装变压器的场所，其作用是将高压变换成低压。

8）电网电压等级：我国电力网的电压等级主要有 0.22kV、0.38kV、3kV、6kV、10kV、35kV、110kV、220kV、330kV、550kV 等 10 级。电网电压在 1kV 及以上的称为高压，1kV 以下的电压称为低压。

9）低压配电系统：是指从终端降压变电所的低压侧到低压用电设备的电力线路，其电压为 220/380V，由配电装置（配电柜或盘）和配电线路（干线及分支线）组成。低压配电系统可分为动力配电系统和照明配电系统。

10）馈电线：是将电能从变电所低压配电屏送至总配电箱的线路。

11）干线：是将电能从总配电箱送至各个分配电箱的线路。

12）分支线：是由干线分出，将电能送至每一个照明分配电箱的线路以及从分配电箱分出接至各用电设备的线路。

13）建筑供电系统电气主接线是指由隔离开关、互感器、避雷器、断路器、主变压器、母线、电力电缆等设备组成的，按照工作要求顺序连接构成的接受和分配电能的电气主电路，又叫主结线。

14）安全电压：是为防止触电事故而采用的 50V 以下特定电源供电的电压系列。分为 42V、36V、24V、12V 和 6V 五个等级，建筑施工现场常用的安全电压有 12V、24V、36V。

以下特殊场所必须采用安全电压照明供电：

① 室内灯具离地面低于 2.4m，手持照明灯具，一般潮湿作业场所（地下室、潮湿室内、潮湿楼梯、隧道、人防工程以及有高温、导电灰尘等）的照明，电源电压不应大于 36V。

② 在潮湿和易触及带电体场所的照明电源电压，不应大于 24V。

③ 在特别潮湿的场所，锅炉或金属容器内，导电良好的地面使用手持照明灯具等，照明电源电压不得大于 12V。

15）防雷接地：为将电流迅速导入大地以防止雷害为目的的接地。防雷接地装置包括雷电接收装置、接地线（引下线）、接地装置。

16）等电位联结：将建筑物中各电气装置和其他装置外露的金属及可导电部分与人工或自然接地体同导体连接起来以减少电位差称为等电位联结。

17）漏电保护器：俗称漏电开关，是用于在电路或电器绝缘受损发生对地短路时防人身触电和电气火灾的保护电器。一般安装于每户配电箱的插座回路上和全楼总配电箱的电源进线上，后者专用于防电气火灾。

18）倒闸操作：电气设备分为运行、备用（冷备用及热备用）、检修三种状态。将设备由一种状态转变为另一种状态的过程叫倒闸，所进行的操作叫倒闸操作。倒闸操作必须执行操作票制和工作监护制。

19）两相触电：人体同时接触两根带电的导体（相线），电线上的电流就会通过人体，从一根导线流到另一根导线，形成回路，使人触电。

20）单相触电：如果人站在大地上，接触到一根带电导线（相线）时，由于大地也能导电，而且与电力系统（发电机、变压器）的中性点相连接，人就等于接触了另一根导线（中性线）；或者接触一根相线、一根零线，造成触电。

21）"跨步电压"触电：当输电线路发生故障而使导线接地时，由于导线与大地构成回路；电流经导线流入大地，会在导线周围地面形成电场。如果双脚分开站立，会产生电位差，此电位差就是跨步电压；当人体触及跨步电压时，电流就会流过人体，造成触电事故。

22）电击与电伤：施工现场的触电事故主要分为电击和电伤两大类，也可分为低压触电和高压触电事故，前者划分按伤害类型，后者划分按触电发生部位电压的高低。

① 电击：是最危险的触电事故，大多数触电死亡事故都是电击造成的。当人直接接触了带电体，电流通过人体，使肌肉发生麻木、抽动，如不能立刻脱离电源，将使人体神经中枢受到伤害，引起呼吸困难，心脏停搏，以致死亡。

② 电伤：是电流的热效应、化学效应或机械效应对人体造成的伤害。电伤多见于人体外部表面，且在人体表面留下伤痕。

（2）常用的设备

1）供电设备：主要是为供配电服务的设备，如变电系统的变压器、高压配电系统的开关柜、低压配电系统的配电箱等。

2）照明设备：主要是各类光源。按照光源可分为：白炽灯、荧光灯和卤钨灯具；按照控制器结构可分为：开启式、保护式、密闭式和防爆式灯具；按照配光曲线可分为：直射型、半直射型、漫射型灯具。还可以按照灯罩的材料及透光程度以及安装方式分类。

3. 建筑用电工程安全用电基本知识

（1）施工现场的供电方式

1）独立变配电所供电；

2）自备变压器供电；

3）低压 220/380V 供电；

4）借用电源。

（2）用电负荷分级及其对供电电源的要求

我国将电力负荷划分为三个等级：一级负荷（双电源供电，一用一备）、二级负荷（双电源供电，一用一备，或一条高压专用线）、三级负荷（对供电电源没有特殊要求，一般由单回电力线路供电）。

（3）建筑供电系统的中性点接地方式

中性点接地方式是指作为供电电源的发电机或变压器的中性点在正常运行时与大地之间的连接方式。通常有直接接地、不接地和经消弧线圈接地方式。我国民用建筑供电系统采用直接接地的方式。IEC（国际电工委员会）规定，低压配电系统按接地方式的不同分为三类，即 TT、TN 和 IT 系统。

（4）施工现场的配电方式

低压配电方式是指低压干线的配电方式，配电方式有：放射式、树干式、混合式三种。

1）放射式（图 8-19*a*）：由总配电箱直接供给分配电箱或负载的配电方式。

2）树干式（图 8-19*b*）：由总配电箱至各分配电箱之间采用一条干线连接的配电方式。

3）混合式（图 8-19*c*）：放射式与树干式的结合。

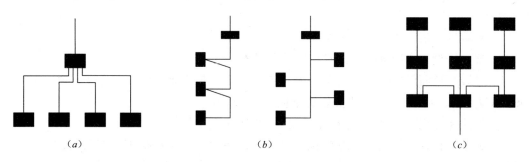

图 8-19　低压配电的基本形式
(*a*) 放射式；(*b*) 树干式；(*c*) 混合式

（5）等电位联结

等电位联结是防止触电的一项安全措施，包括总等电位联结和局部等电位联结。

1）总等电位联结（MEB）

总等电位联结是在建筑物电源进线处采取的一种等电位联结措施，一般有总等电位联结端子板，由等电位联结端子板放射连接或链接。

2）局部等电位联结（LEB）

局部等电位联结一般设在浴室、游泳池、医院手术室等特别危险的场所，这些场所发生电气事故危险性较大，要求更低的接触电压，在这些局部范围内有多个辅助等电位联结才能达到要求。

4. 建筑用电工程安全用电常识

（1）电线的相色

电源线路可分工作相线（火线）、专用工作零线和专用保护零线。一般情况下，工作相线（火线）带电危险，专用工作零线和专用保护零线不带电（但在不正常情况下，工作零线也可以带电）。一般相线（火线）分为 A、B、C 三相，分别为黄色、绿色、红色；工作零线为黑色；专用保护零线为黄绿双色线。严禁用黄绿双色、黑色、蓝色线当相线，也严禁用黄色、绿色、红色线作为工作零线和保护零线。

（2）正确使用与安装插座

1）三孔插座应选用"品字形"结构，不应选用等边三角形排列的结构。

2）插座在电箱中安装时，必须首先固定在安装板上，接地极与箱体一起作可靠的 PE 保护。

3）三孔或四孔插座的接地孔（较粗的一个孔），必须置在顶部位置，不可倒置，两孔插座应水平并列安装，不准垂直并列安装。

4）插座接线要求：对于两孔插座，左孔接零线，右孔接相线；对于三孔插座，左孔接零线，右孔接相线，上孔接保护零线；对于四孔插座，上孔接保护零线，其他三孔分别接 A、B、C 三根相线。

(3) 电气线路的安全技术措施

1) 施工现场电气线路全部采用"三相五线制"（TN-S 系统）专用保护接零（PE 线）系统供电。

2) 施工现场架空线采用绝缘铜线。

3) 架空线设在专用电杆上，严禁架设在树木、脚手架上。

4) 导线与地面保持足够的安全距离。导线与地面最小垂直距离：施工现场不应小于 4m；机动车道不应小于 6m；铁路轨道不应小于 7.5m。

5) 无法保证规定的电气安全距离，必须采取防护措施。

6) 为了防止设备外壳带电发生触电事故，设备应采用保护接零，并安装漏电保护器等措施。作业人员要经常检查保护零线连接是否牢固可靠，漏电保护器是否有效。

7) 在电箱等用电危险的地方设安全警示牌（如"有电危险"、"禁止合闸，有人工作"等）。

(4) 照明用电的安全技术措施

1) 临时照明线路必须使用绝缘导线户内（工棚）临时线路的导线必须安装在离地 2m 以上的支架上；户外临时线路必须安装在离地 2.5m 以上的支架上，零星照明线不允许使用花线，一般应使用软电缆线。

2) 建设工程的照明灯具宜采用拉线开关，拉线开关距地面高度为 2～3m，与出、入口的水平距离为 0.15～0.2m。

3) 严禁在床头设立开关和插座。

4) 电器、灯具的相线必须经过开关控制，不得将相线直接引入灯具，也不允许以电气插头代替开关来分合电路；室外灯具距地面不得低于 3m，室内灯具不得低于 2.4m。

5) 使用手持照明灯具（行灯）应符合下列要求：

① 电源电压不超过 36V；

② 灯体与手柄应坚固，绝缘良好，并耐热防潮湿；

③ 灯头与灯体结合牢固；

④ 灯泡外部要有金属保护网；

⑤ 金属网、反光罩、悬吊挂钩应固定在灯具的绝缘部位上。

6) 照明系统中每一单相回路上，灯具和插座数量不宜超过 25 个，并应装设熔断电流为 15A 以下的熔断保护器。

7) 照明灯具的金属外壳必须与 PE 线相连接，照明开关箱内必须装设隔离开关、短路与过载保护器和漏电保护器。

(5) 配电箱与开关箱的安全技术措施

施工现场临时用电一般采用三级配电方式，即总配电箱（或配电室），下设分配电箱，再以下设开关箱，开关箱以下就是用电设备。配电箱和开关箱的使用安全要求如下：

1) 配电箱、开关箱的箱体材料，一般应选用钢板，亦可选用绝缘板，但不宜选用木质材料。

2）电箱、开关箱应安装端正、牢固，不得倒置、歪斜。固定式配电箱、开关箱的下底与地面垂直距离应大于或等于 1.3m，小于或等于 1.5m；移动式分配电箱、开关箱的下底与地面的垂直距离应大于或等于 0.6m，小于或等于 1.5m。

3）进入开关箱的电源线，严禁用插销连接。

4）电箱之间的距离不宜太远：分配电箱与开关箱的距离不得超过 30m。开关箱与固定式用电设备的水平距离不宜超过 3m。

5）每台用电设备应有各自专用的开关箱。施工现场每台用电设备应有各自专用的开关箱，且必须满足"一机、一闸、一漏、一箱"的要求，严禁用同一个开关电器直接控制两台及两台以上用电设备（含插座）。开关箱中必须设漏电保护器，其额定漏电动作电流不应大于 30mA，漏电动作时间不应大于 0.1s。

6）所有配电箱门应配锁，不得在配电箱和开关箱内挂接或插接其他临时用电设备，开关箱内严禁放置杂物。

7）配电箱、开关箱的接线应由电工操作，非电工人员不得乱接。

（6）配电箱和开关箱的使用要求

1）在停、送电时，配电箱、开关箱之间应遵守合理的操作顺序：

① 送电操作顺序：总配电箱→分配电箱→开关箱；

② 断电操作顺序：开关箱→分配电箱→总配电箱。

2）使用配电箱、开关箱时，操作者应接受岗前培训，熟悉所使用设备的电气性能和掌握有关开关的正确操作方法。

3）及时检查、维修，更换熔断器熔丝，必须用原规格的熔丝，严禁用铜线、钢线代替。

4）配电箱的工作环境应经常保持设置时的要求，不得在其周围堆放任何杂物，保持必要的操作空间和通道。

5）维修机器停电作业时，要与电源负责人联系停电，要悬挂警示标志，卸下保险丝，锁上开关箱。

6）要实行"一机一空一漏一箱"的规定。

7）开关箱内每一个开关只可接一台电机（或其他用电设备）。

（7）手持电动机具的安全使用要求

1）一般场所应选用Ⅰ类手持式电动工具，并应装设额定漏电动作电流不大于 15mA，额定漏电动作时间小于 0.1s 的漏电保护器。

2）在露天、潮湿场所或金属构架上操作时，必须选用Ⅱ类手持式电动工具，并装设漏电保护器，严禁使用Ⅰ类手持式电动工具。

3）负荷线必须采用耐用的橡皮护套铜芯软电缆；单相用三芯（其中一芯为保护零线）电缆，三相用四芯（其中一芯为保护零线）电缆；电缆不得有破损或老化现象，中间不得有接头。

4）手持电动工具应配备装有专用电源开关和漏电保护器的开关箱，严禁一台开关接两台以上设备，其电源开关应采用双刀控制。

5）手持电动工具开关箱内应采用插座连接，其插头、插座应无损坏，无裂纹，且绝缘良好。

6）使用手持电动工具前，必须检查外壳、手柄、负荷线、插头等是否完好无损，接线是否正确（防止相线与零线错接）；发现工具外壳、手柄破裂，应立即停止使用并进行更换。

7）非专职人员不得擅自拆卸和修理工具。

8）作业人员使用手持电动工具时，应穿绝缘鞋，戴绝缘手套，操作时握其手柄，不得利用电缆提拉。

9）长期搁置不用或受潮的工具在使用前应由电工测量绝缘阻值是否符合要求。

5. 安装电工常用测量仪表

（1）钳形电流表

由电流互感器和电流表组成，可以不断开线路测量负载电流。

（2）万用表

用于测量电压、电流、电阻、电感、电容、三极管等。

（3）兆欧表

由测量机构、测量线路和高压电源组成，用于检查和测量电气设备或线路绝缘电阻。

（4）接地电阻测量仪

由测量仪、2支探针、3根导线组成，用于测量接地电阻。

（四） 建筑弱电系统

1. 防盗报警系统

（1）防盗报警系统的作用

可以对建筑内外重要地点和区域进行布防，及时地探测非法侵入。当探测到有非法侵入时，第一时间向有关人员示警。目前常用的有安装在墙上的振动探测器、玻璃破碎报警器及门磁开关等可有效探测罪犯的外部侵入，安装在楼内的运动式探测器和红外探测器可感知人员在楼内的活动。系统具有记录入侵时间、地点的功能，可以向监视系统发出信号。

（2）防盗报警系统的构成形式

防盗报警系统是在探测到防范现场有入侵者时能发出报警信号的专用电子系统，一般由防盗报警探测器（前端）、传输系统（传输）和报警控制器［又称报警主机（终端）］组成。探测器探测到情况就产生报警信号，通过传输系统送入报警控制器时发出声、光或其他报警方式，从而进行有效的保护（图8-20）。

图 8-20   防盗报警系统示意

　　1）防盗报警探测器

指用来探测入侵者的移动或其他动作的，由电子或机械部件组成的装置，通常由传感器和信号处理器组成。有的探测器只有传感器，没有信号处理器。

　　2）防盗报警控制器

安置于控制中心，是监控中心的主要设备，能直接或间接地接收探测器从现场传来的探测信号，并对此信号进行分析、处理、判断，发出声光报警并能指示入侵发生的部位，同时向上一级报警中心发出报警。

　　3）信号传输系统

包括有线传输与无线传输两大类，它是联络控制中心与前端的物理量通道。

　　4）常用防盗报警探测器

　　① 开关式报警探测器

通过各种类型开关的闭合或断开来控制电路产生通、断，从而触发报警。

　　② 玻璃破碎报警探测器

专门用来探测玻璃破碎时的报警器称为玻璃破碎报警探测器，它是利用压电陶瓷片压电效应制成的。

　　③ 微波报警探测器

微波报警探测器是利用微波能量的辐射及探测技术构成的报警器，按工作原理可分为雷达式和墙式两种。

　　④ 超声波报警探测器

工作方式与微波报警探测器类似，只是使用的不是微波而是超声波。利用人耳听不到的超声波段（频率高于 20kHz）的机械振动波来作为探测源，它是探测移动物体的空间型探测器。

　　⑤ 红外报警探测器

又称红外入侵探测器，按其结构和工作原理不同分为两大类，一类是主动式红外报警探测器，另一类是被动式红外报警探测器。

　　⑥ 双技术防盗报警探测器

又称双鉴报警探测器，也称复合式探测器。它是将两种探测技术以"相与"的关系结合在一起，即只有当两种探测器同时或在短时间内相继探测到目标时才发出报警信号。

　　5）常用防盗报警控制器（报警主机）

　　① 小型报警控制器

对于一般的小用户，其防护的部位很少，如写字楼里的小公司，学校的财会、档案室，较小的仓库等，都可采用小型报警控制器。

　　② 区域报警控制器

对于一些相对较大的工程系统，要求防范的区域较大，防范的点也较多，如高层写字楼、高级的住宅小区、大型的仓库、货场等，此时可选用区域性的入侵报警控制器。

　　③ 集中报警控制器

在大型和特大型的报警系统中，由集中入侵控制器把多个区域控制器联系在一起。集中入侵控制器能接收各个区域控制器送来的信息，同时也能向各区域控制器送去控制指令，直接监控各区域控制器监控的防范区域。

2. 出入口控制系统

（1）出入口控制系统的作用

出入口控制系统又称门禁管理系统，它主要实现人员出入自动控制。系统有多种构建模式，可根据系统规模、现场情况、安全管理要求等合理选择。出入口控制系统是新型现代化安全管理系统，它集微机自动识别技术和现代安全管理措施为一体，该系统集成了电子、机械、光学、计算机、通信、生物等诸多新技术，是重要部门出入口实现安全防范管理的有效措施。

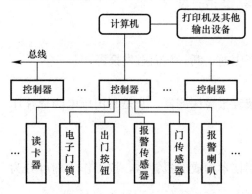

图 8-21　出入口控制系统基本结构

（2）出入口控制系统的构成

出入口控制系统的基本结构一般由三个层次的设备构成，如图 8-21 所示。底层是直接与人打交道的设备，包括有读卡器、人体自动识别系统、电子门锁、出口按钮、报警传感器和报警喇叭等；中层控制器用来接收底层设备发送来的有关人员的信息，同自己存储的信息相比较，判断后发出处理信息；上层计算机内装有门禁系统的管理软件，管理系统中所有的控制器，向它们发送控制指令，进行设置，接收控制器发来的指令进行分析和处理。

（3）卡片式出入口控制

卡片式出入口控制系统主要由读卡机、打印机、中央控制器、卡片和附加的报警监控系统组成。卡片的种类很多，常用的有磁码卡、条码卡、磁矩阵卡、射频识别卡（RFID）、红外线卡、光学卡、铁码卡、OCR 光符识别卡、智能卡（IC 卡）等。

（4）密码识别技术出入控制

如出入口控制系统采用电子密码锁。智能卡虽然可以作为通行证，但通常无法辨别持卡人身份，一旦丢失就会带来安全隐患。这时可以配用密码来加密，密码被记忆后不会随卡丢失，只有证、码全符合时才可确认放行。密码输入通常采用小键盘。

（5）人体特征识别技术出入控制

人体特征识别技术又称生物识别技术，是按人体生物特征的非同性（如指纹、掌形、手掌静脉、视网膜、虹膜、声音、人脸等）来辨别人的身份，是最安全可靠的方法。它避免了身份证卡的伪造和密码的破译与盗用，是一种不可伪造、假冒、更改的最佳身份识别方法，从而使门禁系统的安全性大大提高。

3. 闭路电视监控系统

（1）闭路电视监控系统的作用

闭路电视又称应用电视，它能在不进行直接观察的情况下，使被监视对象实时、形象、不失真地反映出来。目前已成为车站、机场、商场、银行、宾馆等建筑中不可缺少的设施。

（2）闭路电视监控系统的特点与构成

1）集中型，一般作监测、控制、管理使用；

2）信息来源于多台摄像机，多路信号要求同时传输、同时显示；

3）一般都采用闭路传输，传输的距离一般较短，有限范围多在几十米到几公里之内；

4）一般用视频传输，不用射频传输；

5）除向接收端传输视频信号外，还要向摄像机传送控制信号和电源。

（3）闭路电视监控系统的基本组成

闭路电视监控系统根据其使用环境、使用部门和系统功能的不同而具有不同的组成方式，无论系统规模多大、功能多少，一般电视监控系统均由摄像、传输分配、控制、图像处理与显示等四个部分组成。

4. 访客对讲系统

（1）访客对讲系统的作用

访客对讲系统是在每个单元口安装防盗门和对讲系统，可实现访客与住户对讲，住户可遥控开启防盗门，有效地防止外人进入建筑内。

（2）访客对讲系统的构成

访客对讲系统按功能可分为单对讲性对讲系统和可视对讲系统两种。单对讲性对讲系统一般由防盗安全门、对讲系统、控制系统和电源等组成。其中防盗安全门与普通安全门的区别是加有电控门锁闭门器。对讲系统由传声器、语音放大器和振铃电路组成；控制系统采用数字编码方式，当访客按下欲访户的号码，对应户的分机振铃响起，户主摘机通话后可决定是否打开防盗安全门。可视对讲系统则是另外加上影像设备，可以使用户看到来访者。

（3）楼宇对讲系统的基本结构

系统主要由主机、分机、UPS电源、电控锁和闭门器等组成。根据类型可分为直按式、数码式、数码式户户通、直按式可视对讲、数码式可视对讲、数码式户户通可视对讲等。

（4）访客对讲系统应该考虑的问题

1）对讲系统

对讲系统主要由传声器、语言放大器和振铃电路等组成，要求对讲语音清晰，信噪比高，失真度低。

2）控制系统

一般宜采用总线制传输，数字编码方式控制，只要按下户主的代码，对应的户主拿下话机就可以与访客通话，以决定是否需要打开防盗安全门。

3）电源系统

电源系统供给语音放大、电气控制等部分的电源，它必须考虑的因素有：电源设计的适用范围要大，考虑交、直流两用。

4）电控防盗安全门

楼宇对讲系统用的电控防盗安全门是在一般防盗安全门的基础上加上电控锁、闭门器等构件组成的，防盗门可以是栅栏式或复合式，但关键是安全性和可靠性要有保证。

5）系统线制结构的选择

访客对讲系统的线制结构有多线制、总线多线制和总线制三种。

① 多线制：通话线、开门线、电源线共用，每户再增加一条门铃线；

② 总线多线制：采用数字编码技术，一般每层有一个解码锁（四用户或八用户）解码器与解码器之间以总线连接，解码器与用户室内机成星形连接，系统功能多而强；

③ 总线制：将数字编码移至室内用户机中，从而省去解码器，构成完全总线连接，故系统连接更灵活，适应性更强，但若某用户发生短路，会造成整个系统不正常。

6）可视对讲系统的选择

可视对讲系统可用于单元式的公寓和经济条件比较富裕的家庭，它由视频、音频和可控防盗安全门等系统组成。

5. 有线电视系统

（1）有线电视系统的作用

有线电视系统简称 CATV，是住宅建筑和大多数公共建筑必须设置的系统。有线电视系统一般用电缆和光缆传输信号。同轴电缆具有很好的屏蔽性能，光缆传输的是广播信号，具有极强的抗电磁干扰能力，所以有线电视系统传输的电视信号质量高、成像清晰、传输容量大，可为用户提供丰富的节目信号。双向的有线电视系统可实现数据传输、互动电视、电视电话等功能，使其成为全社会综合信息网的组成部分。

（2）有线电视系统的构成

任何一个有线电视系统无论多么复杂，均可认为是由前端、干线传输、用户分配网络三个部分组成。

6. 电话通信系统

（1）电话通信系统的作用

电话通信系统是建筑内信息传输网的重要组成部分。目前建筑内的用户对信息的需求已不仅是听觉信息，更要传输视觉信息，如文字、图形、活动图像等非语音等信息。例如数据传输、可视图文、电子邮件、可视电话和多媒体通信等，而数字程控交换机的产生极大地满足了这些要求。

（2）电话通信系统的构成

一个完整的电话通信系统应由终端设备、传输设备、交换设备三大部分组成。其中终端设备为电话机，传输设备为用户线、中继线，交换设备为电话交换机。

7. 电气消防系统

（1）电气消防系统的作用

自动捕捉火灾监测区域内火灾发生时的烟雾或热气，从而能够发出声光报警，并有联动其他设备的输出接点，能够控制自动灭火系统、事故广播、事故照明、消防给水和排烟系统。

（2）电气消防系统的构成

消防系统主要由三部分构成：第一部分为感应机构（火灾自动报警系统），第二部分为执行机构（灭火自动控制系统），第三部分为避难引导系统。其中第二、三部分也可合并称为消防联动系统。

（3）消防系统的分类

消防系统的类型，若按报警和消防方式可分为以下两种：

1）自动报警、人工消防

中等规模的旅馆在客房等处设置火灾探测器，当火灾发生时，在本层服务台处的火灾报警器发出信号，同时在总服务台显示出某一层发生火灾，消防人员根据报警情况采取消防措施。

2）自动报警、自动消防

这种系统与上述系统的不同点在于：在火灾发生时自动喷洒水进行消防，而且在消防中心的报警器附近设有直接通往消防部门的电话，消防中心在接到火灾报警信号后，立即发出疏散通知并开动消防水泵和电动防火卷帘门等消防设备，从而实现自动报警、自动消防。

（4）火灾自动报警系统的组成

由触发器件（探测器、手动报警按钮）、火灾报警装置（火灾报警控制器）、火灾警报装置（声光报警器）、控制装置（包括各种控制模块、火灾报警联动一体机，自动灭火系统的控制装置，室内消火栓的控制装置，防烟排烟控制系统及空调通风系统的控制装置，常开防火门、防火卷帘的控制装置，电梯迫降控制装置及火灾应急广播、火灾警报装置、消防通信设备、火灾应急照明及指示标志的控制装置等）、电源等组成。

8. 公共广播系统

（1）公共广播系统的作用

公共广播系统是现代建筑中普遍设置的系统，可利用公共广播系统播放音乐，或者转播中央和地方广播电台的节目。同时，通过系统播送通知、报告或进行促进安全、高效生产的宣传等工作。

（2）公共广播系统的构成

公共广播系统一般是由传声器、功率放大器、扬声器等组成。

9. 停车场车辆管理系统

（1）停车场车辆管理系统作用

是基于现代化电子与信息技术，在停车区域的出入口处安装自动识别装置，通过非接触式卡或车牌识别来对出入此区域的车辆实施监控的系统，其目的是有效地控制车辆出入，记录所有详细资料并自动计算收费额度，实现对场内车辆与收费的安全管理。

（2）停车场车辆管理系统的构成

主要由车辆感知器、道闸、出入口控制器和管理终端组成。

（3）停车场管理系统的主要设备

停车场管理系统的主要设备有：出入口票据验读器、电动栏杆、自动计价收银机、车牌图像识别器、管理中心等。

九、环境与职业健康

（一）环境与职业健康的基本原则

1. 施工环境保护的意义

环境保护是我国的基本国策，防治环境污染、保护自然环境也是世界各国普遍关注和重视的问题。由于基本建设具有施工周期长、建造用材多、产品体量大、需要大型机具配合的特点，容易产生噪声、振动、粉尘等污染源。如果处理不当，将对施工现场及周围环境产生不良影响，危害施工人员及周围人员的生活、学习和身体健康。目前，对环境产生不良影响的污染源主要有：粉尘、废气污染，施工时产生的施工废水和生活废水，施工噪声，固体废弃物及有毒有害化学品等。

建设项目既要消耗大量的自然资源，同时又会在施工和使用过程中产生排放。人人建立环保意识，自觉遵守各项规定，有效地控制施工过程中的污染物排放，倡导绿色施工，实现人与环境的和谐相处，是整个环境保护工作中重要的一环。

2. 职业健康的基本要求

"安全第一，预防为主"是根据我国实际情况制定的职业安全健康方针，这是所有生产过程中必须遵循的职业安全健康工作基本原则。国家制定的劳动法典和职业安全健康法规中都主张把这一方针用法律形式固定下来，使之成为职业安全健康工作的基本指导原则。

相关的主要法规有：《中华人民共和国劳动法》、《中华人民共和国消防法》以及《危险化学品安全管理条例》等。

（二）施工现场环境保护的有关规定

施工现场环境保护的规定主要体现在防治大气污染、防治施工噪声污染、防治水污染、防治施工照明污染、防治施工固体废弃物污染等五个方面。

1. 防治施工大气污染的有关规定

（1）施工现场宜采取硬化措施，其中主要道路、料场、生活及办公区必须进行硬化处理。土方应集中堆放，裸露的场地和集中堆放的土方应采取覆盖、固化或绿化等措施。

（2）应使用密目式安全网对在建建筑物、构筑物进行封闭，防止施工过程中产生扬尘；在拆除旧有建筑物时，应采取隔离、洒水等措施防止产生扬尘，并应在规定时限内将废弃物清理完毕；不得在施工现场熔融沥青，严禁在施工现场焚烧含有有毒、有害化学成分的装饰材料、油毡、油漆、垃圾等各类废弃物。

（3）土方、渣土和施工垃圾的运输应采用密闭式运输车辆或采取覆盖措施。

（4）施工现场出入口处应采取保证车辆清洁的措施。

（5）施工现场应根据风力和大气湿度的具体情况进行土方回填、转运作业。

（6）水泥和其他宜飞扬的细颗粒建筑材料应密闭存放，砂石等散料应采取覆盖措施。

（7）施工现场混凝土搅拌场所应采取封闭、降尘措施。

（8）建筑物内施工垃圾的清运，应采用专用封闭式容器吊运或传递，严禁凌空抛撒。

（9）施工现场应设置密闭式垃圾站，施工垃圾、生活垃圾应分类存放，并及时清运出场。

（10）城区、旅游景点、疗养区、重点文物保护地及人口密集区的施工现场应使用清洁能源。

（11）施工现场的机械设备、车辆的尾气排放应符合国家环保排放标准的要求。

2. 防治施工噪声污染的有关规定

（1）施工现场应按照《建筑施工场界环境噪声排放标准》GB 12523—2011 的规定制定降噪措施，并应对施工现场的噪声值进行监测和记录。

（2）施工现场的强噪声设备宜设置在远离居民区的一侧。

（3）控制强噪声作业的时间：凡在人口稠密区进行强噪声作业时，需严格控制作业时间，一般晚 22 点到次日早 6 点之间应停止强噪声作业。确系特殊情况必须昼夜施工时，要尽量采取降低噪声措施，并会同建设单位与当地居委会、村委会或当地居民协调，张贴安民告示，取得群众谅解。

（4）夜间运输材料的车辆进入施工现场，严禁鸣笛，装卸材料应做到轻拿轻放。

（5）对产生噪声和振动的施工机械、机具的使用，应采取消声、吸声、隔声等措施，有效控制和降低噪声。

3. 防治水污染的有关规定

（1）施工现场应设置排水沟和沉淀池，现场废水不得直接排入市政污水管网和河流。

（2）现场存放的油料、化学溶剂等应设有专门的库房，地面应进行防渗处理。

（3）食堂应设置隔油池，并及时清理。

（4）厕所的化粪池应进行抗渗处理。

（5）食堂、盥洗室、淋浴间的下水管线应设置隔离网，并应与市政污水管线连接，保证排水畅通。

4. 防治施工照明污染的有关规定

（1）根据施工现场照明强度要求合理选用灯具，减少浪费。

（2）建筑工程尽量多采用品质高、遮光性能好的荧光灯。其工作频率在 20kHz 以上，有效降低荧光灯的闪烁度，改善视觉环境，有利于人体健康。尽量少采用黑光灯、激光灯、探照灯、空中玫瑰灯等不利光源。

（3）施工现场应采取遮蔽措施，限制电焊炫光、夜间施工照明光、具有强反光性建筑材料的反射光等污染光源外泄，使夜间照明只照射施工区域而不影响周围居民休息。

（4）施工现场大型照明灯应采用俯视角度，不应将直射光线射入空中。利用挡光、遮光板或利用减光方法将投光灯产生的溢散光和干扰光降到最低的限度。

（5）加强个人防护措施，对紫外线和红外线等看不见的辐射源，必须采取必要的防护措施，如电焊工要佩戴防护镜和防护面罩，并根据防护对象选择合适的品种。

（6）对有红外线和紫外线污染及应用激光的场所制定相应的卫生标准并采取必要的安全防护措施，注意张贴警告标志，禁止无关人员进入禁区内。

5. 防治施工固体废弃物污染的有关规定

施工车辆运输砂石、土方、渣土和建筑垃圾，应采取密封、覆盖措施，避免泄漏、遗撒，并在指定地点倾卸。

参考文献

1. 刘亚臣，李闯岩. 工程建设法学. 大连：大连理工大学出版社，2009. 04.
2. 刘勇. 建筑法规概论. 北京：中国水利水电出版社，2008. 7.
3. 徐雷. 建设法规. 北京：科学出版社，2009. 05.
4. 全国二级建造师职业资格考试用书编写委员会. 建设工程法规及相关知识. 北京：中国建筑工业出版社，2017. 07.
5. 胡兴福. 建筑结构（第三版）. 北京：中国建筑工业出版社，2012. 02.
6. 韦清权. 建筑制图与 AutoCAD. 武汉：武汉理工大学出版社，2007. 02.
7. 游普元. 建筑材料与检测. 哈尔滨：哈尔滨工业大学出版社，2012.
8. 何斌，陈锦昌，王枫红. 建筑制图（第六版）. 北京：高等教育出版社，2011. 05.
9. 张伟，徐淳. 建筑施工技术. 上海：同济大学出版社，2010.
10. 洪树生. 建筑施工技术. 北京：科学出版社，2007.
11. 姚谨英. 建筑施工技术管理实训. 北京：中国建筑工业出版社，2006.
12. 双全. 施工员. 北京：机械工业出版社，2006.
13. 潘全祥. 施工员必读. 北京：中国建筑工业出版社，2001.
14. 编写组. 建筑施工手册（第五版）. 北京：中国建筑工业出版社，2016.
15. 夏友明. 钢筋工. 北京：机械工业出版社，2006.
16. 杨嗣信，余志成，侯君伟. 模板工程现场施工. 北京：人民交通出版社，2005.
17. 梁新焰. 建筑防水工程手册. 太原：山西科学技术出版社，2005.
18. 李星荣，魏才昂. 钢结构连接节点设计手册（第2版）. 北京：中国建筑工业出版社，2007.
19. 李帼昌. 钢结构设计问答实录（建设工程问答实录丛书）. 北京：机械工业出版社，2008.
20. 吴欣之. 现代建筑钢结构安装技术. 北京：中国电力出版社，2009.
21. 杜绍堂. 钢结构施工. 北京：高等教育出版社，2005.
22. 夏友明. 钢筋工. 北京：机械工业出版社，2006.
23. 孟小鸣. 施工组织与管理. 北京：中国电力出版社，2008. 07.
24. 韩国平. 施工项目管理. 南京：东南大学出版社，2005. 08.
25. 林立. 建筑工程项目管理. 北京：中国建材工业出版社，2009. 01.
26. 张立群，崔宏环. 施工项目管理. 北京：中国建材工业出版社，2009. 09.
27. 郭汉丁. 工程施工项目管理. 北京：化学工业出版社，2010. 04.
28. 傅水龙. 建筑施工项目经理手册（第1版）. 南昌：江西科学技术出版社，2002. 01.
29. 本书编委会. 施工员一本通（第1版）. 北京：中国建材工业出版社，2007. 07.
30. 佚名. 工程施工质量管理的措施. 中顾法律网.
31. 全国二级建造师职业资格考试用书编写委员会. 建设工程施工管理. 北京：中国建筑工业出版社，2015. 07.
32. 焦宝祥. 土木工程材料. 北京：高等教育出版社，2009. 01.
33. 魏鸿汉. 建筑材料（第四版）. 北京：中国建筑工业出版社，2012. 10.
34. 刘金生. 建筑设备工程. 北京：中国建筑工业出版社，2006. 08.
35. 马铁椿. 建筑设备（第2版）. 北京：高等教育出版社，2007. 12.

36. 龙驭球，包世华. 结构力学教程. 北京：高等教育出版社，2000.

37. 王焕定. 结构力学. 北京：清华大学出版社，2004.

38. 赵更新. 结构力学辅导. 北京：水利水电出版社，2011.

39. 刘永军. 结构力学习题集. 北京：水利水电出版社，2009.

40. 钟朋. 结构力学解题指导及习题集. 北京：高等教育出版社.

41. 叶列平. 混凝土结构（上册）. 北京：清华大学出版社，2002.

42. 东南大学等合编. 混凝土结构. 北京：中国建筑工业出版社，2003.

43. 罗福午，等. 建筑概念体系及案例. 北京：清华大学出版社，2004.

44. 王仕统. 钢结构基本原理. 广州：华南理工大学出版社，2005.

45. 赵研. 建筑识图与构造（第二版）. 北京：中国建筑工业出版社，2008.

46. 同济大学，等. 房屋建筑学（第四版）. 北京：中国建筑工业出版社，2006.

47. 编审委员会. 建筑工程安全与质量管理. 北京：中国建筑工业出版社，2009.

48. 张瑞生. 建筑工程质量与安全管理. 北京：科学出版社，2011.